即用即查 实战精粹

IT新时代教育
编著

Word高效办公
应用与技巧大全

中国水利水电出版社
www.waterpub.com.cn
·北京·

内 容 提 要

Word是Office系列组件中专门用于进行文字处理的应用软件，其功能十分强大，完全可以满足当前职场精英制作办公文档的需求，得到了众多用户的喜爱。

本书系统全面地讲解了文字、图片、形状、表格、图表、SmartArt图形、控件、域等内容的应用技巧。在内容安排上，本书最大的特点就是指导读者在"会用"Word软件的基础上，重点掌握如何"用好"Word软件进行高效办公。

本书以Word 2019为蓝本进行编写，也适用于2013、2016等常用版本。本书以技巧的形式进行编排，非常适合读者阅读与查询使用，是不可多得的职场办公必备案头工具书。

本书既适合零基础又想快速掌握Word基础操作的读者，也适合想要提高文档处理技能的职场人士，也可以作为大中专职业院校计算机相关专业的教材参考用书。

图书在版编目（CIP）数据

Word 高效办公应用与技巧大全：即用即查 实战精粹 / IT 新时代教育编著 . —北京 : 中国水利水电出版社，2021.12（2023.1 重印）

ISBN 978-7-5170-9596-5

Ⅰ . ① W… Ⅱ . ① I… Ⅲ . ① 文字处理系统

Ⅳ . ① TP391.12

中国版本图书馆 CIP 数据核字 (2021) 第 087167 号

丛 书 名	即用即查 实战精粹
书 名	Word 高效办公应用与技巧大全 Word GAOXIAO BANGONG YINGYONG YU JIQIAO DAQUAN
作 者	IT 新时代教育 编著
出版发行	中国水利水电出版社 （北京市海淀区玉渊潭南路 1 号 D 座 100038） 网址：www.waterpub.com.cn E-mail: zhiboshangshu@163.com 电话：（010）62572966-2205/2266/2201（营销中心）
经 售	北京科水图书销售有限公司 电话：（010）68545874、63202643 全国各地新华书店和相关出版物销售网点
排 版	北京智博尚书文化传媒有限公司
印 刷	河北文福旺印刷有限公司
规 格	185mm×260mm 16 开本 18.5 印张 560 千字 1 插页
版 次	2021 年 12 月第 1 版 2023 年 1 月第 2 次印刷
印 数	3001—6000 册
定 价	79.80 元

PREFACE

➡ **你知道吗**

Word是你工作中使用频率最高的软件之一，你认为Word软件只是一个录入文字资料的简单工具吗？

使用Word处理工作时，总是遇到各种问题，百度搜索多遍，依然找不到需要的答案，怎么办？

面对厚厚的资料文档，要录入计算机存档，效率低下，自己天天加班，感觉总是做不完，怎么办？

想成为职场中的"白骨精"，想获得领导与同事的认可，想把工作及时高效、保质保量地做好，不懂一些Word办公技巧怎么能行？

工作方法有讲究，提高效率有捷径。懂一些办公技巧，可以让你节约很多时间；懂一些办公技巧，可以解除你工作中的烦恼；懂一些办公技巧，可以让你少走许多弯路！

➡ **本书内容**

本书最适合想提高办公效率，想成为职场精英，想学会Word办公实用技巧的人群学习。

本书从工作实际应用出发，通过10章内容来详细讲解Word软件的应用技巧。第1章讲解了Word界面和选项设置、文档保护和Word基础操作等相关技巧；第2章讲解了文本内容的录入、编辑、复制与粘贴、查找和替换等操作技巧；第3章讲解了在Word中进行文本格式、段落格式、项目符号和编号以及样式设置和应用的技巧；第4章讲解了图片、图形、文本框和艺术字的相关使用技巧；第5章讲解了在Word中进行表格创建、编辑、格式设置和数据处理的相关技巧；第6章讲解了在Word中使用图表和应用SmartArt图形的技巧；第7章讲解了目录、题注、脚注、书签和长文档的编排等应用技巧；第8章讲解了邮件合并、文档校对和修订的相关技巧；第9章讲解了控件、域和交互办公的使用技巧；第10章讲解了页面布局、页眉页脚和打印设置等应用技巧。

通过学习本书，你将获得"菜鸟"变"高手"的机会。

➡ **本书特色**

你花一本书的钱，买的不仅仅是一本书，而是一套超值的综合学习套餐，包括同步学习素材+同步视频教程+办公模板+《电脑入门必备技能手册》电子书+《Word办公应用快捷键速查表》电子书。多维度学习套餐，真正超值实用！

❶ 同步学习素材。提供了书中所有案例的素材文件，方便读者跟着书中的讲解同步练习操作。

❷ 同步视频教程。配有与图书同步的高质量、超清晰的多媒体视频教程，扫描书中知识标题旁边的二维码，即可使用手机同步学习。

❸ 赠送1000个Office商务办公模板文件。包括文档模板、表格模板、PPT模板，拿来即用，不用再去花时间与精力收集整理。

❹ 赠送《电脑入门必备技能手册》电子书，即使你不懂计算机，也可以通过本手册的学习，掌握计算机入门技能，更好地学习Word办公应用技能。

❺ 赠送《Word办公应用快捷键速查表》电子书，帮助你快速提高办公效率。

➡ **温馨提示**

可以通过以下步骤获取学习资源。

 步骤 01 打开手机微信，点击【发现】→【扫一扫】→扫描二维码→成功后进入【详细资料】页面，点击【关注】。或者在手机微信中搜索公众号"办公那点事儿"。

 步骤 02 进入公众账号主页面，点击左下角的【键盘 ⌨】图标→在右侧输入"W9596"→点击【发送】按钮，即可获取对应学习资料的"下载网址"及"下载密码"。

 步骤 03 在计算机中打开浏览器窗口→在【地址栏】中输入上一步获取的"下载网址"，并打开网站→提示输入密码，输入上一步获取的"下载密码"→单击【提取】按钮。

 步骤 04 进入下载页面，单击书名后面的【下载 ⬇】按钮，即可将学习资源包下载到计算机中。若提示【高速下载】或【普通下载】，请选择【普通下载】。

 步骤 05 下载完成后，有些资料若是压缩包，通过解压软件（如WinRAR、7-zip等）进行解压就可以使用。

➡ **读者对象**

- 具有Word软件基础，却常常被应用技巧困住的职场新人。
- 经常加班处理文档渴望提升效率的职场人士。
- 需要掌握一门核心技巧的大学毕业生。
- 需要用Word来提升核心竞争力的行政文秘、人力资源、销售、财会、库管等岗位人员。

本书由IT新时代教育策划并组织编写。全书由一线Word办公专家编写，他们具有丰富的Word软件应用技巧和办公实战经验，对于他们的辛苦付出在此表示衷心的感谢！同时，由于计算机技术发展迅速，书中疏漏和不足之处在所难免，敬请广大读者及专家指正。

读者学习交流QQ群：725510346（群满按提示加相关群）。

Contents 目录

第1章 *Word* 基础设置与操作技巧

第2章 文本录入及编辑技巧

第3章 Word 文档编排技巧

Contents 目录

第4章 图文混排应用技巧

第5章 Word 表格应用技巧

Contents 目录

第6章 图表与SmartArt图形应用技巧

第7章 Word 目录、题注、脚注与书签应用技巧

第8章 邮件合并、文档校对与修订应用技巧

Contents 目录

第9章 *Word* 高级办公应用技巧

第10章 页面布局与打印设置技巧

第1章
Word 基础设置与操作技巧

日常办公进行文本处理时，Word是最常用的软件之一，其操作方法非常简单，即便是初学者也能轻松上手。而在使用Word进行办公前，首先要学会并掌握Word的基础设置和相关的操作技巧，熟练掌握这些技巧可以让我们在办公时达到事半功倍的效果，极大地提高工作效率。

下面来看看以下一些日常办公中常见的问题，你是否会处理或已掌握处理方法。

√ 在 Word 高版本中创建的文档，在低版本的 Word 中无法打开，如何处理兼容性问题？
√ 辛苦编辑大半天的文档，突然遇到断电或死机的情况，如何恢复文档呢？
√ 要想使用 Word 的某个功能，但是在功能区没有看到此命令的按钮，如何将其添加到功能区中方便使用呢？
√ 辛苦大半个月制订的计划方案，如果其他同事需要使用你的计算机，如何避免他人看到你的机密文件呢？
……

希望通过本章内容的学习，能帮助你解决以上问题，并学会更多有关Word高效办公的设置与操作技巧。

1.1 Word界面设置技巧

使用Word 2019时，用户可以根据使用习惯和工作需要，对Word的工作环境进行一定的优化设置。例如，隐藏功能区、添加命令按钮、更改Office组件默认配色方案等。掌握这些界面设置技巧，可以让自己操作起来更加得心应手。

001　更改 Office 组件默认配色方案

扫一扫，看视频

	适用版本	使用指数
	2010、2013、2016、2019	★★☆☆☆

使用说明

Office 2019默认采用彩色的配色方案显示各组件窗口，但实际上Office提供了多种配色方案，用户可以根据喜好设置其他配色方案。

解决方法

例如，将Office组件的配色方案由【彩色】改为【黑色】，具体操作方法如下。

步骤 01　在Word界面中，单击【文件】选项卡，如下图所示。

步骤 02　在弹出的下拉列表中选择【选项】选项，如下图所示。

步骤 03　打开【Word选项】对话框，❶在对话框右侧的【对Microsoft Office进行个性化设置】区域的【Office主题】下拉列表中选择【黑色】；❷单击【确定】按钮，如下图所示。

002　调整快速访问工具栏显示位置

扫一扫，看视频

	适用版本	使用指数
	2013、2016、2019	★☆☆☆☆

使用说明

默认情况下，【快速访问工具栏】显示于功能区上方，如果使用起来感觉不习惯，可以将其调整至功能区下方。

解决方法

将【快速访问工具栏】显示在功能区下方的具体操作步骤为：❶单击【快速访问工具栏】右侧的【下拉】按钮；❷在弹出的下拉列表中选择【在功能区下方显示】选项，如下图所示。

003 在快速访问工具栏中添加常用命令按钮

适用版本	使用指数
2010、2013、2016、2019	★★★☆☆

扫一扫，看视频

使用说明

如果频繁地使用某个命令按钮，可以将其添加到快速访问工具栏中，以便提高工作效率。

解决方法

例如，要将【表格】命令添加到快捷访问工具栏中，具体操作步骤为：❶在Word界面切换到【插入】选项卡；❷右击【表格】按钮；❸在弹出的快捷菜单中选择【添加到快速访问工具栏】选项，如下图所示。

知识拓展

若要取消【添加到快速访问工具栏】命令，可以右击该命令，然后在弹出的快捷菜单中选择【从快速访问工具栏删除】选项。

004 显示和隐藏功能区

适用版本	使用指数
2010、2013、2016、2019	★★★☆☆

扫一扫，看视频

使用说明

如果要在有限的窗口界面中显示更多的文档内容，可以将功能区隐藏起来，隐藏功能区并不是完全将功能区隐藏，而是将功能区最小化，只显示选项卡的部分。此时若需要使用功能区的命令，可以单击某个选项卡，然后在显示的功能区中选择需要的命令。

解决方法

在Word 2019中，显示和隐藏功能区的具体操作方法如下。

步骤 01　❶在Word界面中，单击功能区右下角的折叠按钮 ∧ ，或者右击功能区；❷在弹出的快捷菜单中选择【折叠功能区】选项，如下图所示。

步骤 02　❶若要显示功能区，可以单击Word窗口标题栏右侧的【功能区显示选项】按钮 ▭ ；❷在弹出的下拉列表中选择【显示选项卡和命令】选项，如下图所示。

005 如何显示【开发工具】选项卡

适用版本	使用指数
2010、2013、2016、2019	★★☆☆☆

扫一扫，看视频

使用说明

默认情况下，Word中的【开发工具】选项卡没有显示在界面中，如果想要使用此选项卡中的功能，可以通过设置将其显示出来。

解决方法

要显示【开发工具】选项卡，具体操作步骤为：❶打开【Word 选项】对话框，切换到【自定义功能区】选项卡；❷在对话框右侧的【自定义功能区】选项组中勾选【开发工具】复选框；❸单击【确定】按钮，如下图所示。

006 如何添加新选项卡

扫一扫，看视频

适用版本	使用指数
2010、2013、2016、2019	★★☆☆☆

使用说明

如果需要频繁地使用某些命令，但是这些命令不在同一个选项卡中，此时可以通过将常用命令设置在一个选项卡的方法，免去频繁切换选项卡的麻烦，从而提高办公效率。添加新选项卡的最终效果如下图所示。

解决方法

例如，添加一个名为【常用命令】的选项卡，并在其中添加一个名为【文本设置】的组，具体操作方法如下。

步骤 01 ❶打开【Word 选项】对话框，切换到【自定义功能区】选项卡；❷在对话框右侧单击【新建选项卡】按钮，如下图所示。

步骤 02 ❶勾选【新建选项卡（自定义）】复选框；❷单击【重命名】按钮，如下图所示。

步骤 03 ❶弹出【重命名】对话框，在【显示名称】文本框中输入选项卡名称；❷单击【确定】按钮，如下图所示。

步骤 04 ❶返回【Word选项】对话框，勾选【新建组（自定义）】复选框；❷单击【重命名】按钮，如下图所示。

步骤 05 ❶在弹出的【重命名】对话框中设置新建组的名称；❷单击【确定】按钮，如下图所示。

步骤 06　❶选中新建组，在【从下列位置选择命令】栏中选中需要添加的命令；❷单击【添加】按钮，如下图所示。

步骤 07　参照上一步操作添加其他常用命令，添加完成后单击【确定】按钮，如下图所示。

温馨提示

添加新选项卡后，如果以后不再使用，可以将添加的选项卡删除，方法为打开【Word选项】对话框，

切换到【自定义功能区】选项卡，右击要删除的新选项卡，在弹出的快捷菜单中选择【删除】命令。

007　如何关闭浮动工具栏

适用版本	使用指数
2010、2013、2016、2019	★★☆☆☆

扫一扫，看视频

使用说明

浮动工具栏是Office中一项极具人性化的功能，当部分文字为选中状态，或者右击文档空白处时，即会显示出呈半透明状态的浮动工具栏，如下图所示。

浮动工具栏中包含了常用的文字格式设置命令，选择相应的命令可以快速对选中的文本进行格式设置。

如果使用不习惯，可以通过设置将浮动工具栏关闭。

解决方法

要关闭浮动工具栏，具体操作步骤为：❶打开【Word 选项】对话框，切换到【常规】选项卡；❷在对话框右侧取消勾选【选择时显示浮动工具栏】复选框；❸单击【确定】按钮，如下图所示。

008　将自定义选项卡设置用于其他计算机

适用版本	使用指数
2010、2013、2016、2019	★☆☆☆☆

扫一扫，看视频

使用说明

　　用户根据使用习惯在自己的计算机上新增Word选项卡后，如果需要在另外的计算机上编辑文档，重新设置选项卡比较麻烦，此时可以将自定义的选项卡导出并导入新的计算机。

解决方法

　　将自定义选项卡导出/导入的具体操作方法如下。

步骤 01 ❶打开【Word选项】对话框，切换到【自定义功能区】选项卡；❷在对话框右侧单击【导入/导出】下拉按钮；❸在弹出的下拉列表中选择【导出所有自定义设置】选项，如下图所示。

步骤 02 ❶弹出【保存文件】对话框，设置好保存路径和文件名；❷单击【保存】按钮，如下图所示，然后关闭【Word选项】对话框。

步骤 03 ❶将导出的文件复制到其他计算机中，打开【Word选项】对话框，在【自定义功能区】选项卡中单击【导入/导出】下拉按钮；❷从弹出的下拉列表中选择【导入自定义文件】选项，如下图所示。

步骤 04 ❶选中要导入的自定义文件；❷单击【打开】按钮，如下图所示。

步骤 05 ❶在弹出的提示对话框中单击【是】按钮，如下图所示；❷在返回的【Word选项】对话框中单击【确定】按钮关闭对话框。

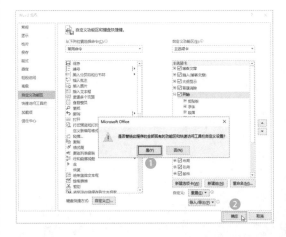

1.2　Word选项设置技巧

　　每个人对于计算机的用途和使用习惯都不一样，用户可以根据自己的需求对Word的选项进行相应的设置，从而在使用Word的过程中更加得心应手。

009　调整文档自动保存时间间隔

适用版本	使用指数
2010、2013、2016、2019	★★★★★

扫一扫，看视频

使用说明

　　默认情况下，为了避免文档在编辑过程中遇到突发状况导致文档内容丢失，Word提供了自动保存功能，其保存时间间隔为10分钟。如果文档操作环境不稳定，用户可以根据需要调整文档的自动保存时间间隔。

解决方法

　　例如，将文档自动保存时间间隔设置为5分钟，具体操作步骤为：❶打开【Word选项】对话框，切换到【保存】选项卡；❷在【保存文档】选项组中单击【保存自动恢复信息时间间隔】右侧的微调按钮，将时间调整为【5】分钟；❸设置完成后单击【确定】按钮，如下图所示。

010　设置最近使用的文档数目

适用版本	使用指数
2010、2013、2016、2019	★★★★★

扫一扫，看视频

使用说明

　　默认情况下，最近使用的Word文档会自动记录在【文件】选项卡的【打开】界面中，以方便用户快速打开最近使用过的文档，进行查看或编辑，Word

2019的默认数目为50，用户可以根据需求更改文档数目。

解决方法

　　例如，将最近使用的文档数目更改为【5】，具体操作步骤为：❶打开【Word选项】对话框，切换到【高级】选项卡；❷在【显示】选项组的【显示此数目的"最近使用的文档"】右侧的微调框中输入需要的文档数目；❸单击【确定】按钮，如下图所示。

011　更改文档默认保存路径

适用版本	使用指数
2010、2013、2016、2019	★★★☆☆

扫一扫，看视频

使用说明

　　默认情况下，Word提供了自动保存功能，尽可能地避免因突发状况导致的文档内容丢失，用户可以根据需求，将常用的文档存储位置设置为默认保存路径。

解决方法

　　例如，将文档默认保存路径设置为【G:\文档】，具体操作方法如下。

步骤 01　❶打开【Word选项】对话框，切换到【保存】选项卡；❷在【保存文档】选项组中单击【默认本地文件位置】右侧的【浏览】按钮，如下图所示。

步骤 02 ❶弹出【修改位置】对话框，设置文档的保存位置；❷单击【确定】按钮，如下图所示。

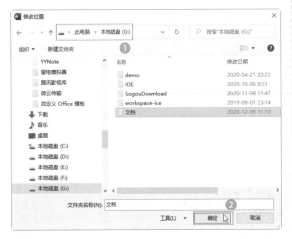

步骤 03 在返回的【Word选项】对话框中单击【确定】按钮，如下图所示。

 知识拓展

Word文档的默认保存路径取决于Word的安

装位置，若程序安装在C盘，其默认保存路径为【C:\Users\Documents\ 】；若程序安装在D盘，其默认保存路径为【D:\Documents\ 】，以此类推。

012 设置文档的自动保存类型

扫一扫，看视频

适用版本	使用指数
2010、2013、2016、2019	★★★☆☆

使用说明

Word 2019文档的默认保存类型为docx格式，如果用户需要经常使用低版本的doc或其他格式，可以通过设置改变文档的默认保存格式。

解决方法

例如，将文档的默认保存类型设置为【doc】格式，具体操作步骤为：❶打开【Word选项】对话框，切换到【保存】选项卡；❷在【保存文档】选项组中单击【将文件保存为此格式】右侧的下拉按钮，在弹出的下拉列表中选择【Word97-2003文档(*.doc)】选项；❸设置完成后单击【确定】按钮，如下图所示。

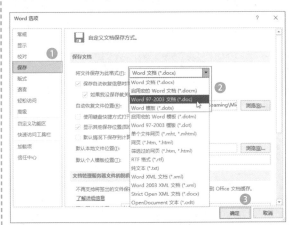

013 将文档另存为其他类型

扫一扫，看视频

适用版本	使用指数
2010、2013、2016、2019	★★★★☆

使用说明

Word 2019提供了多种文档保存类型，不但有低版本的doc类型，而且有pdf、dotx模板类型等，用户可以根据需求将编辑好的Word文档保存为需要的文档类型。

解决方法

例如，将文档另存为【pdf】格式，具体操作方法如下。

步骤 01　❶在Word界面中，单击【开始】选项卡左侧的【文件】选项卡，在弹出的下拉列表中选择【另存为】选项；❷单击右侧界面中的【浏览】按钮，如下图所示。

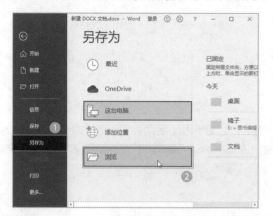

步骤 02　❶弹出【另存为】对话框，单击【保存类型】下拉按钮，在弹出的下拉列表中选择【PDF (*.pdf)】选项；❷设置完成后单击【保存】按钮，如下图所示。

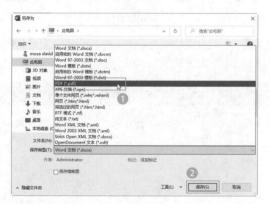

014　**修改文档的自动恢复位置**

适用版本	使用指数
2010、2013、2016、2019	★★☆☆☆

扫一扫，看视频

使用说明

默认情况下，Word 2019 文档自动恢复的保存路径为【C:\Users\Administrator\AppData\Roaming\Microsoft\Word\】，其中【Administrator】为当前登录系统的用户名，用户可以根据需要更改文档的自动恢复位置。

解决方法

例如，将文档的自动恢复位置更改为【G:\文档】，具体操作方法如下。

步骤 01　❶打开【Word选项】对话框，切换到【保存】选项卡；❷在【保存文档】选项组中单击【自动恢复文件位置】右侧的【浏览】按钮，如下图所示。

步骤 02　❶弹出【修改位置】对话框，设置好自动恢复的文档的保存位置；❷单击【确定】按钮，如下图所示。

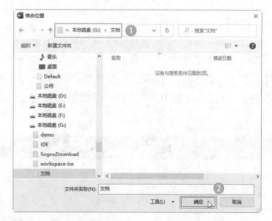

步骤 03　在返回的【Word选项】对话框中单击【确定】按钮，如下图所示。

1.3 文档保护与隐藏技巧

在日常办公应用中，如果不希望自己编辑的重要文档被他人查看或修改，可以通过相应的设置对文档进行保护。本节主要介绍设置打开模式、打开密码以及隐藏文档等相关技巧，通过这些技巧可以在一定程度上保证文档安全。

015 设置和取消只读打开模式

扫一扫，看视频

适用版本	使用指数
2010、2013、2016、2019	★★★☆☆

使用说明

如果需要将文档发送给他人查看，但是又不希望他人对自己的文档进行修改编辑，可以将其设置为只读模式。设置只读模式后，用户需要输入正确的密码才能打开文档，而且打开后无法对文档进行任何编辑操作。

解决方法

在Word 2019中，设置和取消只读打开模式的具体操作方法如下。

步骤 01 ❶在Word界面中，切换到【审阅】选项卡；❷在【保护】选项组中单击【限制编辑】按钮，如下图所示。

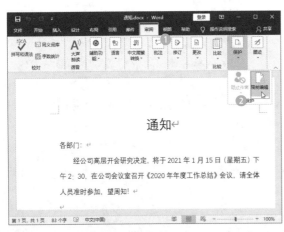

步骤 02 ❶Word界面右侧将弹出【限制编辑】窗口，在【编辑限制】选项组中勾选【仅允许在文档中进行此类型的编辑】复选框；❷单击下方的下拉列表，选择【不允许任何更改（只读）】选项；❸单击【是，启动强制保护】按钮，如下图所示。

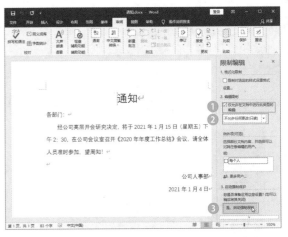

步骤 03 ❶弹出【启动强制保护】对话框，在其中输入密码并确认；❷单击【确定】按钮即可将文档设置为只读模式，如下图所示。

步骤 04 若要取消设置只读模式，可以再次打开【限制编辑】窗口，单击下方的【停止保护】按钮，如下图所示。

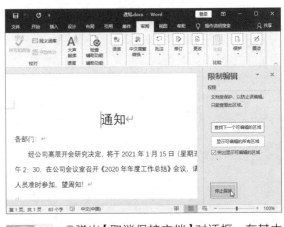

步骤 05 ❶弹出【取消保护文档】对话框，在其中输入前面设置的打开密码；❷单击【确定】按钮，如下图所示。

016 如何设置文档打开密码

适用版本	使用指数
2010、2013、2016、2019	★★★☆☆

使用说明

为了避免他人随意查看自己的文档,可以为文档设置打开密码,与设置只读模式的文档不同的是,设置只读模式的文档打开后无法编辑,而仅设置打开密码的文档在打开后可以进行编辑操作。

解决方法

要为文档设置和取消打开密码,具体操作方法如下。

步骤 01 ❶在Word界面中,切换到【文件】选项卡,在打开的下拉列表中选择【信息】选项;❷单击【保护文档】下拉按钮;❸在弹出的下拉列表中选择【用密码进行加密】选项,如下图所示。

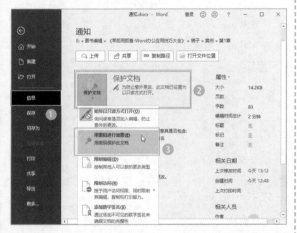

步骤 02 ❶弹出【加密文档】对话框,在【密码】文本框中输入密码;❷单击【确定】按钮,如下图所示。

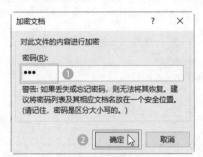

步骤 03 ❶弹出【确认密码】对话框,在【重新输入密码】文本框中输入第2步操作中输入的密码;❷单击【确定】按钮,如下图所示。

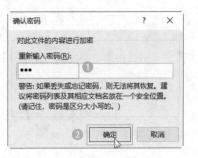

017 取消设置文档打开密码

适用版本	使用指数
2010、2013、2016、2019	★★★☆☆

使用说明

设置文档打开密码的目的是避免在公用计算机中被他人查看隐私内容,如果担心以后忘记密码,或者不许设置密码,可以取消密码设置。

解决方法

要取消设置已有的文档打开密码,具体操作步骤为:❶按照前面的操作步骤再次打开【加密文档】对话框,在【密码】文本框中将已设置的密码删除;❷单击【确定】按钮保存设置,如下图所示。

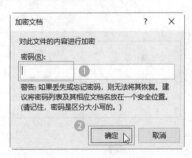

018 隐藏最近使用的文档列表

适用版本	使用指数
2010、2013、2016、2019	★★☆☆☆

使用说明

默认情况下,切换到【文件】选项卡后,在【最近】列表中会记录用户最近打开过的文档。

如果不希望被他人看到自己打开过哪些文档,可以通过设置将最近使用的文档列表隐藏起来。

解决方法

要想隐藏最近使用的文档列表，可以通过将最近使用的文档列表数目设置为【0】的方法实现，具体操作方法如下。

步骤 01 ❶打开【Word选项】对话框，切换到【高级】选项卡；❷将【显示】选项组的【显示此数目的"最近使用的文档"】微调框中的数值设置为【0】；❸单击【确定】按钮，如下图所示。

步骤 02 设置完成后再次在Word主界面中切换到【文件】选项卡，选择【开始】选项，在右侧的【最近】列表中可以看到未显示任何最近打开的文档名称，如下图所示。

019 **设置部分文档可编辑**

扫一扫，看视频

适用版本	使用指数
2010、2013、2016、2019	★★★☆☆

使用说明

如果需要将文档发送给其他用户查看，并允许该用户在文档的某个位置进行编辑，而文档的其他部分保持不变，可以通过Word的设置部分文档可编辑功能实现。

解决方法

例如，允许其他用户更改【通知】文档中的会议时间，具体操作方法如下。

步骤 01 ❶按照前面所学打开【限制编辑】窗口，在【编辑限制】选项组中勾选【仅允许在文档中进行此类型的编辑】复选框；❷在文档中选中允许其他用户编辑的文档内容；❸在【例外项（可选）】组勾选【每个人】复选框；❹单击【是，启动强制可保护】按钮，如下图所示。

步骤 02 ❶弹出【启动强制保护】对话框，在其中输入并确认密码；❷单击【确定】按钮，如下图所示。

020 **更改文档用户名**

扫一扫，看视频

适用版本	使用指数
2010、2013、2016、2019	★★☆☆☆

使用说明

默认情况下，Word的用户名为当前登录Windows操作系统的用户名，为了区别文档的创建者，可以通过更改文档用户名的方法实现。

解决方法

例如，要将文档用户名设置为【Anne】，具体操作步骤为：❶打开【Word选项】对话框，切换到【常规】选项卡；❷在【对Microsoft Office进行个性化设置】选项组的【用户名】文本框中输入选项组【Anne】；❸单击【确定】按钮，如下图所示。

---

021 清除文档隐私内容

适用版本	使用指数
2010、2013、2016、2019	★★☆☆☆

扫一扫，看视频

使用说明

用户把编辑的文档发给其他人时，其他人可以通过查看文档属性得到有关文档的作者、最后一次保存者、公司名、创建时间以及最后编辑时间等隐私信息。

如果不希望这些隐私内容被其他人获知，可以通过设置在发送文档前将隐私内容清除。清除文档隐私内容后，不但对方查看不到创建和最后编辑时间等隐私信息，而且作者同样无法查看相关信息。

解决方法

要清除文档隐私内容，具体操作方法如下。

步骤 01 ❶在Word界面中切换到【文件】选项卡，在下拉列表中选择【信息】选项；❷单击右侧的【检查问题】按钮；❸在弹出的下拉列表中选择【检查文档】选项，如下图所示。

步骤 02 弹出【文档检查器】对话框，单击【检查】按钮，如下图所示。

步骤 03 ❶检查完成后，单击需要删除的项目右侧的【全部删除】按钮，如下图所示，即可将隐藏内容删除；❷单击【关闭】按钮关闭对话框。

1.4 文档基础操作技巧

文档的基础操作包括打开、关闭和查看文档等，掌握文档的基础操作技巧可以帮助用户提高工作效率。

022 快速打开多个文档

扫一扫，看视频

适用版本	使用指数
2010、2013、2016、2019	★ ★ ★ ☆ ☆

使用说明

通常情况下，打开多个文档的方法是逐个打开，这样的操作效率不高，其实可以通过小技巧一次性打开多个文档。

解决方法

要想一次性打开多个文档，具体操作方法如下。

步骤 01 ❶打开任意一个Word文档，进入【文件】选项卡，选择【打开】选项；❷单击【浏览】按钮，如下图所示。

步骤 02 ❶选中需要同时打开的多个文档；❷单击【打开】按钮，如下图所示。

023 以只读方式打开文档

扫一扫，看视频

适用版本	使用指数
2010、2013、2016、2019	★ ★ ☆ ☆ ☆

使用说明

前面介绍了如何通过限制编辑的方法设置文档。此外，还可以在打开时直接以只读方式打开。

解决方法

在Word 2019中以只读方式打开文档的具体操作方法如下。

步骤 01 ❶在Word文档界面切换到【文件】选项卡，选择【打开】选项；❷单击【浏览】按钮，如下图所示。

步骤 02 ❶弹出【打开】对话框，选中需要打开的文档；❷单击下方的【打开】按钮右侧的下拉按钮，如下图所示。

步骤 03 在弹出的下拉列表中选择【以只读方式打开】选项，如下图所示。

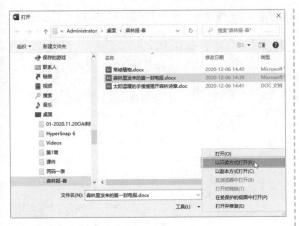

弹出的下拉列表中选择【以副本方式打开】选项，如下图所示。

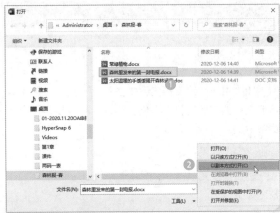

024 以副本方式打开文档

适用版本	使用指数
2010、2013、2016、2019	★★☆☆☆

使用说明

如果需要在原文档上进行编辑，但又担心修改错误无法恢复，可以使用副本方式打开文档。以副本方式打开文档时，会自动创建一个【副本+原文档名称】的文档，此后的编辑都将在此文档中进行，对原文档没有任何影响。

解决方法

在Word 2019中以副本方式打开文档的具体操作方法如下。

步骤 01 ❶在Word文档界面切换到【文件】选项卡，选择【打开】选项；❷单击【浏览】按钮，如下图所示。

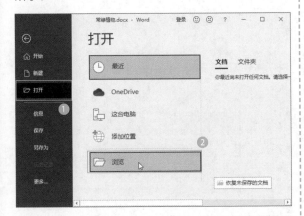

步骤 02 ❶弹出【打开】对话框，选中需要打开的文档；❷单击下方的【打开】按钮右侧的下拉按钮，在

025 以不同视图模式查看文档

适用版本	使用指数
2010、2013、2016、2019	★★★☆☆

使用说明

Word默认的视图模式为页面视图，在此视图模式下可以查看文档的打印外观并显示文档的实际效果。此外，Word还提供了阅读视图、Web版式视图、大纲和草稿几种视图模式，用户可以根据需要切换到不同的视图进行操作。

解决方法

例如，将文档从【页面视图】切换为【阅读视图】，具体操作步骤为：❶在Word窗口中，切换到【视图】选项卡；❷在【视图】选项组中单击【阅读视图】按钮，如下图所示。

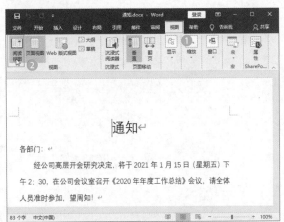

026 设置文档的显示比例

适用版本	使用指数
2010、2013、2016、2019	★ ★ ☆ ☆ ☆

扫一扫，看视频

使用说明

如果用户觉得文档内容太多不利于查看，还可以调节文档的显示比例，以便在屏幕上尽可能多地显示页数。

解决方法

例如，将文档显示比例调整为【80%】，具体操作方法如下。

步骤 01 ❶在Word文档界面切换到【视图】选项卡；❷在【缩放】组中单击【缩放】按钮，如下图所示。

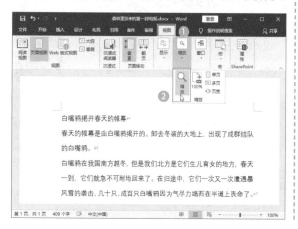

步骤 02 ❶弹出【缩放】对话框，在【百分比】微调框中输入需要的缩放比例；❷单击【确定】按钮，如下图所示。

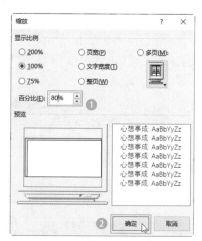

温馨提示

在Word窗口主界面的右下角，单击-或+按钮可以缩小或扩大文档的显示比例，拖动两个按钮中间的滑块也可以调整。此外，单击最右边的【缩放比例】按钮，也可以弹出【缩放】对话框。

第 2 章
文本录入及编辑技巧

　　文本录入和编辑是使用Word编辑文档最基础的操作，要想快速录入文本内容，仅仅提高打字速度是远远不够的，还需要掌握Word的相关录入和编辑等小技巧。通过本章的学习，可以帮助用户更便捷地进行文本录入和文档编辑，提高办公效率。

　　下面来看看以下一些日常办公中常见的问题，你是否会处理或已掌握处理方法。

√ 在 Word 中录入文字时，遇到不会的繁体字或生僻字如何录入呢？

√ 如何录入像 X1、Y2 等特殊格式的文本内容呢？

√ 在一篇长文档中，如何快速找到需要的词语或句子呢？

√ 如何对不连续区域的文本进行快速选择和复制呢？

√ 从网页上复制一段优美的文字到文档中，为什么粘贴后的文字格式参差不齐，还有很多乱码？

√ 在文档中多次使用某个词语，当发现用词错误时，如何快速将其全部替换为正确的词语呢？

......

　　希望通过本章内容的学习，能帮助你解决以上问题，并学会更多有关Word的文本录入及编辑技巧。

2.1 文本录入技巧

　　文本录入是使用Word编辑文档最基础的操作，不但提高打字速度可以加快输入速度，而且掌握文本的录入技巧也能加快输入速度，从而达到事半功倍的效果。

027 快速输入大写中文数字

扫一扫，看视频

适用版本	使用指数
2010、2013、2016、2019	★★★☆☆

使用说明

　　编辑文档过程中难免会遇到需要输入大写中文数字的地方，当需要输入的内容很多时，逐一输入比较麻烦，此时使用Word的编号功能可以快速将阿拉伯数字转换为大写中文数字。

解决方法

　　例如，要在文档中输入【12345】的大写中文数字，具体操作方法如下。

步骤 01 ❶在Word文档中输入阿拉伯数字【12345】，并将其选中；❷切换到【插入】选项卡；❸在【符号】组中单击【编号】按钮，如下图所示。

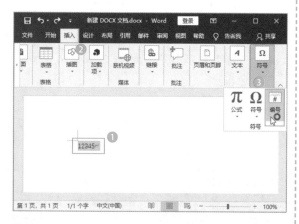

步骤 02 ❶弹出【编号】对话框，在【编号类型】下拉列表框中选择【壹,贰,叁...】选项；❷单击【确定】按钮，如下图所示。

028 快速输入指定符号

扫一扫，看视频

适用版本	使用指数
2010、2013、2016、2019	★★★★☆

使用说明

　　在进行文档编辑时，如果需要的符号无法通过键盘输入，可以通过Word的插入符号功能进行输入。

解决方法

　　例如，要在文档中输入符号【✿】，具体操作方法如下。

步骤 01 ❶将光标定位在需要插入符号的位置；❷切换到【插入】选项卡；❸在【符号】组中单击【符号】下拉按钮；❹在弹出的下拉列表中选择【其他符号】选项，如下图所示。

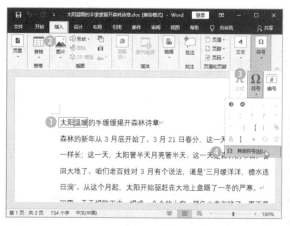

步骤 02 ❶弹出【符号】对话框，选中要插入的符号；❷单击【插入】按钮，如下图所示。操作完成后关闭对话框。

029　快速输入偏旁部首

适用版本	使用指数
2010、2013、2016、2019	★★★☆☆

扫一扫，看视频

使用说明

　　在文档编辑过程中，如果需要输入汉字的偏旁部首，可以通过Word的【符号】对话框进行快速插入。

解决方法

　　例如，要在文档中输入汉字偏旁【亠】，具体操作步骤为：❶将光标定位在需要插入的位置，按前面所学打开【符号】对话框，在【字体】下拉列表中选择【(普通文本)】选项；❷在【子集】下拉列表中选择【CJK统一汉字】选项；❸在中间的列表框中选择偏旁【亠】；❹单击【插入】按钮，如下图所示。操作完成后关闭对话框。

030　如何输入生僻字

适用版本	使用指数
2010、2013、2016、2019	★★★☆☆

扫一扫，看视频

使用说明

　　在文档编辑过程中，如果遇到某个生僻字，我们不知其读音，也无法用五笔输入，此时可以通过Word的【符号】对话框进行快速插入。

解决方法

　　例如，要在文档中输入生僻字【豖】，具体操作步骤为：❶将光标定位在需要插入的位置，按前面所学打开【符号】对话框，在【字体】下拉列表中选择【(普通文本)】选项；❷在【子集】下拉列表中选择【CJK统一汉字扩充A】选项；❸在中间的列表框中选择生僻字【豖】；❹单击【插入】按钮，如下图所示。操作完成后关闭对话框。

031　快速插入当前日期

适用版本	使用指数
2010、2013、2016、2019	★★★☆☆

扫一扫，看视频

使用说明

　　在编辑信函、通知等文档时，通常需要在文档中间或者末尾处输入日期，此时使用Word提供的输入系统当期日期和时间功能，可以快速输入当前的日期，减少用户手动输入量的同时提高了编辑效率。

解决方法

例如,要在文档中输入当前日期,具体操作方法如下。

步骤 01 ❶在Word文档中将光标定位在需要插入当前日期的位置;❷切换到【插入】选项卡;❸在【文本】组中单击【日期和时间】按钮,如下图所示。

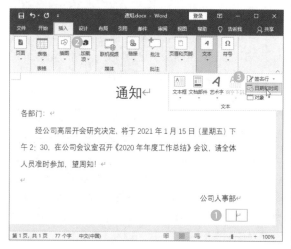

步骤 02 ❶弹出【日期和时间】对话框,在【可用格式】下拉列表框中选择需要的日期格式;❷单击【确定】按钮,如下图所示。

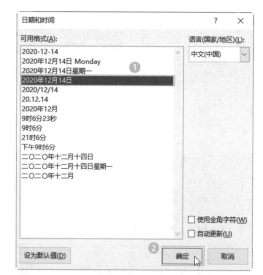

032 设置字符的上标或下标格式

扫一扫,看视频

适用版本	使用指数
2010、2013、2016、2019	★★★★☆

使用说明

在Word文档编辑过程中,经常遇到需要输入带

上标或下标的公式或字符格式,如X^2、H_2O、O_2等,此时可以使用上标和下标功能进行快速设置。

解决方法

例如,要在文档中设置上标或下标,具体操作方法如下。

步骤 01 ❶选中要设置为上标的文本;❷单击【开始】选项卡【字体】组中的【上标】按钮,如下图所示。

步骤 02 ❶选中要设置为下标的文本;❷单击【开始】选项卡【字体】组中的【下标】按钮,如下图所示。

033 使用公式编辑器创建新公式

扫一扫,看视频

适用版本	使用指数
2010、2013、2016、2019	★★☆☆☆

使用说明

Word程序提供的公式编辑器,可以帮助用户快速输入数学、物理和化学等公式,还可以通过程序中提供的数学符号库自定义构造公式,如下图所示。

$$\tan\theta = \frac{y}{x}$$

解决方法

　　例如，要在文档中输入上图中的公式，具体操作方法如下。

步骤 01 ❶将光标定位到需要插入公式的位置；❷切换到【插入】选项卡；❸单击【符号】组中的【公式】按钮，如下图所示。

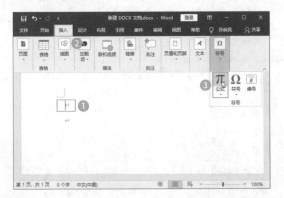

步骤 02 ❶此时将自动切换到【公式工具/设计】选项卡，在【设计】组中单击【函数】下拉按钮；❷在弹出的下拉列表中选择正切函数【tan】选项，如下图所示。

步骤 03 ❶选中函数右侧的小方框；❷在【符号】组中单击符号【θ】，如下图所示。

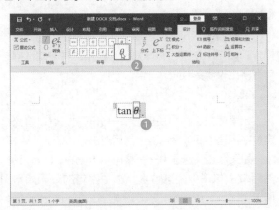

步骤 04 ❶输入等号【=】，接着单击【设计】组中的【分式】下拉按钮；❷选择【分式（竖式）】选项，如下图所示。

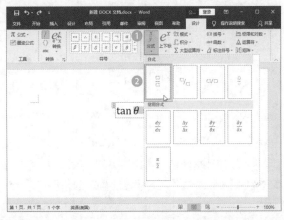

步骤 05 选中竖式中的上方框，输入字母【y】，选中竖式中的下方框，输入字母【x】，完成后的效果如下图所示。

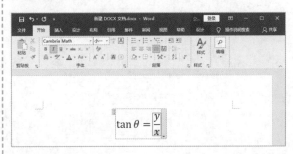

$$\tan \theta = \frac{y}{x}$$

034　将新公式保存到公式库

适用版本	使用指数
2010、2013、2016、2019	★★☆☆☆

使用说明

　　如果在以后的编辑中还需要用到编辑好的公式，可以将其保存到公式库中，以便下次直接使用。

解决方法

　　例如，要将前面编辑的公式保存到公式库中，具体操作方法如下。

步骤 01 ❶单击公式框右侧的下拉按钮；❷在弹出的下拉列表中选择【另存为新公式】选项，如下图所示。

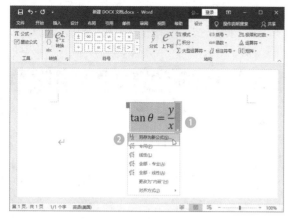

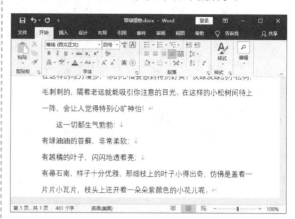

步骤 02 ❶弹出【新建构建基块】对话框，在【名称】文本框中输入公式名称；❷单击【确定】按钮，如下图所示。

温馨提示

直接按【Enter】键换行或者"软回车"组合键进行换行，在上一个段落设置了首行缩进格式时可以看到明显区别，如果上一个段落中设置了左侧缩进的字符数，软回车换行后也会跟着进行左侧缩进，即新段落的其他段落格式以及字体格式都与上一个段落一致。

2.2 文本选择应用技巧

在文档中录入文本后，就可以对其进行格式设置等编辑操作，而要进行编辑，就需要对文本进行选择。掌握文本的选择应用技巧，可以帮助用户快速对文本进行编辑。

---

035 文档内容换行与换段规律及技巧

适用版本	使用指数
2010、2013、2016、2019	★★☆☆☆

扫一扫，看视频

使用说明

一般情况下，Word文档对每一行的文字字数进行了限制，当文字超过限定字数后，光标会自动切换到下一行。下面将为大家介绍换行及换段的小技巧。

解决方法

当一行输入完成后，光标会自动切换到下一行；当一个段落输入完成后，按【Enter】键，光标也会自动切换到下一行。通过这种方式的换行，新的段落格式与上一行的格式是完全一样的。

假如上一个段落的格式为【首行缩进】，要使换行后的格式顶格，我们在换行时可以使用【Shift+Enter】组合键。这种换行方式称为"软回车"，每按一次组合

---

036 快速选中一个词语或一句话

适用版本	使用指数
2010、2013、2016、2019	★★★★★

扫一扫，看视频

使用说明

一般情况下，我们选择文本主要是使用拖动方式操作，如果一个整句有好几行，使用这种方式选择一句话就比较浪费时间。

解决方法

如果要在文档中快速选中一个词语，可以将光标定位在词语中间或者后面，然后双击。

如果需要快速选中一个整句，可以先按【Ctrl】键，然后单击句子中任意位置，选中整句的效果如下图所示。

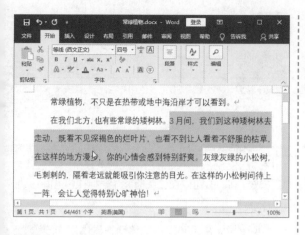

适用版本	使用指数
2010、2013、2016、2019	★★★★☆

扫一扫，看视频

使用说明

在文档编辑过程中，若要为一些不连续区域文本设置相同的格式或进行编辑，逐个地选择并设置十分浪费时间，此时可以通过小技巧快速选定不连续区域。

解决方法

如果要选择文档中的不连续区域，具体操作步骤为：首先选择一部分内容；其次按住【Ctrl】键不放，逐一选择其他需要的内容，如下图所示。

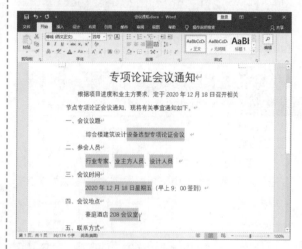

037　快速选中整个段落

适用版本	使用指数
2010、2013、2016、2019	★★★★★

扫一扫，看视频

使用说明

如果一个段落比较长，使用拖动的方式进行选择就比较麻烦，稍不注意鼠标滑动，就会导致之前的选择全部白费，又需要从头开始选择这个段落，此时可以通过小技巧快速选择整个段落。

解决方法

要想快速选择整个段落，可以将鼠标指针指向文本外侧空白处，当指针变为【↗】形状后双击。

还可以将光标定位在段落中的任意位置，然后连续单击三次，也可以选中段落全部内容，选中整个段落的效果如下图所示。

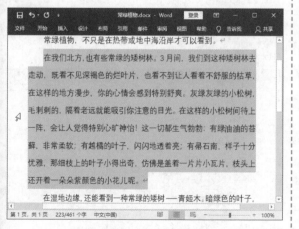

039　快速选定格式相同的文本

适用版本	使用指数
2010、2013、2016、2019	★★★☆☆

扫一扫，看视频

使用说明

在文档编辑过程中，如果对其中某些特定的文字设置了有别于大多数文本的格式，对这些特殊格式进行格式更改时，若文字较少则可以逐个修改；若文字较多，逐个修改就比较浪费时间。

解决方法

例如，要在【会议通知】文档中选择设置了字体格式的多处重点内容，具体操作步骤为：❶将光标定位在任意一处设置了格式的内容中；❷在【开始】选项卡的【编辑】组中单击【选择】下拉按钮；❸在弹出的下拉列表中选择【选择格式相似的文本】选项，如下图所示。

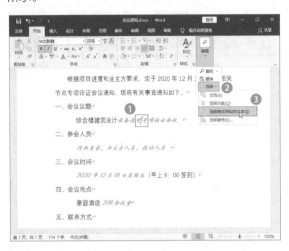

040　快速选择跨页内容

适用版本	使用指数
2010、2013、2016、2019	★★★☆☆

扫一扫，看视频

使用说明

在文档编辑过程中，若要选择跨页内容，而选择的区域既不是整句，也不是整段，此时可以通过小技巧实现。

解决方法

如果要在文档中快速选择跨页的内容，具体操作步骤为：❶将光标定位到需要选取内容的起始位置；❷滚动鼠标滑轮或拖动Word程序右侧的滚动条至目标页面；❸按住【Shift】键，然后单击结束位置，如下图所示。

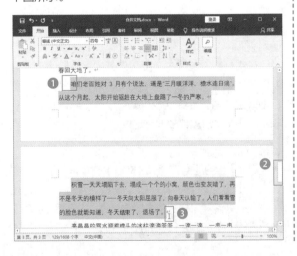

041　快速定位段落

适用版本	使用指数
2010、2013、2016、2019	★★★☆☆

扫一扫，看视频

使用说明

在文档编辑过程中，如果需要将光标切换到下一个段落的位置，常用的方法是找到下一个段落位置再定位光标。此时，可以通过快捷键让光标在段落间移动。

解决方法

要让光标在段落间快速移动，具体操作步骤为：❶移至上一段落：将光标定位到段落中，按住【Ctrl键+↑】组合键，可以将光标快速移动到上一个段落；❷移至下一段落：将光标定位到段落中，按住【Ctrl键+↓】组合键，可以将光标快速移动到下一个段落。

042　快速选择文档某处向上或向下的内容

适用版本	使用指数
2010、2013、2016、2019	★★☆☆☆

扫一扫，看视频

使用说明

如果需要选择从文档中某个位置到文档首端或尾端的全部内容，当篇幅过长时用鼠标拖动选择十分麻烦，此时可以通过小技巧快速实现。

解决方法

如果需要快速选择该处向上或向下的内容，具体操作方法如下。

步骤 01　选择向上的内容：将光标定位到需要选取内容的位置，按【Ctrl+Shift+Home】组合键，即选中光标处到文档开头的内容，如下图所示。

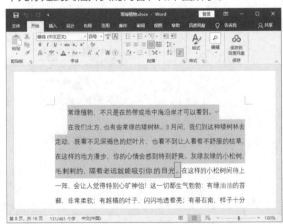

步骤 02 选择向下的内容：将光标定位到需要选取内容的位置，按【Ctrl+Shift+End】组合键，即选中光标处到文档末尾的内容，如下图所示。

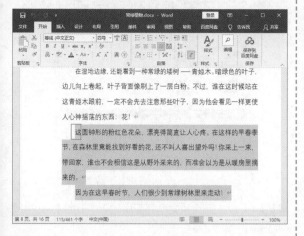

043 快速返回文档上次编辑点

适用版本	使用指数
2010、2013、2016、2019	★★☆☆☆

扫一扫，看视频

使用说明

在文档编辑过程中，有时会遇到需要查看前文或后文内容的情况，此时离开了当前编辑页，若文档页数较多，很可能忘记之前的编辑位置。此时，可以通过小技巧快速返回文档上次编辑点，从而提高文档的编辑效率。

解决方法

如果是已经关闭的文档重新打开，打开界面的右侧会显示一个内容为【欢迎回来！从离开的位置继续】的提示框，单击该提示框可以快速回到关闭前的光标插入点位置，如下图所示。

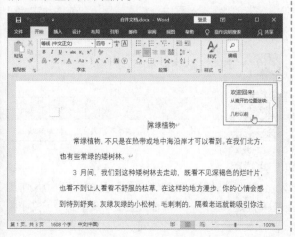

若是在打开的Word中离开当前编辑页，按【Shift+F5】组合键，可以快速回到上一次的编辑点。

044 显示或隐藏空格标记

适用版本	使用指数
2010、2013、2016、2019	★★★★☆

扫一扫，看视频

使用说明

默认情况下，在Word中按空格键，文档中会显示一个空格标记，此功能可以帮助用户快速辨别文档中是否输入了多余的空格。如果用户不小心关闭了此功能，可以通过设置将其显示出来。

解决方法

若要在文档中显示空格标记，具体操作步骤为：❶打开【Word选项】对话框，切换到【显示】选项卡；❷在对话框右侧【页面显示选项】选项组中勾选【在页面视图中显示页面间空白】复选框；❸设置完成后单击【确定】按钮，如下图所示。

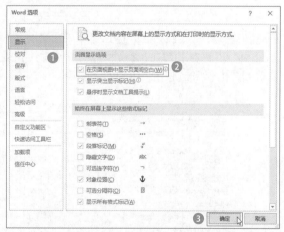

若要隐藏空格标记，可以在【Word选项】对话框中取消勾选【在页面视图中显示页面间空白】复选框，然后单击【确定】按钮确认。

045 自动更正易错字词

适用版本	使用指数
2010、2013、2016、2019	★★★☆☆

扫一扫，看视频

使用说明

　　在文本输入过程中，经常会遇到一些字词输错的情况，可以使用Word的自动更正功能自动改正错误并输入正确的字词。

解决方法

　　例如，【做账】和【做帐】两个词语在录入时经常会发生错误，正确词语为【做账】，添加并使用自动更正功能的具体操作方法如下。

步骤 01　❶打开【Word选项】对话框，切换到【校对】选项卡；❷单击【自动更正选项】按钮，如下图所示。

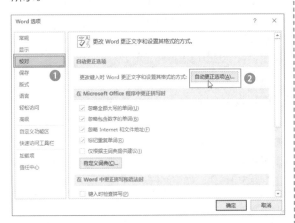

步骤 02　❶弹出【自动更正】对话框，在【替换】文本框中输入【做帐】；❷在【替换为】文本框中输入【做账】；❸单击【添加】按钮，如下图所示。

步骤 03　连续单击【确定】按钮确认设置，如下图所示。

步骤 04　在返回的文档界面中输入【做帐】，如下图中选择【1.帐】。

步骤 05　此时可以看到Word的自动更正功能默认将其更正为【做账】，❶如果不需要自动更正，可以单击词语下方的【自动更正选项】按钮；❷在下拉列表中选择【改回至"××"】选项，如下图所示。

2.3　文本复制与移动技巧

　　在文档编辑过程中，熟练使用复制或移动功能可以减少键盘录入的操作，从而加快文本的录入速度。

046　**选择性粘贴文本**

扫一扫，看视频

	适用版本	使用指数
	2010、2013、2016、2019	★★★★★

使用说明

　　复制和粘贴功能是Word文档编辑操作中最常用的功能之一。用户从其他位置复制文本到当前文档中时，通常会带有一定的格式，如果只希望粘贴文本内容而不需要格式，可以使用【选择性粘贴】功能进行复制粘贴。

解决方法

例如，将【会议通知】中设置了字体格式的文本复制后无格式粘贴到新文档中，具体操作方法如下。

步骤 01 ❶在文档中选中要复制的文本内容；❷在【开始】选项卡的【剪贴板】组中单击【复制】按钮，如下图所示。

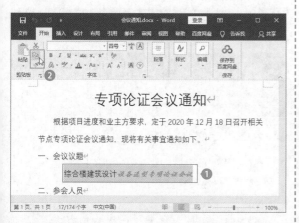

知识拓展

在文档中选中要复制的文本内容后，按【Ctrl+C】组合键，也可以复制文本。

步骤 02 ❶打开新文档，将光标定位在要粘贴文本的位置；❷在【开始】选项卡的【剪贴板】组中单击【粘贴】下拉按钮；❸在弹出的下拉列表中选择【选择性粘贴】选项，如下图所示。

步骤 03 ❶弹出【选择性粘贴】对话框，在【形式】下拉列表框中选择【无格式文本】选项；❷单击【确定】按钮，如下图所示。

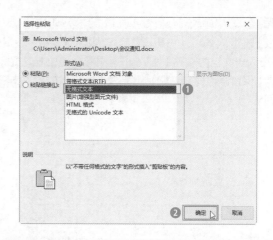

知识拓展

复制文本后，在要粘贴文本处右击，在弹出的快捷菜单中单击【只保留文本】按钮，也可以无格式粘贴文本。

047 设置默认粘贴格式

适用版本	使用指数
2010、2013、2016、2019	★★☆☆☆

扫一扫，看视频

使用说明

在Word中粘贴文本时，默认保留源格式，如果希望每次粘贴后的格式为常用的格式，可以设置合并格式。

解决方法

例如，要将设置了【加粗】【倾斜】【下划线】格式的文本设置为默认粘贴格式，具体操作方法如下。

步骤 01 ❶在文档中选中设置了【加粗】【倾斜】【下划线】格式的文本，按【Ctrl+C】组合键复制文本；❷单击【开始】选项卡【剪贴板】组中的【粘贴】下拉按钮；❸在弹出的下拉列表中选择【设置默认粘贴】选项，如下图所示。

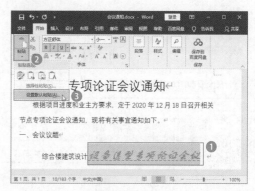

步骤 02 ❶弹出【Word选项】对话框，切换到【高级】选项卡；❷在【剪切、复制和粘贴】选项组中设置【在同一文档内粘贴】为【合并格式】，【跨文档粘贴】为【保留源格式(默认)】；❸单击【确定】按钮，如下图所示。

温馨提示

设置默认粘贴格式时，并不是所有的字体格式都会默认粘贴保留，如本例中加粗、倾斜和下划线三种格式会默认粘贴保留，但字体颜色、字号和字体格式未同步默认粘贴。

步骤 03 ❶将光标定位在要粘贴的位置；❷单击【开始】选项卡【剪贴板】组中的【粘贴】按钮，即可看到设置默认粘贴格式后的粘贴效果，如下图所示。

048 利用剪贴板复制多项内容

扫一扫，看视频

	适用版本	使用指数
	2010、2013、2016、2019	★★★☆☆

使用说明

如果在已编辑的文档中多次使用多处不连续的文本，来回切换复制粘贴比较浪费时间，此时可以使用剪贴板功能复制多项内容，在后面的编辑中直接选择粘贴。

解决方法

使用剪贴板功能复制多项内容并粘贴的具体操作方法如下。

步骤 01 打开文档，单击【开始】选项卡【剪贴板】组中右下角的【剪贴板】按钮，如下图所示。

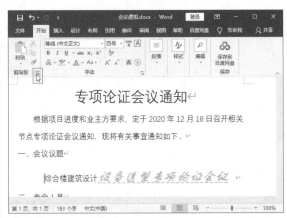

步骤 02 ❶选中要复制的文本；❷单击【开始】选项卡【剪贴板】组中的【复制】按钮，即可在打开的【剪贴板】任务窗格中看到复制的内容，如下图所示。

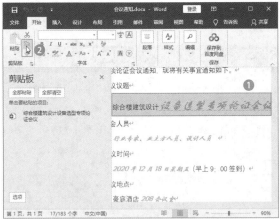

步骤 03 按照第2步操作继续多项复制操作，❶再将光标定位到需要粘贴的位置；❷单击【剪贴板】任务窗格中刚才复制的某项内容，即可将其粘贴到文档中，如下图所示。

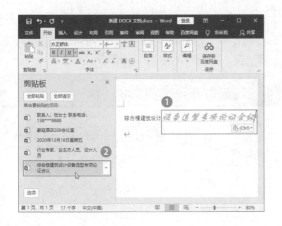

049 一次性撤销多次操作

适用版本	使用指数
2010、2013、2016、2019	★★★☆☆

扫一扫，看视频

使用说明

在文档编辑过程中，Word会把用户的每一步操作都记录下来，如果执行了错误操作，可以通过【Ctrl+Z】组合键或【快速访问工具栏】中的【撤销】按钮撤销操作，此方法可以进行多次操作。

解决方法

如果需要一次性撤销多次操作，具体操作步骤为：❶单击【快速访问工具栏】中【撤销】按钮右侧的下拉按钮；❷在弹出的下拉列表中单击要撤销的最终位置，如下图所示。

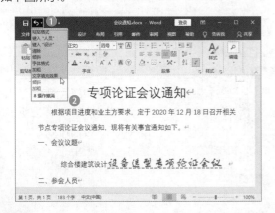

050 利用大纲视图快速调整排列顺序

适用版本	使用指数
2010、2013、2016、2019	★★☆☆☆

扫一扫，看视频

使用说明

在文档编辑过程中，如果需要将某个段落移至其他位置，除了使用复制粘贴的方法，还可以通过大纲样式直接移动。

解决方法

例如，将【会议通知】文档中的【会议时间】调整到【参会人员】之前，具体操作方法如下。

步骤 01 ❶打开文档，切换到【视图】选项卡；❷单击【视图】选项组中的【大纲】按钮，如下图所示。

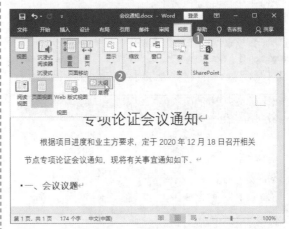

步骤 02 ❶此时页面切换到大纲视图，将鼠标定位到【三、会议时间】左侧的折叠按钮⊕；❷按住鼠标左键不放，将其拖动至【二、参会人员】上方，待出现一条带小三角的横线时释放鼠标左键，如下图所示。

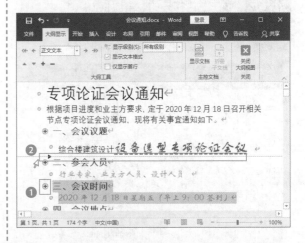

温馨提示

如果为文档设置了样式级别，选中折叠按钮进行拖动，可以将此级别下的所有内容全部移至目标位置。如果未设置样式级别，每次移动只能对一个段落进行操作。

051 使用【导航】窗格移动文本内容

扫一扫，看视频

适用版本	使用指数
2010、2013、2016、2019	★★☆☆☆

使用说明

　　除了通过大纲视图快速调整文档的排列顺序，还可以通过【导航】窗格移动文本内容。

解决方法

　　在Word 2019中，使用【导航】窗格移动文本的具体操作方法如下。

步骤 01 ❶打开文档，切换到【视图】选项卡；❷勾选【显示】组中的【导航窗格】复选框，如下图所示。

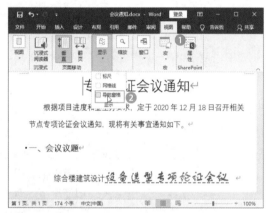

步骤 02 ❶在左侧打开的【导航】窗格中，将鼠标指向要移动的文本；❷将其拖动至目标位置上方，待出现一条实线时释放鼠标左键，如下图所示。

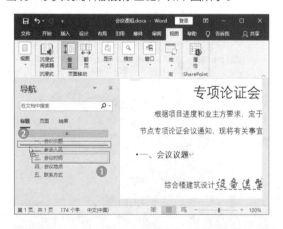

2.4 查找和替换文本技巧

　　在文档编辑过程中，如果需要查找文档内容，或者要将其中某些文本改为其他内容，当文档篇幅太长时查找起来十分麻烦，此时可以使用Word的查找或替换功能，从而大大提高了工作效率。

052 通过对话框查找文本

扫一扫，看视频

适用版本	使用指数
2010、2013、2016、2019	★★★★★

使用说明

　　在Word 2019之前的版本中，都是通过对话框查找文本，不仅可以查找文本内容，还可以查找格式等，功能十分强大。

解决方法

　　如果需要在Word 2019中通过对话框查找文本内容，具体操作方法如下。

步骤 01 ❶打开文档，单击【开始】选项卡【编辑】组中【查找】按钮右侧的下拉按钮；❷在弹出的下拉列表中选择【高级查找】选项，如下图所示。

步骤 02 ❶弹出【查找和替换】对话框，在【查找】选项卡【查找内容】文本框中输入需要查找的内容，如输入【云雀】；❷单击【查找下一处】按钮，如下图所示，此时Word会自动从光标插入点所在位置开始查找，当找到文本出现的第一个位置时，会以选中的形式显示。

温馨提示

依次单击【查找下一处】按钮，Word将按顺序继续查找下一处含有关键字的文本，当查找到最后一处时会提示用户是否尝试从头搜索，若选择【是】则从头开始再次查找。

053　通过【导航】窗格突出显示文本

适用版本	使用指数
2010、2013、2016、2019	★★☆☆☆

扫一扫，看视频

使用说明

如果要使查找的文本内容以区别于其他文本的方式显示，以便更加醒目，可以使用【导航】窗格的突出显示文本功能。

解决方法

要通过导航窗格突出显示文本，具体操作步骤为：❶按照前面所学打开【导航】窗格，在搜索框中输入要查找的文本内容，如【云雀】，此时文档中突出显示查找到的全部内容；❷在搜索结果中单击某个查找到的内容，即可快速定位在该处，如下图所示。

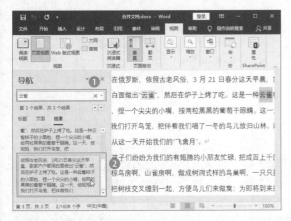

054　选择查找范围

适用版本	使用指数
2010、2013、2016、2019	★★★☆☆

扫一扫，看视频

使用说明

Word提供了全部、向上和向下三种查询范围，通过设置查询范围，可以帮助用户更加快速地找到需要的文本位置。

解决方法

例如，要设置【向下】查询范围，具体操作方法如下。

步骤 01 ❶将光标定位到开始查询的位置；❷单击【开始】选项卡【编辑】组中的【查找】下拉按钮；❸在弹出的下拉列表中选择【高级查找】选项，如下图所示。

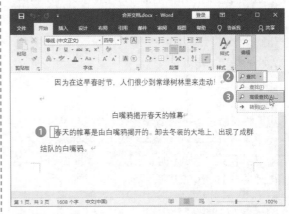

步骤 02 ❶弹出【查找和替换】对话框，在【查找内容】文本框中输入要查找的内容；❷单击【更多】按钮，如下图所示。

步骤 03 ❶单击【搜索选项】选项组中【搜索】选项右侧的下拉按钮，选择【向下】选项；❷单击【查找下一处】按钮即可开始向下查找，如下图所示。

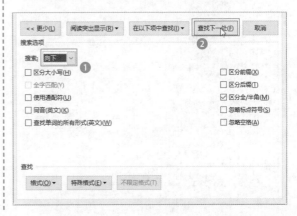

055 通过通配符模糊查找

扫一扫，看视频

适用版本	使用指数
2010、2013、2016、2019	★★★★★

使用说明

如果要查找的文本不具体，只知晓其中部分内容，此时可以使用通配符代替一个或多个字符，进行模糊查找。

解决方法

例如，要在文档中使用通配符进行模糊查找，具体操作方法如下。

步骤 01 ❶按照前面所学打开【查找和替换】对话框，在【查找内容】文本框中输入要查找的内容，不明确的文本用英文状态下的【？】代替，如【白?鸦】；❷单击【更多】按钮，如下图所示。

步骤 02 ❶在展开的【搜索选项】选项组中勾选【使用通配符】复选框；❷单击【查找下一处】按钮进行查找，如下图所示。

知识拓展

常用的通配符有两个，即英文状态下的【？】和【*】，其中【？】代表一个字符，【*】代表多个字符。

056 批量替换文本内容

扫一扫，看视频

适用版本	使用指数
2010、2013、2016、2019	★★★★☆

使用说明

如果文档中多次使用了某个词语或单词，后期发现需要将该文本替换为其他内容，此时可以使用批量替换功能进行快速替换。

解决方法

例如，要将文档中的【云雀】全部替换为【百灵】，具体操作方法如下。

步骤 01 打开文档，单击【开始】选项卡【编辑】组中的【替换】按钮，如下图所示。

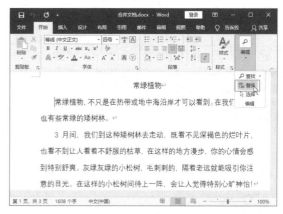

步骤 02 ❶弹出【查找和替换】对话框，自动切换到【替换】选项卡，在【查找内容】文本框中输入要查找的内容，如【云雀】；❷在【替换为】文本框中输入要替换的内容，如【百灵】；❸单击【全部替换】按钮，如下图所示。

步骤 03 文档会自动将设置内容进行全部替换，替换操作完成后，在弹出的提示对话框中单击【确定】按钮，如下图所示。

057 批量设置段落格式

适用版本	使用指数
2010、2013、2016、2019	★★☆☆☆

扫一扫，看视频

使用说明

在编辑长文档时，如果文档有统一的章节名称，但是未设置格式，为了便于阅读和查看，我们可以为章节名称设置统一的标题样式。如果文档的章节太多，逐一设置十分浪费时间，此时可以使用批量设置段落格式。

解决方法

例如，要为文档批量设置标题样式，具体操作方法如下。

步骤 01 打开文档，单击【开始】选项卡【编辑】组中的【替换】按钮，如下图所示。

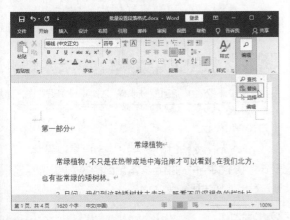

步骤 02 ❶弹出【查找和替换】对话框，自动切换到【替换】选项卡，在【查找内容】文本框中输入要设置样式的文本内容，如【第?部分】；❷单击【更多】按钮，如下图所示。

步骤 03 ❶在展开的【替换】选项组中单击【格式】下拉按钮；❷在弹出的下拉列表中选择【样式】选项，如下图所示。

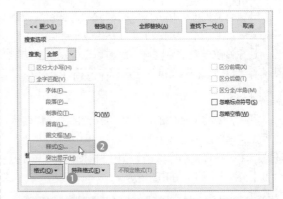

步骤 04 ❶弹出【替换样式】对话框，在列表框中选择需要的标题样式；❷单击【确定】按钮；❸返回【查找和替换】对话框，单击【全部替换】按钮，如下图所示。

步骤 05 Word将自动为符合条件的文本应用标题样式，样式替换完成后，在弹出的提示对话框中单击【确定】按钮，如下图所示。

058 将半角标点符号替换为全角

适用版本	使用指数
2010、2013、2016、2019	★★★☆☆

扫一扫，看视频

使用说明

在编辑文档时，输入汉字的部分通常使用全角标点符号，如果不小心输入了英文状态下的半角标点符号，逐个修改非常浪费时间，此时可以使用替换功能快速将半角标点符号替换为全角标点符号。

解决方法

例如，要将文档中的逗号和句号全部由半角转换为全角，具体操作方法如下。

步骤 01　打开文档，单击【开始】选项卡【编辑】组中的【替换】按钮，如下图所示。

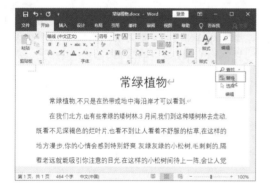

步骤 02　❶弹出【查找和替换】对话框，在【查找内容】文本框中输入逗号半角符号【,】；❷在【替换为】文本框中输入逗号全角符号【，】；❸单击【全部替换】按钮，如下图所示。

步骤 03　Word会自动将文档中的所有逗号由半角

状态转换为全角状态，在弹出的提示对话框中单击【确定】按钮，如下图所示。

步骤 04　❶弹出【查找和替换】对话框，在【查找内容】文本框中输入句号半角符号【.】；❷在【替换为】文本框中输入句号全角符号【。】；❸单击【全部替换】按钮，如下图所示。

步骤 05　Word会自动将文档中的所有句号由半角状态转换为全角状态，在弹出的提示对话框中单击【确定】按钮，如下图所示。然后将【查找和替换】对话框关闭。

059 将指定文本全部替换为图片

适用版本	使用指数
2010、2013、2016、2019	★★☆☆☆

扫一扫，看视频

使用说明

制作Word文档时，图片比文字更具说服力，如果要将某个文档中的指定文本全部替换为图片，可以通过替换操作快速实现。

解决方法

例如，要将文档中的【太阳】二字全部替换为太阳图片，具体操作方法如下。

步骤 01　❶打开文档，将光标定位在文档开始处，插入一张太阳图片，并设置好图片大小；❷打开【剪贴板】，将图片复制到剪贴板中，如下图所示。

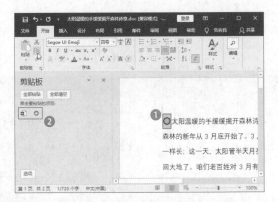

解决方法

要将文档中的所有空白行一次性删除，具体操作方法如下。

步骤 01 ❶打开文档，将光标定位在文档开始处，按照前面所学打开【查找和替换】对话框，切换到【替换】选项卡；❷在【查找内容】文本框中输入【[^13]{2}】；❸在【替换为】文本框中输入【[^13]】；❹单击【更多】按钮，如下图所示。

步骤 02 ❶按照前面所学打开【查找和替换】对话框，在【查找内容】文本框中输入【太阳】；❷在【替换为】文本框中输入【^c】；❸单击【全部替换】按钮，如下图所示。

步骤 02 ❶在下方展开的【搜索选项】选项组中勾选【使用通配符】复选框；❷单击【全部替换】按钮，如下图所示。

步骤 03 Word会自动将文档中所有【太阳】二字替换为图片，在弹出的提示对话框中提示用户【是否从头继续搜索？】，单击【否】按钮关闭对话框，如下图所示。

060 一次性删除所有空白行

适用版本	使用指数
2010、2013、2016、2019	★★☆☆☆

扫一扫，看视频

使用说明

从网页中复制文档到Word时，可能遇到多个空白行的情况，逐一删除会浪费很多时间，此时可以使用替换功能一次性删除文档中的所有空白行。

> 💡 **温馨提示**
>
> 如果段落后面只有一个空白行，执行一次上述操作后，将一次性删除所有空白行；如果段落后面有连续多个空白行，可以多单击几次【全部替换】按钮，直至所有空白行全部删除为止。

第 3 章
Word 文档编排技巧

在Word文档中录入文本内容后，为了让版面变得更加美观，需要对文本、段落和页面等格式进行相应的设置。本章主要介绍文本格式、段落格式、项目符号和编号以及样式等方面的设置方法与技巧，从而帮助用户快速设计出满意的文档。

下面来看看以下一些日常办公中常见的问题，你是否会处理或已掌握处理方法。

√ 制作海报时，字号列表中没有需要的字号，如何设置超大字号呢？

√ 对段落进行排版时，如何设置首行缩进的具体位置呢？

√ 对文本设置字符和段落格式后，如何将格式快速应用到后面的段落中呢？

√ 如果觉得文字或段落间的距离非常紧凑，如何增大字符或段落间的间距呢？

√ 编辑规章或制度之类的文档时，如何排版才能让文档看起来条理更清晰呢？

√ 在编辑 Word 文档时，有时会遇到段落中的某一行单独出现在一页的顶部或底部的情况，如何避免？每次保存文档都要选择复杂的保存路径，如何更改 Word 的默认保存路径呢？

......

希望通过本章内容的学习，能帮助你解决以上问题，并学会更多有关Word高效编排文档的相关技巧。

3.1　文本格式设置技巧

在 Word 文档中录入文本后，通过对文本的大小、颜色以及间距等进行设置，可以让文档看起来更加美观。

061　如何设置超大文字

适用版本	使用指数
2010、2013、2016、2019	★★★☆☆

扫一扫，看视频

使用说明

在 Word 中设置字号时，可以选择的最大字号为【72】号，而在实际工作中，有可能会遇到需要更大字号的情况，此时，可以通过手动输入设置字号。

解决方法

例如，要将文档标题设置为【120】的字号，具体操作方法如下。

步骤 01　❶选中要设置超大字号的文本；❷在【开始】选项卡的【字体】组中，将光标定位在【字号】下拉文本框中，输入需要的字号，如【120】，如下图所示。

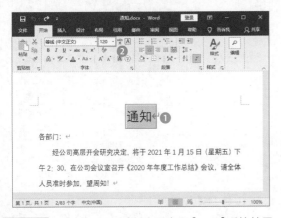

步骤 02　此时，可以看到设置字号【120】后的效果，如下图所示。

062　将简体字转换为繁体字

适用版本	使用指数
2010、2013、2016、2019	★★★☆☆

扫一扫，看视频

使用说明

为了方便沟通交流，目前大多数使用的是简体字，而作为我国古代历史文化遗产的繁体字，在某些特定场合也会经常用到。使用 Word 的中文简繁转换功能，可以快速将简体中文转换为繁体中文。

解决方法

要将文档中的简体字转换为繁体字，具体操作步骤为：❶选中要转换为繁体字的文本；❷切换到【审阅】选项卡；❸在【中文简繁转换】组中单击【简转繁】按钮，如下图所示。

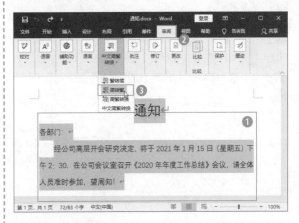

> 🐧 **温馨提示**
>
> 如果要将繁体字转换为简体字，可以选中文本后，在【中文简繁转换】组中单击【繁转简】按钮。

063　快速输入带圈文字

适用版本	使用指数
2010、2013、2016、2019	★★☆☆☆

扫一扫，看视频

使用说明

在 Word 文档编辑过程中，有时会遇到需要突出显示段落中某个文字的情况，此时，可以为文字加圈以达到突出效果。

解决方法

例如，要将文档中的星期数加圈，具体操作方法如下。

步骤 01 ❶选中要设置的文本；❷在【开始】选项卡的【字体】组中，单击【带圈字符】按钮，如下图所示。

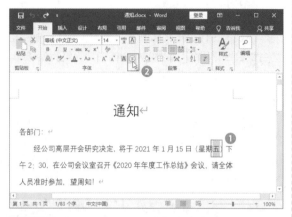

步骤 02 ❶弹出【带圈字符】对话框，在【样式】选项组中选择带圈样式；❷在【圈号】列表框中选择需要的圈号形状；❸单击【确定】按钮，如下图所示。

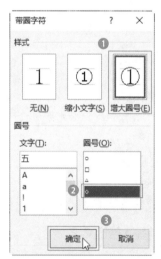

064 为汉字添加拼音

适用版本	使用指数
2010、2013、2016、2019	★★★☆☆

扫一扫，看视频

使用说明

在文档编辑过程中，有可能遇到需要为生僻字或多音字标注拼音的情况，以免读者拼读错误。

解决方法

例如，要为文档中的【裳】字添加拼音，具体操作方法如下。

步骤 01 ❶选中文档中的【裳】字；❷在【开始】选项卡的【字体】组中单击【拼音指南】按钮，如下图所示。

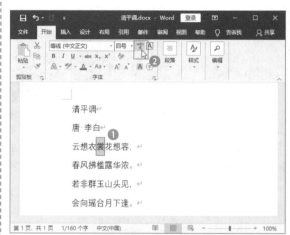

步骤 02 ❶弹出【拼音指南】对话框，确认【拼音文字】文本框中的拼音是否正确；❷在对话框中间部分设置字体格式和对齐方式，在下方的【预览】栏中可以看到设置格式后的效果；❸单击【确定】按钮，如下图所示。

065 为文字添加下划线

适用版本	使用指数
2010、2013、2016、2019	★★★★☆

扫一扫，看视频

使用说明

如果需要为文档中的某些重点词语或句子进行标识，可以为其添加下划线。Word默认的下划线为黑色，且样式单调，用户可以通过设置，添加其他类型或颜色的下划线。

解决方法

例如，为文档中的日期和时间添加【蓝色】的【双波浪线】下划线，具体操作方法如下。

步骤 01 ❶选中要添加下划线的文本；❷在【开始】选项卡的【字体】组中单击【下划线】按钮右侧的下拉按钮；❸在弹出的下拉列表中选择【其他下划线】选项，如下图所示。

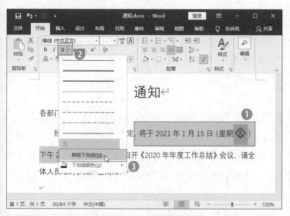

步骤 02 ❶弹出【字体】对话框，单击【下划线线型】下拉按钮；❷在弹出的下拉列表中选择需要的双波浪线样式，如下图所示。

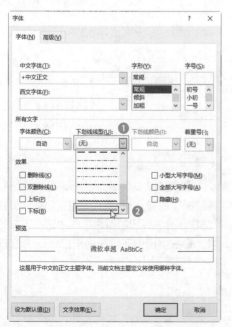

步骤 03 ❶单击【下划线颜色】下拉按钮；❷在弹出的颜色面板中单击【蓝色】，如下图所示；❸设置完成后单击【确定】按钮关闭对话框。

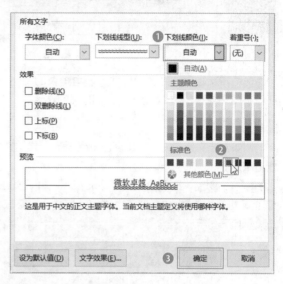

066　为文字添加边框

适用版本	使用指数
2010、2013、2016、2019	★★☆☆☆

扫一扫，看视频

使用说明

在编辑文档时，如果重要的词句需要提醒他人注意或重点查看，除了更改字体颜色和添加下划线，还可以添加边框，使其更加醒目。

解决方法

例如，要为文档中的会议名称添加边框，具体操作步骤为：❶选中要添加边框的文本内容；❷在【开始】选项卡的【字体】组中单击【字符边框】按钮，如下图所示。

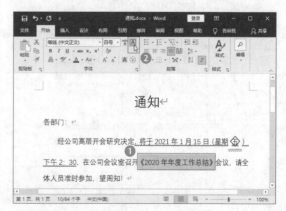

067 为重点词句添加着重号

扫一扫，看视频

适用版本	使用指数
2010、2013、2016、2019	★★☆☆☆

使用说明

在编辑文档时，为了避免他人漏看重要的词句，还可以在文字下方添加着重号，起到醒目的作用。

解决方法

例如，在文档中为会议地点添加着重号，具体操作方法如下。

步骤 01 ❶选中要添加着重号的文本；❷在【开始】选项卡的【字体】组中单击右下角的【字体】折叠按钮，如下图所示。

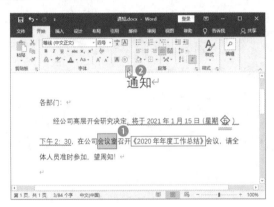

步骤 02 ❶弹出【字体】对话框，单击【着重号】下拉按钮,在弹出的下拉列表中选中着重号,如下图所示；❷单击【确定】按钮。

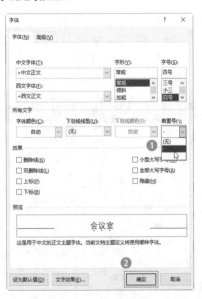

Word中的着重号默认为文本的颜色，即若选中的文本字体颜色为红色，则添加着重号后，显示的着重号颜色也为红色。

068 为文字设置空心效果

扫一扫，看视频

适用版本	使用指数
2010、2013、2016、2019	★★☆☆☆

使用说明

Word 2019提供了多种文字效果和样式，以便最大限度地帮助用户设置出符合心意的文档效果，空心效果便是其中一种。

解决方法

例如，要为文本设置蓝色轮廓的空心效果，具体操作方法如下。

步骤 01 ❶选中要设置空心效果的文本，在【开始】选项卡的【字体】组中，单击【文本效果和版式】下拉按钮；❷在弹出的下拉列表中选择【轮廓】选项；❸在弹出的颜色面板中选择【蓝色】，如下图所示。

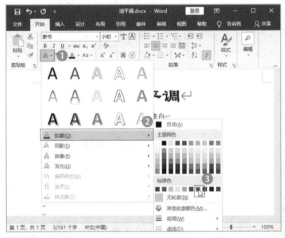

步骤 02 ❶保持文本为选中状态，再次单击【文本效果和版式】下拉按钮；❷在弹出的下拉列表中选择【轮廓】选项；❸在弹出的颜色面板中选择下方的【粗细】选项；❹在弹出的子菜单中选择合适的轮廓粗细值，如下图所示。

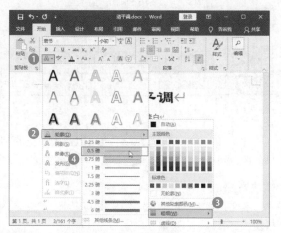

需要的样式即可将其应用于所选文本，如果想要更精确的设置，可以单击【阴影选项】按钮，如下图所示。

步骤 03 ❶保持文本为选中状态，在【开始】选项卡的【字体】组中，单击【字体颜色】按钮右侧的下拉按钮；❷在弹出的颜色面板中选择【白色】，设置空心后的效果如下图所示。

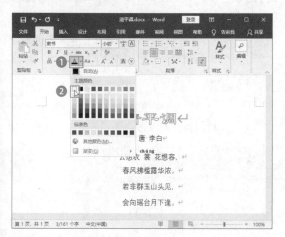

步骤 02 ❶Word窗口界面右侧将弹出【设置文本效果格式】窗格，在【阴影】选项组中单击【预设】右侧的下拉按钮；❷在弹出的下拉列表中选择需要的样式，如下图所示。

步骤 03 对阴影效果的字体颜色、大小、模糊度、角度和距离进行相应的设置，设置完成后的效果如下图所示。

069 为文字设置阴影效果

适用版本	使用指数
2010、2013、2016、2019	★★☆☆☆

扫一扫，看视频

使用说明

如果要使文字看起来更加立体生动，可以为其设置阴影效果。

解决方法

例如，要自定义设置阴影效果，具体操作方法如下。

步骤 01 ❶选中要设置阴影效果的文本，在【开始】选项卡的【字体】组中，单击【文本效果和版式】下拉按钮；❷在弹出的下拉列表中选择【阴影】选项；❸在弹出的子菜单中提供了多种阴影效果样式，选择

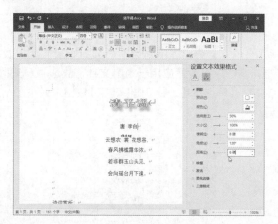

070 更改 Word 默认字体格式

扫一扫，看视频

适用版本	使用指数
2010、2013、2016、2019	★★★☆☆

使用说明

Word 2019默认的字体格式为五号黑色等线体格式，如果用户常用的字体格式不是五号黑色等线体，可以通过设置更改默认的字体格式。

解决方法

例如，要将默认字体格式设为【四号】的【楷体】，具体操作方法如下。

步骤 01 ❶按照前面所学打开【字体】对话框，将【中文字体】设置为【楷体】；❷将【字号】设置为【四号】；❸单击下方的【设为默认值】按钮，如下图所示。

步骤 02 ❶弹出提示对话框，选择修改应用的文档，本例只将设置应用于当前文档，故选中【仅此文档？】单选按钮；❷单击【确定】按钮，如下图所示。

071 设置渐变填充字体效果

扫一扫，看视频

适用版本	使用指数
2010、2013、2016、2019	★★☆☆☆

使用说明

Word的功能十分强大，不但可以设置单一的字体颜色，而且可以设置多颜色渐变的字体效果。

解决方法

例如，要为文档中选中的文本设置渐变填充字体效果，具体操作方法如下。

步骤 01 ❶选中要设置渐变填充字体效果的文本，在【开始】选项卡的【字体】组中单击【字体颜色】按钮右侧的下拉按钮；❷在弹出的颜色面板中选择【渐变】选项；❸在弹出的子菜单中选择【其他渐变】选项，如下图所示。

步骤 02 ❶在Word界面右侧将显示【设置文本效果格式】窗格，选中【渐变填充】单选按钮；❷在下方设置填充类型和方向，如下图所示。

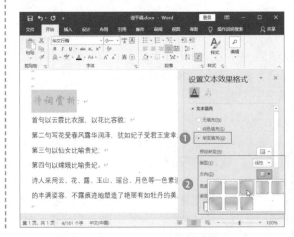

步骤 03 ❶【渐变光圈】选项下方的几个滑动块表示颜色渐变的位置，选中下方的某个滑动块；❷单击下方的【颜色】下拉按钮，在弹出的颜色面板中选择需要的颜色，如下图所示。

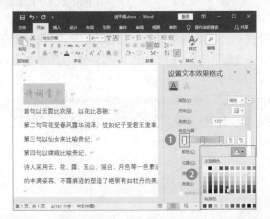

步骤 04 ❶按照第3步操作为其他几个滑动块设置不同的颜色；❷如果觉得渐变颜色不明显，可以多设置几个不同位置的颜色渐变，此时可以单击滑动块右侧的【添加渐变光圈】按钮 ，如下图所示。

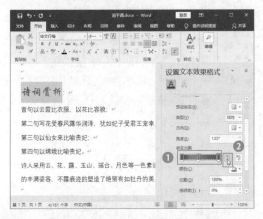

步骤 05 按照前面的操作为新增的光圈设置颜色，设置完成后的渐变填充字体效果如下图所示。

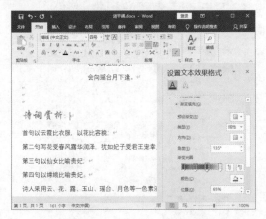

072　设置和取消英文句首字母自动变大写

适用版本	使用指数
2010、2013、2016、2019	★★★☆☆

扫一扫，看视频

使用说明

默认情况下，在Word文档中输入英文句子时，首字母会自动变为大写状态。如果不需要这项功能，可以取消句首字母自动变大写的功能。

解决方法

要取消英文句首字母自动变为大写状态，具体操作方法如下。

步骤 01 ❶打开【Word选项】对话框，切换到【校对】选项卡；❷单击【自动更正选项】按钮，如下图所示。

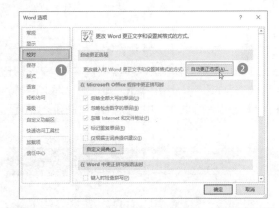

步骤 02 ❶弹出【自动更正】对话框，取消勾选【句首字母大写】复选框；❷单击【确定】按钮，如下图所示。

进行上述设置后，如果再次开启英文句首字母自动变为大写状态功能，方法为打开【自动更正】对话框，勾选【句首字母大写】复选框，单击【确定】按钮。

073　快速改变英文字母大小写格式

适用版本	使用指数
2010、2013、2016、2019	★ ★ ★ ☆ ☆

扫一扫，看视频

使用说明

编排英文文档时，通常是使用大小写混合的方式，如果需要将文档全部使用小写或大写排版，或者将句首字母全部变为大写，可以通过选项卡中的命令快速实现。

解决方法

例如，要将一篇句首字母大写的英文文档全部转变为小写，具体操作步骤为：❶选中整篇文档；❷在【开始】选项卡的【字体】组中单击【更改大小写】下拉按钮；❸在弹出的下拉列表中选择【小写】选项，如下图所示。

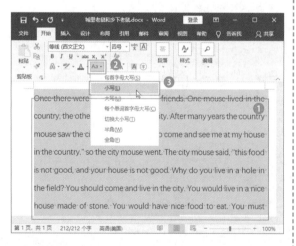

074　快速调整文字间距

适用版本	使用指数
2010、2013、2016、2019	★ ★ ★ ★ ☆

扫一扫，看视频

使用说明

在文档编辑过程中，如果觉得默认的文字间距过

于紧密，可以通过设置调整文字间的间距，将文字分散排版，更方便阅读。

解决方法

例如，要将文档中的文字间距加宽【6磅】，具体操作方法如下。

步骤 01　❶选中要调整文字间距的文本内容；❷在【开始】选项卡的【字体】组中单击【字体】折叠按钮，如下图所示。

步骤 02　❶弹出【字体】对话框，切换到【高级】选项卡；❷单击【间距】下拉按钮，选择【加宽】选项；❸单击【磅值】微调按钮，设置为【6磅】；❹单击【确定】按钮，如下图所示。

075 调整下划线和文字的间距

适用版本	使用指数
2010、2013、2016、2019	★ ★ ★ ☆ ☆

扫一扫，看视频

使用说明

　　Word默认的下划线位置是紧贴文字显示，如果用户觉得下划线和文字的距离过于紧密，可以通过设置调整文字间的间距，将文字分散排版，更方便阅读。

解决方法

　　例如，要将文档标题的文字与下划线间距设为【8磅】，具体操作方法如下。

步骤 01 ❶选中添加了下划线的标题文字；❷在【开始】选项卡的【字体】组中单击【字体】折叠按钮，如下图所示。

步骤 02 ❶弹出【字体】对话框，切换到【高级】选项卡；❷单击【位置】下拉按钮，选择【上升】选项；❸单击右侧的【磅值】微调按钮，设置为【8磅】；❹单击【确定】按钮，如下图所示。

步骤 03 ❶返回文档中即可看到文字与下划线的间距并未发生变化，此时再选中文字的末尾按空格键，即添加一个空白字符，并将其选中；❷单击【字体】组右下角的【字体】折叠按钮，如下图所示。

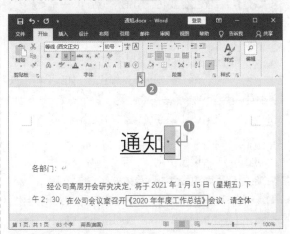

步骤 04 ❶弹出【字体】对话框，切换到【高级】选项卡；❷单击【位置】下拉按钮，选择【标准】选项；❸单击【确定】按钮，如下图所示。

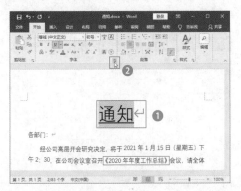

温馨提示

　　通过上述设置，返回文档中即可看到文字和下划线之间的间距发生了明显变化，但需要注意的是，文字后面的空格字符不能删除，否则文字和下划线的间距会恢复默认间距。在空格后面继续添加文字，也会以默认间距显示。

076 格式刷的妙用

扫一扫，看视频

适用版本	使用指数
2010、2013、2016、2019	★★★★★

使用说明

在编辑长文档时，对某个段落或某部分文字设置了字体颜色、字号、间距或其他特殊样式后，如果要将设置的格式应用到其他多个段落或位置，重新设置十分麻烦，此时可以使用格式刷快速将源文本样式应用于目标格式。

解决方法

例如，要将设置了字体、字号和字符间距的文本格式应用到后面的段落中，具体操作方法如下。

步骤 01 ❶选中要复制格式的文本内容；❷在【开始】选项卡的【字体】组中单击【格式刷】按钮，如下图所示。

步骤 02 此时，鼠标光标变为格式刷状，滚动鼠标滑轮，在需要应用样式的开始位置按下鼠标左键不放，直至选中所有要应用样式的文本后再松开，如下图所示。

知识拓展

选择源文本后，单击一次格式刷按钮，只能应用一次样式；双击格式刷按钮，可以多次应用样式，使

用完成后，再次单击格式刷按钮，或者按【Esc】键，即可退出锁定。

077 快速清除已设置的字体格式

扫一扫，看视频

适用版本	使用指数
2010、2013、2016、2019	★★★★☆

使用说明

在文档编辑过程中，如果对已经设置的文本格式不满意，除了使用撤销操作，还可以一次性将该文本的所有格式清除。

解决方法

例如，要将文档中设置了字体、字号和字符间距的文本格式清除，具体操作步骤为：❶选中要清除所有格式的文本内容；❷在【开始】选项卡的【字体】组中，单击【清除所有格式】按钮，如下图所示。

3.2 段落格式设置技巧

每一个文档都是由多个段落构成，而默认的段落格式十分紧凑，密密麻麻的文字会让读者感到压抑，此时通过设置错落有致的段落格式和宽度适宜的段落间距，会让文档更具有阅读性。

078 设置段落首行缩进

扫一扫，看视频

适用版本	使用指数
2010、2013、2016、2019	★★★★★

使用说明

Word默认的段落格式是顶格排列，通过设置段落首行缩进，可以与上一行文字形成鲜明对比，以便于读者更好地理解和阅读每一个段落。

解决方法

一般来说，段落是以向右缩进两个字符为主，具体操作方法如下。

步骤 01　❶选中要设置段落格式的段落文本；❷在【开始】选项卡的【段落】组中单击右下角的折叠按钮 ，如下图所示。

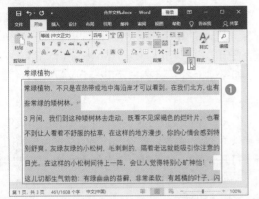

步骤 02　❶弹出【段落】对话框，单击【缩进】选项组中的【特殊】下拉按钮，选择【首行】选项；❷单击【缩进值】微调按钮，设置为【2字符】，如下图所示；❸设置完成后单击【确定】按钮。

使用说明

在编辑文档时，为了让段落的版式看起来更加美观特别，可以将该段落进行首字下沉设置，从而起到突出显示的目的。

解决方法

要设置段落的首字下沉，具体操作方法如下。

步骤 01　❶将光标定位在文档中要设置首字下沉的段落中，切换到【插入】选项卡；❷单击【文本】组中的【首字下沉】下拉按钮；❸在弹出的下拉列表中选择【下沉】选项，文档中可以看到默认的首字下沉效果，如下图所示。

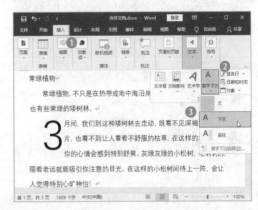

步骤 02　❶如果对默认的首字下沉格式不满意，可以在下拉列表中选择【首字下沉选项】选项，弹出【首字下沉】对话框，选择【位置】选项组中的【下沉】选项；❷在【选项】选项组中对段落首字的【字体】【下沉行数】【距正文】进行设置；❸设置完成后单击【确定】按钮，如下图所示。

079　**设置段落首字下沉**

适用版本	使用指数
2010、2013、2016、2019	★★★☆☆

扫一扫，看视频

080　**如何设置段落间距**

适用版本	使用指数
2010、2013、2016、2019	★★★★★

扫一扫，看视频

使用说明

　　段落间距是指上一个段落的最后一行文字和下一个段落的首行文字之间的间隔距离。通过设置段落间距，可以显示出条理清晰的段落层次，方便用户编辑和阅读文档。

解决方法

　　例如，要设置段落间距，具体操作方法如下。

步骤 01　❶选中要设置段落间距的段落文本；❷在【开始】选项卡的【段落】选项组中单击右下角的折叠按钮，如下图所示。

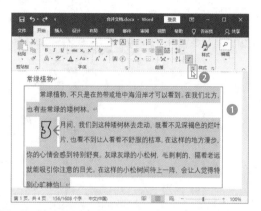

步骤 02　❶弹出【段落】对话框，在【间距】选项组中分别对【段前】和【段后】的行距进行设置；❷设置完成后单击【确定】按钮，如下图所示。

081　如何设置段落行距

扫一扫，看视频

适用版本	使用指数
2010、2013、2016、2019	★★★★★

使用说明

　　段落行距是指段落中行与行之间的距离，默认情况下，Word的段落行距为【单倍行距】，即一行，磅值为12磅。

　　如果对默认行距不满意，可以自定义设置段落行距。

解决方法

　　例如，要将段落行距设置为【2倍行距】，具体操作步骤为：❶选中要设置段落行距的文本，按照前面所学打开【段落】对话框，单击【间距】选项组的【行距】下拉按钮，选择【2倍行距】选项；❷单击【确定】按钮，如下图所示。

082　如何设置双行合一

扫一扫，看视频

适用版本	使用指数
2010、2013、2016、2019	★★☆☆☆

使用说明

　　双行合一功能是指将选中的文本在一行中以双行的形式显示，并且这两行文本与其他文字的水平方向保持一致。

解决方法

例如，要设置双行合一，具体操作方法如下。

步骤 01 ❶选中要双行显示的文本内容；❷在【开始】选项卡的【段落】选项组中单击【中文版式】下拉按钮；❸在弹出的下拉列表中选择【双行合一】选项，如下图所示。

步骤 02 ❶弹出【双行合一】对话框，默认没有为双行文本添加括号，如果需要添加，可勾选【带括号】复选框；❷单击【括号样式】下拉按钮，选择需要的括号样式；❸设置完成后单击【确定】按钮，如下图所示。

知识拓展

如果双行中需要显示的第一行文本内容少于第二行，可以通过添加空格的方式让文本移到第二行。如果需要删除双行合一格式，可以在【双行合一】对话框中单击【删除】按钮。

083 如何避免文档末尾出现孤行

适用版本	使用指数
2010、2013、2016、2019	★★★★☆

扫一扫，看视频

使用说明

在文档编辑过程中，有可能遇到段落中的某一行单独出现在一页的顶部或底部的情况，这种情况被称为孤行。出现孤行，会给用户编辑和阅读带来不便，此时可以通过孤行控制，将段落与之相邻的一行移动到此孤行所在的页面，从而保证页面中至少显示两行。

解决方法

要进行孤行控制设置，具体操作步骤为：❶按照前面所学打开【段落】对话框，切换到【换行和分页】选项卡；❷勾选【分页】选项组中的【孤行控制】复选框；❸设置完成后单击【确定】按钮，如下图所示。

084 如何避免标点符号出现在行首

适用版本	使用指数
2010、2013、2016、2019	★★★☆☆

扫一扫，看视频

使用说明

在文档编辑过程中，有时会发生标点符号出现在行首的情况，这不符合中文的使用标准，此时可以通过设置避免标点符号出现在行首。

解决方法

要想避免标点符号出现在行首，具体操作方法如下。

步骤 01 ❶按照前面所学打开【段落】对话框，切换到【中文版式】选项卡；❷勾选【字符间距】选项组中的【允许行首标点压缩】复选框；❸单击【选项】按钮，如下图所示。

步骤 02 ❶弹出【Word选项】对话框，自动切换到【版式】选项卡，选中【字符间距控制】选项组中的【只压缩标点符号】单选按钮；❷单击【确定】按钮，如下图所示。

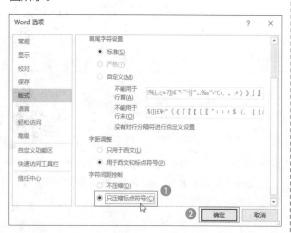

085 如何进行段前分页

扫一扫，看视频

适用版本	使用指数
2010、2013、2016、2019	★★★☆☆

使用说明

段前分页是指在段落前面插入分页符，它适用于在主控文档中插入文档，以及分页前段落需要修改的情况。

解决方法

例如，要为文档设置段前分页，具体操作步骤为：❶按照前面所学打开【段落】对话框，切换到【换行和分页】选项卡；❷勾选【分页】选项组中的【段前分页】复选框；❸单击【确定】按钮，如下图所示。

086 防止段落跨页显示

扫一扫，看视频

适用版本	使用指数
2010、2013、2016、2019	★★★☆☆

使用说明

在文档编辑过程中，经常会遇到一个段落因版面原因显示在两页中的情况，如果希望让文档的每个段落都显示在同一个页面中，可以通过设置防止段落跨页显示。

解决方法

要让每个段落都显示在同一个页面，具体操作步骤为：❶按照前面所学打开【段落】对话框，切换到【换行和分页】选项卡；❷勾选【分页】选项组中的【段中不分页】复选框；❸单击【确定】按钮，如下图所示。

087　防止英文断行显示

适用版本	使用指数
2010、2013、2016、2019	★★★★☆

扫一扫，看视频

使用说明

对英文文档进行排版时，如果遇到行末最后一个单词分为两行显示的情况，可能是英文换行功能被开启。此时，可以关闭英文的自动换行功能，以防止英文断行显示。

解决方法

要防止英文断行显示，具体操作步骤为：❶按照前面所学打开【段落】对话框，切换到【中文版式】选项卡；❷取消勾选【换行】选项组中的【允许西文在单词中间换行】复选框；❸单击【确定】按钮，如下图所示。

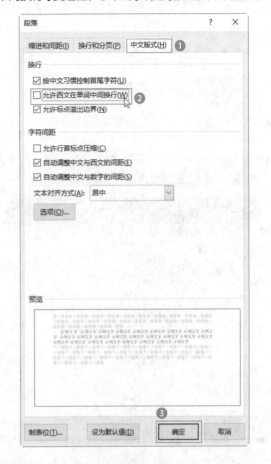

088　如何利用制表位调整段落边距

适用版本	使用指数
2010、2013、2016、2019	★★★★☆

扫一扫，看视频

使用说明

制表位是指水平标尺的位置，使用制表位可以快速调整文字开始的位置或文字缩进的距离。

解决方法

例如，要通过制表位增加段落到页面左侧的边距，具体操作方法如下。

步骤 01　❶打开文档，切换到【视图】选项卡；❷在【显示】组中勾选【标尺】复选框，如下图所示。

步骤 02 ❶此时，可以看到功能区下方显示出标尺，将光标定位到要调整段落边距的段落中；❷将鼠标指针指向标尺中的制表位滑块，按下鼠标左键，将制表位拖动到合适位置后释放鼠标左键，如下图所示。

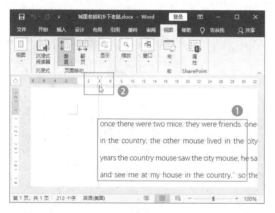

3.3 项目符号和编号应用技巧

在编辑逻辑性比较强的文档时，适当地添加项目符号或编号，可以让文档看起来条理更加清晰，可以让读者更加轻松地阅读和理解文档。

089 添加或取消项目符号

扫一扫，看视频

适用版本	使用指数
2010、2013、2016、2019	★★★★★

使用说明

在编辑一些条理性较强的文档时，通过添加项目符号，可以让文档更具有阅读性。

解决方法

要为文档中的段落添加或取消项目符号，具体操

作方法如下。

步骤 01 ❶选中要设置项目符号的段落文本；❷在【开始】选项卡的【段落】组中单击【项目符号】按钮右侧的下拉按钮；❸在弹出的下拉列表中选择需要的项目符号样式，如下图所示。

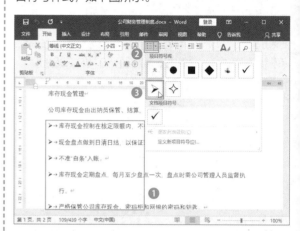

步骤 02 ❶要取消设置项目符号样式，选中设置了项目符号的段落；❷在【开始】选项卡的【段落】组中单击【项目符号】按钮右侧的下拉按钮；❸在弹出的下拉列表中选择【无】选项，如下图所示。

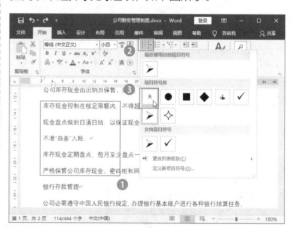

> **知识拓展**
> 在添加了项目符号的段落后按【Enter】键，下一个段落会自动创建相同格式的项目符号，再次按【Enter】键可以取消应用项目符号样式。

090 更改项目符号颜色

扫一扫，看视频

适用版本	使用指数
2010、2013、2016、2019	★★★☆☆

使用说明

Word默认的项目符号颜色为黑色，如果是彩色打印，黑色看起来不是特别美观，此时可以将项目符号更改为其他颜色。

解决方法

例如，将项目符号颜色更改为红色，具体操作方法如下。

步骤 01　❶选中要更改项目符号样式的段落；❷在【开始】选项卡的【段落】组中单击【项目符号】按钮右侧的下拉按钮；❸在弹出的下拉列表中选择【定义新项目符号】选项，如下图所示。

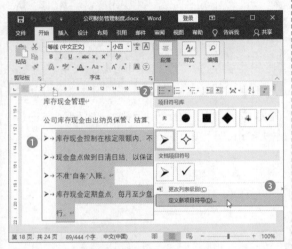

步骤 02　弹出【定义新项目符号】对话框，单击【字体】按钮，如下图所示。

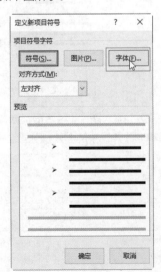

步骤 03　❶弹出【字体】对话框，单击【字体颜色】下拉按钮；❷在弹出的颜色面板中选择【红色】；❸单击【确定】按钮，如下图所示。

091　添加更多样式的项目符号

适用版本	使用指数
2010、2013、2016、2019	★★★☆☆

扫一扫，看视频

使用说明

Word内置的项目符号库只提供了几种项目符号样式，如果对内置的样式不满意，可以将符号库中的符号样式添加到项目符号库中。

解决方法

例如，要应用符号库中的符号作为项目符号样式，具体操作方法如下。

步骤 01　❶选中要更改项目符号样式的段落；❷在【开始】选项卡的【段落】组中单击【项目符号】按钮右侧的下拉按钮；❸在弹出的下拉列表中选择【定义新项目符号】选项，如下图所示。

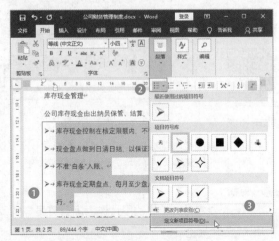

步骤 02 弹出【定义新项目符号】对话框，单击【符号】按钮，如下图所示。

步骤 03 ❶弹出【符号】对话框，在符号库中选择想要设为项目符号样式的符号；❷单击【确定】按钮，如下图所示。

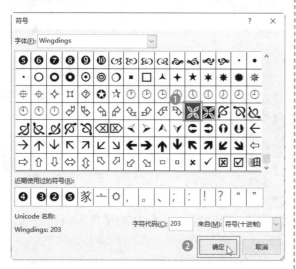

092 使用图片作为项目符号

扫一扫，看视频

适用版本	使用指数
2010、2013、2016、2019	★★★☆☆

使用说明

如果觉得符号用作项目符号样式还不够美观，还可以将计算机或网络上的图片应用为项目符号样式。

解决方法

例如，要将计算机中的图片作为项目符号样式，具体操作方法如下。

步骤 01 ❶选中要更改项目符号样式的段落；❷在【开始】选项卡的【段落】组中单击【项目符号】按钮右侧的下拉按钮；❸在弹出的下拉列表中选择【定义新项目符号】选项，如下图所示。

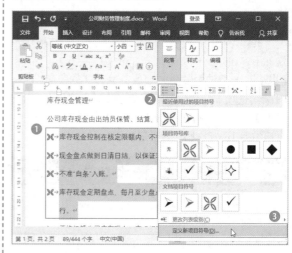

步骤 02 弹出【定义新项目符号】对话框，单击【图片】按钮，如下图所示。

步骤 03 弹出【插入图片】对话框，选择图片路径，本例为选择本地计算机中的图片，这里选择【从文件】选项，如下图所示。

步骤 04　❶在打开的【插入图片】对话框中进入图片保存路径，选中本地计算机中想要设为项目符号样式的图片文件；❷单击【插入】按钮，如下图所示。

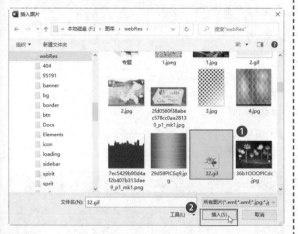

步骤 05　返回【定义新项目符号】对话框，可以看到应用图片项目符号样式的效果，单击【确定】按钮，如下图所示。

093　添加和取消编号

适用版本	使用指数
2010、2013、2016、2019	★★★★★

扫一扫，看视频

使用说明

　　编辑规章制度等条理性较强的文档时，除了使用项目符号，还可以使用编号。编号的使用可以让文档的层次结构更加清晰有条理。

解决方法

　　例如，要在Word文档中添加和取消编号，具体

操作方法如下。

步骤 01　❶选中要添加编号的段落；❷在【开始】选项卡的【段落】组中单击【编号】按钮右侧的下拉按钮；❸在弹出的下拉列表中选择需要的编号样式，如下图所示。

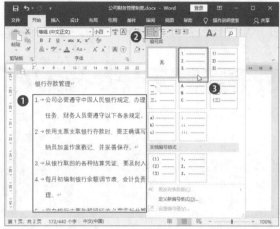

步骤 02　❶要取消应用编号样式，可以选中应用了编号的段落；❷在【开始】选项卡的【段落】组中单击【编号】按钮右侧的下拉按钮；❸在弹出的下拉列表中选择【无】选项，如下图所示。

094　自定义编号

适用版本	使用指数
2010、2013、2016、2019	★★★★☆

扫一扫，看视频

使用说明

　　因菜单显示的位置有限，在编号下拉列表的编号库中只可以看到几种最常见的编号样式，其实Word

还提供了多种编号样式供用户选择使用。

解决方法

例如，要应用内置的【壹，贰，叁...】编号样式，具体操作方法如下。

步骤 01 ❶选中要添加编号的段落；❷在【开始】选项卡的【段落】组中单击【编号】按钮右侧的下拉按钮；❸在弹出的下拉列表中选择【定义新编号格式】选项，如下图所示。

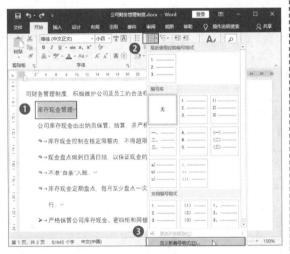

步骤 02 ❶弹出【定义新编号格式】对话框，单击【编号样式】下拉按钮，选择【壹，贰，叁...】选项；❷单击【确定】按钮，如下图所示。

095 制作个性化编号

适用版本	使用指数
2010、2013、2016、2019	★★★★☆

扫一扫，看视频

使用说明

Word中的编号都有固定的格式，如果用户想要的编号格式无法在内置的编号库中进行选择，可以自定义添加编号样式。

解决方法

例如，要设置【第一条、第二条、……】样式的编号，具体操作方法如下。

步骤 01 ❶选中要添加编号的段落；❷在【开始】选项卡的【段落】组中单击【编号】按钮右侧的下拉按钮；❸在弹出的下拉列表中选择【定义新编号格式】选项，如下图所示。

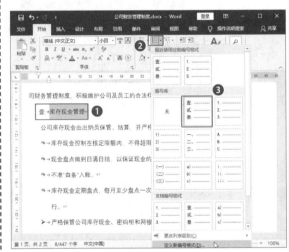

步骤 02 ❶弹出【定义新编号格式】对话框，在【编号格式】文本框中输入【第一条】，并选中【一】；❷单击【编号样式】下拉按钮，选择【一，二，三(简)...】样式；❸单击【字体】按钮，如下图所示。

步骤 03 ❶弹出【字体】对话框，设置编号的【字体】【字形】【字号】和【字体颜色】等格式；❷设置完成后单击【确定】按钮保存设置，如下图所示。

步骤〔02〕 ❶弹出【起始编号】对话框，在【值设置为】微调框中输入数字【6】；❷单击【确定】按钮，如下图所示，返回文档中即可看到编号已经从【6】开始了。

097　取消自动项目符号和编号功能

适用版本	使用指数
2010、2013、2016、2019	★★☆☆☆

扫一扫，看视频

使用说明

在文档中添加项目符号或编号后，按【Enter】键进入下一个段落时，默认会出现自动项目符号列表或编号。如果不希望使用该功能，可以手动关闭自动项目符号和编号功能。

解决方法

取消自动项目符号和编号功能的具体操作方法如下。

步骤〔01〕 ❶按照前面所学打开【Word选项】对话框，切换到【校对】选项卡；❷单击【自动更正选项】按钮，如下图所示。

步骤〔02〕 ❶弹出【自动更正】对话框，切换到【键入时自动套用格式】选项卡；❷在【键入时自动应用】选项组中取消勾选【自动项目符号列表】和【自动编号列表】复选框；❸单击【确定】按钮，如下图所示。

096　让列表以指定的值重新开始编号

适用版本	使用指数
2010、2013、2016、2019	★★★☆☆

扫一扫，看视频

使用说明

默认情况下，编号都是从【1】开始依次进行编号，如果需要从其他数字开始编号，可以自己指定开始的编号值。

解决方法

例如，要从【6】开始进行编号，具体操作方法如下。

步骤〔01〕 ❶将光标定位到需要自定义编号的段落；❷在【开始】选项卡的【段落】组中单击【编号】按钮右侧的下拉按钮；❸在弹出的下拉列表中选择【设置编号值】选项，如下图所示。

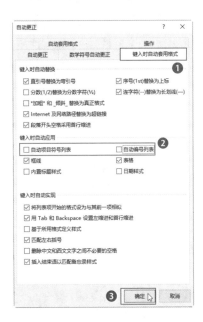

098　如何插入多级列表

	适用版本	使用指数
	2010、2013、2016、2019	★★★☆☆

扫一扫，看视频

使用说明

　　在编辑长文档时，经常遇到默认的编号格式和项目符号无法表达段落间多层次关系的情况，此时就需要用到多级列表。

解决方法

　　例如，要使用多级列表制作文档目录，具体操作方法如下。

步骤 01 ❶打开文档，将光标定位到需要插入多级列表的位置；❷单击【开始】选项卡【段落】中组的【编号】按钮右侧的下拉按钮；❸在弹出的【编号库】中选择需要的一级编号样式，如下图所示。

步骤 02 ❶文档将自动插入一个一级列表编号，在编号后面输入文本内容；❷按【Enter】键，可以自动创建第二个一级列表编号，如下图所示。

步骤 03 ❶按【Tab】键，可以将第二个一级列表编号转换为二级列表，在编号后输入文本内容；❷按【Enter】键，可以自动创建第二个二级列表编号，接着输入文本内容；❸再次按【Enter】键，创建第三个二级列表编号，如下图所示。

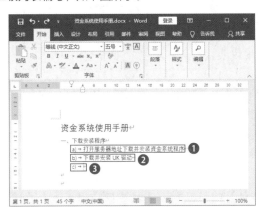

步骤 04 此时按【Tab】键，可以将第三个二级列表编号转换为第二个一级列表，在编号后输入内容，如下图所示。

温馨提示

　　添加编号后，按【Enter】键可以自动创建相同级别的编号，接着按【Tab】键可以将列表递减一个级别，再按【Tab】键可以再递减一个级别，以此类推。添加多级列表后，在最后一个多级编号位置按【Enter】键，可以递增一个级别，再按【Enter】键可以再递增一个级别，以此类推。

099　快速改变列表级别

适用版本	使用指数
2010、2013、2016、2019	★★★☆☆

扫一扫，看视频

使用说明

　　添加多级列表后，如果想要更改某个列表的级别，可以手动设置。

解决方法

　　例如，要将【2级】列表变更为【4级】列表，具体操作步骤为：❶选中要更改列表级别的段落，在【开始】选项卡的【段落】组中单击【多级列表】按钮右侧的下拉按钮；❷在弹出的下拉列表中选择【更改列表级别】选项；❸在展开的子菜单中选择【4级】列表样式，如下图所示。

100　自定义多级列表样式

适用版本	使用指数
2010、2013、2016、2019	★★☆☆☆

扫一扫，看视频

使用说明

　　如果列表库中的多级列表样式无法满足用户的使用需求，用户可以自定义列表样式，然后将其添加到列表库中方便以后使用。

解决方法

　　例如，要将前面例子中的二级列表【a)】更改为【1、】，三级列表【i】更改为【(1)】，具体操作方法如下。

步骤 01　❶打开文档，在【开始】选项卡的【段落】组中单击【多级列表】按钮右侧的下拉按钮；❷在弹出的下拉列表中选择【定义新的多级列表】选项，如下图所示。

步骤 02　❶弹出【定义新多级列表】对话框，在【单击要修改的级别】选项组中选择【2】；❷单击【此级别的编号样式】下拉按钮，在弹出的下拉列表中选择【1，2，3，...】样式；❸在【输入编号的格式】文本框中输入编号格式为【1、】，如下图所示。

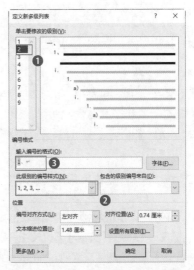

步骤 03　❶在【单击要修改的级别】选项组中选择

【3】；❷单击【此级别的编号样式】下拉按钮，在弹出的下拉列表中选择【1，2，3，...】样式；❸在【输入编号的格式】文本框中输入编号格式为【(1)】；❹设置完成后单击【确定】按钮，如下图所示。

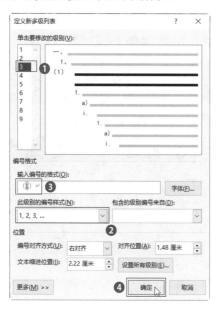

3.4 样式、模板和主题应用技巧

对Word文档进行编排时，综合使用样式、模板和主题，可以让文档所有内容保持统一的格式，起到快速美化文档的效果。

101 添加和删除样式

扫一扫，看视频

适用版本	使用指数
2010、2013、2016、2019	★★★★☆

使用说明

样式不是单一的格式或命令，而是集合了字体、段落等相关格式的一组格式化命令。使用样式可以快速为文本内容设置统一的格式，从而提高文档的排版效率。

解决方法

要在Word 2019中添加和删除样式，具体操作方法如下。

步骤 01　❶将光标定位在需要应用样式的段落中，在【开始】选项卡中单击【样式】下拉按钮；❷在弹出的下拉列表中单击需要的样式选项，即可应用此样式，如下图所示。

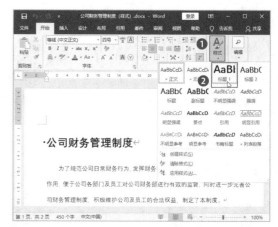

步骤 02　❶再次单击【样式】下拉按钮；❷在弹出的下拉列表中选择【清除格式】选项，可以将该段落恢复为Word文档默认的文本格式，如下图所示。

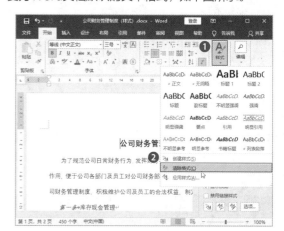

> 💡 **知识拓展**
>
> 单击【样式】组中右下角的折叠按钮⌐，可以打开【样式】任务窗格，勾选【显示预览】复选框，可以查看样式库中的字体预览效果，单击其中的样式可以快速应用。

102 如何修改样式

扫一扫，看视频

适用版本	使用指数
2010、2013、2016、2019	★★☆☆☆

使用说明

如果对选中样式的字体或段落格式不满意，可以手动进行更改。

解决方法

要更改样式库默认的格式，具体操作方法如下。

步骤 01　❶在【开始】选项卡中单击【样式】下拉按钮；❷在弹出的下拉列表中右击要更改格式的样式；❸在弹出的快捷菜单中选择【修改】选项，如下图所示。

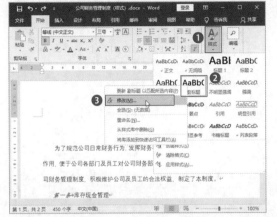

步骤 02　❶弹出【修改样式】对话框，在【属性】选项组中可以对样式的【名称】【样式基准】【后续段落样式】进行设置；❷在【格式】选项组中可以对样式的【字体】【字号】【字体颜色】等格式进行设置；❸完成后单击【确定】按钮，如下图所示。

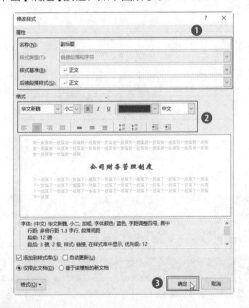

103　为样式设置快捷键

适用版本	使用指数
2010、2013、2016、2019	★★☆☆☆

扫一扫，看视频

使用说明

　　在文档编辑过程中，如果需要频繁地使用某个样式，可以为该样式设置快捷键，从而提高工作效率。

解决方法

　　例如，要为【正文】样式应用【Ctrl+1】组合键，具体操作方法如下。

步骤 01　❶在【开始】选项卡的【样式】组中单击右下角的折叠按钮 ；❷在打开的【样式】任务窗格中单击要设置快捷键的样式右侧的下拉按钮 ；❸在弹出的快捷菜单中选择【修改】选项，如下图所示。

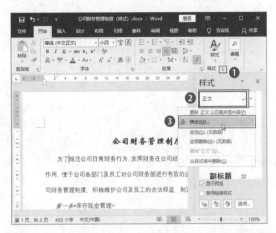

步骤 02　❶弹出【修改样式】对话框，在【格式】组中可以对该样式的字体和段落格式进行设置；❷单击【格式】下拉按钮；❸在弹出的快捷菜单中选择【快捷键】选项，如下图所示。

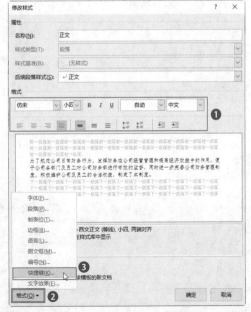

步骤 03　❶弹出【自定义键盘】对话框，单击【将更改保存在】下拉按钮，选择应用快捷键的文档范围；❷将光标定位在【请按新快捷键】文本框，按下要设置的快捷键，按下的快捷键将显示在该文本框中；

❸单击【指定】按钮，如下图所示。

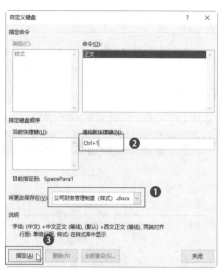

步骤 04 指定的快捷键将显示在【当前快捷键】列表框中，单击【关闭】按钮退出，如下图所示。

104 提升或降低标题级别

	适用版本	使用指数
	2010、2013、2016、2019	★★☆☆☆

扫一扫，看视频

使用说明

在文档编辑过程中，经常会遇到需要将标题样式提升或低的情况，此时可以通过样式检查器实现。

解决方法

例如，要将文档中的【标题3】降低为【标题4】，具体操作方法如下。

步骤 01 ❶将光标定位在需要降低标题级别的段落中；❷按照前面所学打开【样式】任务窗格，单击【样式检查器】按钮 🐾，如下图所示。

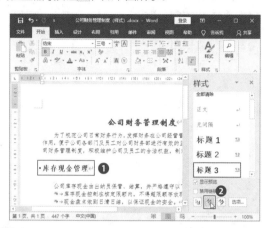

步骤 02 ❶弹出【样式检查器】窗格，单击【标题3】样式右侧的下拉按钮；❷在弹出的下拉列表中选择【选择所有2个实例】选项，如下图所示。

步骤 03 ❶此时，文档中将选中所有应用【标题3】样式的文本，再次单击【标题3】样式右侧的下拉按钮；❷在弹出的下拉列表中选择【降低】选项，如下图所示。

105　如何只显示正在使用的样式

适用版本	使用指数
2010、2013、2016、2019	★★☆☆☆

扫一扫，看视频

使用说明

　　Word 2019 的【样式】任务窗格中不仅显示了系统内置的样式，还包括用户新建的样式，但并不是窗格中的所有样式在本篇文档中都能用到。过多的样式项目，不便于用户查找和选择，此时可以通过设置让样式库只显示当前正在使用的样式，以便用户进行选择。

解决方法

　　如果需要只显示正在使用的样式，具体操作方法如下。

步骤01　打开【样式】任务窗格，单击下方的【选项...】按钮，如下图所示。

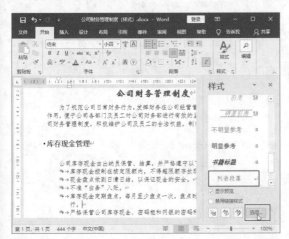

步骤02　❶弹出【样式窗格选项】对话框，单击【选择要显示的样式】下拉按钮，在弹出的下拉列表中选择【正在使用的格式】选项；❷单击【确定】按钮，如下图所示。

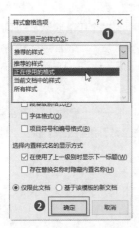

106　如何新建样式

适用版本	使用指数
2010、2013、2016、2019	★★☆☆☆

扫一扫，看视频

使用说明

　　要制作一个别具一格、让人印象深刻的文档，内置的样式无法满足，此时我们可以新建样式。

解决方法

　　例如，要新建一个项目符号样式，具体操作方法如下。

步骤01　打开【样式】任务窗格，单击下方的【新建样式】按钮，如下图所示。

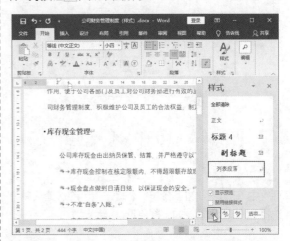

步骤02　❶弹出【根据格式化创建新样式】对话框，在【属性】选项组中设置新样式的名称；❷单击【格式】下拉按钮；❸在弹出的快捷菜单中选择【字体】选项，如下图所示。

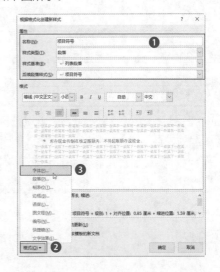

步骤 03 ❶弹出【字体】对话框，设置好字体格式；❷单击【确定】按钮，如下图所示。

步骤 04 ❶在返回的【根据格式化创建新样式】对话框中单击【格式】下拉按钮；❷在弹出的快捷菜单中选择【段落】选项，如下图所示。

步骤 05 ❶弹出【段落】对话框，根据需要设置段落格式；❷单击【确定】按钮保存设置，如下图所示。

107 更新样式

适用版本	使用指数
2010、2013、2016、2019	★ ★ ☆ ☆ ☆

扫一扫，看视频

使用说明

如果文档中的多个段落应用了相同的样式，当修改了某个段落样式后，除了使用格式刷将更新后的样式应用到其他段落，还可以直接更新样式。

解决方法

例如，将其中一个【标题4】段落的字体颜色改为【蓝色】，然后将其应用于所有【标题4】格式，具体操作方法如下。

步骤 01 ❶选中某个【标题4】段落；❷在【开始】选项卡的【字体】组中单击【字体颜色】下拉按钮；❸在弹出的下拉面板中选择【蓝色】，如下图所示。

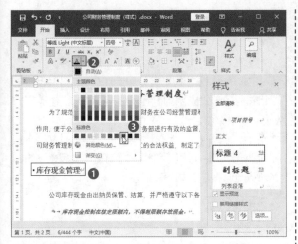

步骤 02　❶在【样式】任务窗格中右击【标题4】下拉按钮；❷在弹出的快捷菜单中选择【更新标题4以匹配所选内容】选项，如下图所示。

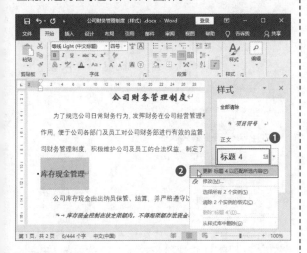

108　禁止他人更改某种样式

适用版本	使用指数
2010、2013、2016、2019	★☆☆☆☆

扫一扫，看视频

使用说明

在文档中自定义设置样式格式后，为了避免其他用户在查阅时不小心更改格式，可以为样式设置密码。

解决方法

例如，要禁止他人修改【项目符号】样式，具体操作方法如下。

步骤 01　按照前面所学打开【样式】任务窗格，单击【管理样式】按钮，如下图所示。

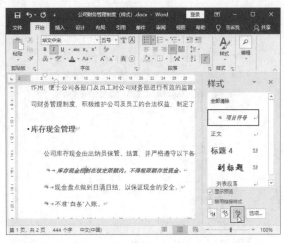

步骤 02　❶弹出【管理样式】对话框，切换到【限制】选项卡；❷在列表框中选择【项目符号】选项；❸单击【限制】按钮，如下图所示。

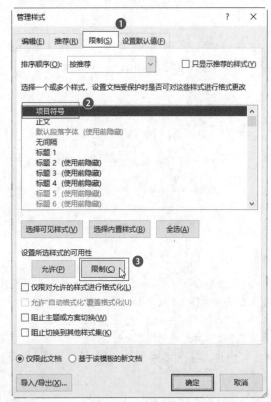

步骤 03　❶此时，在列表框中可以看到【项目符号】样式前自动添加了一个锁标记 🔒，在【设置所选样式的可用性】选项组中勾选【仅限对允许的样式进行格式化】复选框；❷单击【确定】按钮，如下图所示。

步骤 04 ❶弹出【启动强制保护】对话框，输入密码并确认；❷单击【确定】按钮，如下图所示。

知识拓展

进行上述设置后，返回文档中即可看到【样式】任务窗格中的【项目符号】样式被隐藏了。要设置项目符号样式，可以再次打开【管理样式】对话框，取消勾选【仅限对允许的样式进行格式化】复选框，单击【允许】按钮后输入正确密码，即可取消禁止该样式的更改。

109 将样式应用到其他文档中

适用版本	使用指数
2010、2013、2016、2019	★★☆☆☆

扫一扫，看视频

使用说明

如果需要将文档中设置的某个样式应用到其他文

档中，手动设置比较麻烦，此时可以通过样式的导入/导出功能，将该样式复制到其他文档中。

解决方法

例如，要将【公司财务管理制度（样式）】文档中的【项目符号】样式应用到【新建文档】中，具体操作方法如下。

步骤 01 打开【公司财务管理制度（样式）】文档，按照前面所学知识打开【管理样式】对话框，单击下方的【导入/导出】按钮，如下图所示。

步骤 02 弹出【管理器】对话框，左侧列表框中将显示当前打开的文档中的所有样式，单击右侧列表框下方的【关闭文件】按钮，如下图所示。

步骤 03 此时，【关闭文件】按钮变为【打开文件】按钮，单击该按钮，如下图所示。

步骤 04　❶弹出【打开】对话框，选中【新建文档.docx】文档；❷单击【打开】按钮，如下图所示。

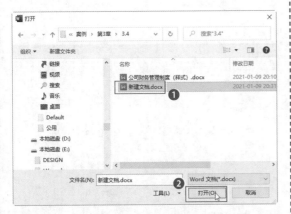

步骤 05　❶返回【管理器】对话框，在左侧列表框中选择【项目符号】选项；❷单击【复制】按钮，可以将【项目符号】样式复制到右侧列表框中；❸单击【关闭】按钮，如下图所示。

110　使用模板创建个人简历

适用版本	使用指数
2010、2013、2016、2019	★★☆☆☆

扫一扫，看视频

使用说明

　　模板决定了文档的基本结构，Word内置了多种模板，通过模板可以快速创建专业性的文档。

解决方法

　　例如，基于系统内置的模板创建个人简历，具体操作方法如下。

步骤 01　❶打开Word，切换到【文件】选项卡，在打开的界面中切换到【新建】选项卡；❷在右侧的搜索框中输入【简历】；❸单击右侧的搜索按钮，如下图所示。

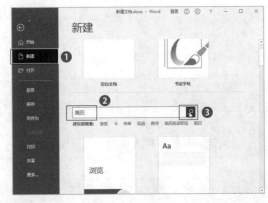

步骤 02　在搜索到的内置模板中，单击需要的简历模板，如下图所示。

步骤 03　在打开的对话框中可以看到模板的预览效果，单击【创建】按钮，如下图所示。

步骤 04 返回Word界面即可看到基于模板创建的文档效果，如下图所示，根据需要更改文档内容，然后保存文档。

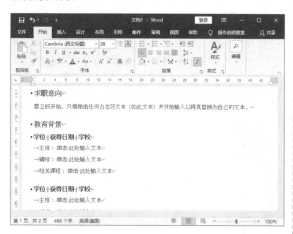

111 使用模板创建书法字帖

扫一扫，看视频

适用版本	使用指数
2010、2013、2016、2019	★ ★ ☆ ☆ ☆

使用说明

练习书法需要购买大量的字帖，而使用Word的内置模板可以制作各种样式或字体的字帖，帮助用户更便捷地练习书法。

解决方法

例如，要创建【楷体】字帖，具体操作方法如下。

步骤 01 ❶打开Word，切换到【文件】选项卡，在打开的界面中切换到【新建】选项卡；❷在右侧界面中选择【书法字帖】选项，如下图所示。

步骤 02 弹出【增减字符】对话框，单击【系统字体】下拉按钮，在弹出的下拉列表中选择需要的字体，本

例选择【楷体】，如下图所示。

步骤 03 ❶在下方的【可用字符】列表框中选择需要添加到字帖中的第一个文字；❷单击【添加】按钮，如下图所示。

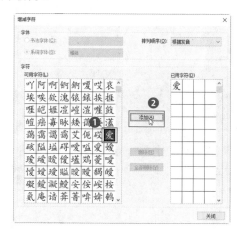

步骤 04 ❶按照第3步操作继续添加文字，若添加错误，可以选中已添加的某个文字；❷单击【删除】按钮，将其从【已用字符】列表框中删除；❸添加完成后单击【关闭】按钮，如下图所示。

步骤 05　返回Word界面即可看到字帖效果，单击【快速访问工具栏】中的【保存】按钮，如下图所示。

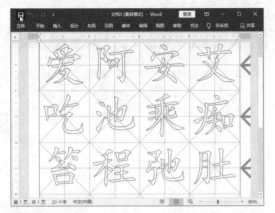

步骤 06　在【另存为】界面中选择文档保存路径，如下图所示。

步骤 07　❶弹出【另存为】对话框，设置好【文件名】和【保存类型】；❷单击【保存】按钮，如下图所示。

> **知识拓展**
>
> 　　如果要在已经创建的字帖中添加或删除字符，可以在文档界面切换到【书法】选项卡，单击【增减字符】按钮，然后在弹出的【增减字符】对话框的【可用字符】列表中选中要删除的字符，单击【删除】按钮。

112　使用模板创建日历

适用版本	使用指数
2010、2013、2016、2019	★★☆☆☆

扫一扫，看视频

使用说明

　　日历是工作中最常用的东西，记录了用户日常的行程安排，时刻提醒着用户。使用Word内置的模板同样可以制作出一份精美的日历，调剂工作中的紧张氛围。

解决方法

　　例如，要使用内置模板创建一个横幅日历，具体操作方法如下。

步骤 01　❶按照前面所学，在【文件】选项卡中切换到【新建】选项卡；❷在搜索框中输入【日历】；❸单击【搜索】按钮，如下图所示。

步骤 02　在搜索界面中选择【横幅日历】选项，如下图所示。

步骤 03　在打开的界面中单击【创建】按钮，如下图所示。

步骤 04 ❶弹出【选择日历日期】对话框，根据需要选择日历的月份和年份；❷单击【确定】按钮，如下图所示。

步骤 05 ❶返回Word界面即可看到内置模板的效果，切换到【日历】选项卡；❷根据需要更改整个文档的主题和颜色，如下图所示。

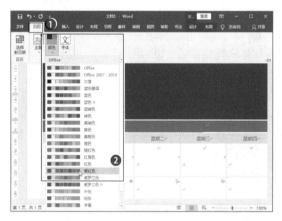

步骤 06 ❶日历是由多个表格组合而成的，选中要设置的表格；❷切换到【表格工具/设计】选项卡；❸单击【表格样式】下拉按钮，在弹出的下拉列表中选择需要的表格样式，如下图所示。

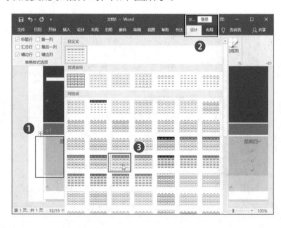

步骤 07 在【开始】选项卡中可以对不同表格设置不同的字体、字号和字体颜色等，设置完成后的效果如下图所示，然后根据前面所学保存文档。

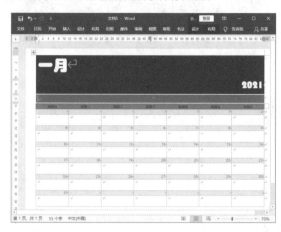

113 创建个性化模板

扫一扫，看视频

适用版本	使用指数
2010、2013、2016、2019	★★☆☆☆

使用说明

如果Word内置模板无法满足用户的使用需求，还可以自定义创建个性化的模板文件，以便使用时直接调用。

解决方法

例如，创建一个个性化的奖状模板，具体操作方法如下。

步骤 01 ❶新建一个Word文档，设置好字体、段落、页面布局等相关格式；❷单击【快速访问工具栏】中的【保存】按钮，如下图所示。

步骤 02 在打开的【另存为】界面中单击【浏览】按钮，如下图所示。

步骤 03 ❶弹出【另存为】对话框，单击【保存类型】下拉按钮，在弹出的下拉列表中选择【Word模板(*.dotx)】选项；❷设置文件的保存路径；❸在【文件名】文本框中输入文档名称；❹单击【保存】按钮，如下图所示。

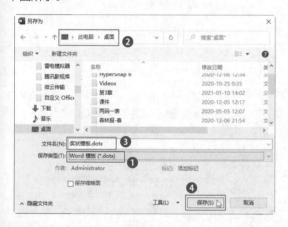

114　为文档设置主题样式

适用版本	使用指数
2010、2013、2016、2019	★★☆☆☆

扫一扫，看视频

使用说明

主题样式包含文档字体格式、段落样式等多种格式，Word内置了多种主题样式，使用主题样式可以快速美化文档。

解决方法

例如，应用内置的【环保】主题样式，具体操作步骤为：❶打开文档，切换到【设计】选项卡；❷在【文

档格式】组中单击【主题】下拉按钮；❸在弹出的下拉列表中选择【环保】主题，如下图所示。

115　新建主题颜色

适用版本	使用指数
2010、2013、2016、2019	★★☆☆☆

扫一扫，看视频

使用说明

Word内置了多种颜色集，使用颜色集可以快速为文档设置字体颜色，在【设计】选项卡中单击【颜色】下拉按钮，即可快速选择应用。如果对系统内置的颜色集不满意，还可以新建颜色集。

解决方法

要在Word中新建主题颜色，具体操作方法如下。

步骤 01 ❶在Word程序界面中切换到【设计】选项卡；❷在【文档格式】组中单击【颜色】下拉按钮；❸在弹出的下拉列表中选择【自定义颜色】选项，如下图所示。

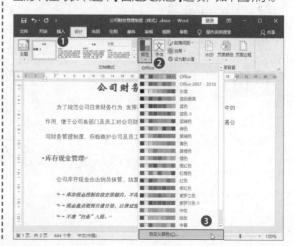

步骤 02 ❶弹出【新建主题颜色】对话框，单击要更改字体颜色选项右侧的下拉按钮；❷在弹出的颜色面板中选择需要的颜色，如下图所示。

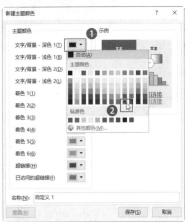

步骤 03 ❶按照第2步操作为其他选项设置颜色；❷在【名称】文本框中输入新建主题颜色的名称；❸单击【保存】按钮，如下图所示。

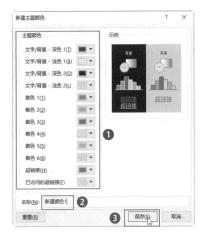

116 更改默认主题

适用版本	使用指数
2010、2013、2016、2019	★★☆☆☆

扫一扫，看视频

使用说明

如果需要长期使用某一种主题，可以将该主题设置为默认主题。设置为默认主题后，新建的文档会以该主题为蓝本进行创建，在新文档的【样式】任务窗格中可以看到源主题的所有样式，以便用户快速应用。

解决方法

要更改默认主题，具体操作方法如下。

步骤 01 ❶在需要设置为默认主题的文档中，切换到【设计】选项卡；❷在【文档格式】组中单击【设为默认值】按钮，如下图所示。

步骤 02 在弹出的提示对话框中单击【是】按钮，如下图所示。

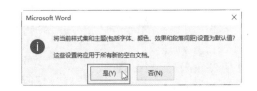

第 4 章
图文混排应用技巧

制作文档时，密密麻麻的文字会让人感到压抑，此时添加一些图片、图形或艺术字，不仅可以美化文档，而且可以让人更加直观地了解文档内容，加深理解。在文档中插入图片或图形后，杂乱无章的放置会破坏文档的整体性。本章主要介绍图文混排的相关技巧，让图片和文字更好地结合。

下面来看看以下一些日常办公中常见的问题，你是否会处理或已掌握处理方法。

√ 如何将计算机中的图片插入文档呢？

√ 浏览网页时发现的漂亮图片，怎样将其插入文档？

√ 在文档中插入了多个图形，并设置好图形的排列顺序后，如果不小心移动某个图形，会打乱整个布局，如何让其他图形也跟着一起移动呢？

√ 在文档中插入图片后，如何进行设置，才能实现文字围绕图片的环绕效果呢？

√ 如何插入正方形和圆形之类的特殊图形？

√ 插入图片后，如果只想保留图片中的某些部分，如何将多余部分剪掉呢？

……

希望通过本章内容的学习，能帮助你解决以上问题，并学会更多有关Word的图文混排相关技巧。

4.1 图片使用技巧

画面通常比文字更能让人直观地理解，因此，在文档中插入图片是日常办公中常见的操作。本节主要介绍插入本地图片和外部图片的方法，以及图片的常用处理技巧。

117 插入计算机中的图片

扫一扫，看视频

适用版本	使用指数
2010、2013、2016、2019	★★★★★

使用说明

要在文档中插入图片，最常见的操作是插入计算机本地中保存的图片或照片，只要知道图片的保存路径，操作就非常简单。

解决方法

例如，要将计算机本地中保存的图片插入文档，具体操作方法如下。

步骤 01 ❶打开文档，将光标定位到需要插入图片的位置；❷切换到【插入】选项卡；❸在【插图】组中单击【图片】下拉按钮；❹在弹出的下拉列表中选择【此设备】选项，如下图所示。

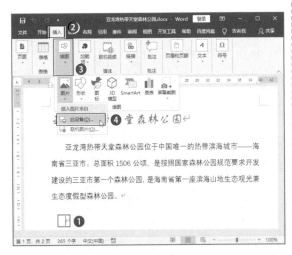

步骤 02 ❶弹出【插入图片】对话框，选中要插入的计算机本地中的图片；❷单击【插入】按钮，如下图所示。

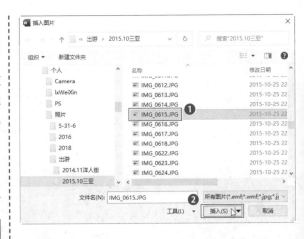

118 查找并插入联机图片

扫一扫，看视频

适用版本	使用指数
2010、2013、2016、2019	★★★☆☆

使用说明

从Office 2013开始关闭了剪贴画功能，要在Word中插入在线图片，可以使用【联机图片】功能实现。

解决方法

例如，要在线搜索并插入一张【热带雨林】图片，具体操作方法如下。

步骤 01 ❶打开文档，将光标定位到需要插入图片的位置；❷切换到【插入】选项卡；❸在【插图】组中单击【图片】下拉按钮；❹在弹出的下拉列表中选择【联机图片】选项，如下图所示。

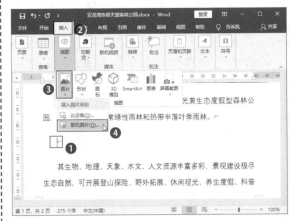

步骤 02 弹出【联机 图片】对话框，在文本框中输入要查找的图片名称，如【热带雨林】，按【Enter】

键确认，如下图所示。

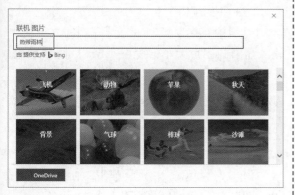

步骤 03 ❶在下方显示的搜索结果中，选中要插入的联机图片；❷单击【插入】按钮，如下图所示。

119　插入屏幕截图

适用版本	使用指数
2010、2013、2016、2019	★★★☆☆

扫一扫，看视频

使用说明

在编辑文档时，有可能遇到需要将屏幕上的内容插入文档的情况，除了借助截图软件，还可以使用Word的【屏幕截图】功能截取屏幕上的内容。

解决方法

使用【屏幕截图】功能截取屏幕内容时，不但可以截取窗口，而且可以截取任意区域，具体操作方法如下。

步骤 01 ❶打开文档，将光标定位到需要插入图片的位置；❷切换到【插入】选项卡；❸在【插图】组中单击【屏幕截图】下拉按钮；❹在弹出的下拉列表中单击需要插入的窗口截图，如下图所示。

步骤 02 程序将自动截取所选择的活动窗口，并将其插入Word文档，如下图所示。

步骤 03 ❶如果要截取部分屏幕内容，可以在【插入】选项卡【插图】组中单击【屏幕截图】下拉按钮；❷在弹出的下拉列表中选择【屏幕剪辑】选项，如下图所示。

步骤 04 此时，Word程序将自动最小化，并显示屏

幕图像，当鼠标指针变为十字形状时，按下鼠标左键，拖动框选需要插入的区域，如下图所示，释放鼠标即可停止截取，选中的截图区域将被插入文档。

120 快速调整图片大小

适用版本	使用指数
2010、2013、2016、2019	★★★★★

扫一扫，看视频

使用说明

在文档中插入图片后，若图片尺寸大于页面，将自动缩放为适合页面的大小；若小于页面，将以图片本身的大小显示。但无论图片过大还是过小，往往都无法满足当前文档的排版需求，此时就需要调整图片大小。

解决方法

如果需要调整图片大小，具体操作方法如下。

步骤 01 选中插入的图片，图片四周将出现8个控制点，将鼠标指针指向其中一个控制点，当鼠标指针变成双向箭头状 ↔ 时按下鼠标左键进行拖动，如下图所示，当图片调整到合适大小后释放鼠标。

步骤 02 ❶如果需要固定图片大小，可以选中图片；❷切换到【图片工具/格式】选项卡；❸在【大小】组的【高度】和【宽度】右侧的文本框中输入需要的图片大小，按【Enter】键，如下图所示。

知识拓展

Word 2019默认锁定了图片的纵横比，因此在【高度】或【宽度】任意文本框中输入数值并确认后，另一个数值将自动进行调整。

121 如何调整图片方向

适用版本	使用指数
2010、2013、2016、2019	★★★☆☆

扫一扫，看视频

使用说明

在文档中对插入的图片排版时，有时需要将图片旋转方向。在Word中不但可以通过菜单准确旋转图片方向，而且可以拖动旋转按钮任意角度地旋转图片。

解决方法

要对插入文档的图片调整方向，具体操作方法如下。

步骤 01 ❶选中要调整方向的图片，切换到【图片工具/格式】选项卡；❷在【排列】组中单击【旋转】下拉按钮；❸在弹出的下拉列表中选择方向，如下图所示。

步骤 02 如果菜单命令中没有合适的选择方向，可以选中图片后，使用鼠标左键按住图片上方的旋转按钮不放，拖动鼠标即可任意角度地旋转图片，如下图所示。

122 精确调整图片角度

适用版本	使用指数
2010、2013、2016、2019	★★☆☆☆

扫一扫，看视频

使用说明

Word 的程序菜单提供了垂直、水平、向左 90°和向右 90°等几种精确的角度调整方法，如果要想精确到 30°或 45°等角度，使用拖动旋转按钮旋转的方法往往无法精确旋转，此时就需要进行角度设置。

解决方法

要精确到 30°旋转图片，具体操作方法如下。

步骤 01 ❶选中要调整方向的图片，切换到【图片工具/格式】选项卡；❷在【排列】组中单击【旋转】下

拉按钮；❸在弹出的下拉列表中选择【其他旋转选项】选项，如下图所示。

步骤 02 ❶弹出【布局】对话框，默认切换到【大小】选项卡，在【旋转】微调框中输入【30°】；❷单击【确定】按钮，如下图所示。

123 快速调整图片对齐方式

适用版本	使用指数
2010、2013、2016、2019	★★★☆☆

扫一扫，看视频

使用说明

插入图片后，图片将以段落原本的格式显示，如果想让图片位于文本左侧、右侧或居中，可以手动设置图片的对齐方式。

解决方法

例如，要设置【顶端居右】的对齐方式，具体操作方法如下。

步骤 01 ❶选中图片，切换到【图片工具/格式】选项卡；❷在【排列】组中单击【位置】下拉按钮；❸在弹出的下拉列表中选择【顶端居右，四周型文字环绕】选项，如下图所示。

步骤 02 如果没有合适的位置选项，可以在【位置】下拉列表中选择【其他布局选项】选项，如下图所示。

步骤 03 ❶弹出【布局】对话框，在【位置】选项卡中根据需要设置【水平】【垂直】对齐方式；❷设置完成后单击【确定】按钮，如下图所示。

124 快速设置图文环绕方式

扫一扫，看视频

适用版本	使用指数
2010、2013、2016、2019	★★★☆☆

使用说明

默认情况下，图片是以嵌入方式插入文档的，如果需要更改图片和文字的环绕方式，可以手动设置。

解决方法

例如，要将文字显示在图片上方，具体操作步骤为：❶选中图片，切换到【图片工具/格式】选项卡；❷在【排列】组中单击【环绕文字】下拉按钮；❸在弹出的下拉列表中选择【衬于文字下方】选项，如下图所示。

125 调整图片和文字的距离

扫一扫，看视频

适用版本	使用指数
2010、2013、2016、2019	★★★☆☆

使用说明

一般来说，设置图片环绕方式后，图片和文字之间有一定的距离，如果觉得距离太宽或太窄，可以通过设置调整到合适的距离。

解决方法

例如，设置图片上、下、左、右四个方向与文字的距离都为【0.5厘米】，具体操作方法如下。

步骤 01 ❶选中图片，切换到【图片工具/格式】选项卡；❷在【排列】组中单击【环绕文字】下拉按钮；❸在弹出的下拉列表中选择【其他布局选项】选项，如下图所示。

步骤 02 ❶弹出【布局】对话框，在【文字环绕】选项卡的【距正文】选项组中设置图片上、下、左、右四个方向距离正文文字的距离；❷完成后单击【确定】按钮，如下图所示。

126 快速裁剪图片

使用说明

如果只需图片中的某一部分，除了使用屏幕截图方式截取图片部分内容，还可以将图片插入文档后，通过裁剪方式进行处理。

解决方法

要对插入的图片进行裁剪，具体操作方法如下。

步骤 01 ❶选中图片，切换到【图片工具/格式】选项卡；❷在【大小】组中单击【裁剪】按钮，如下图所示。

步骤 02 图片四周将出现8个控制块，将鼠标指针移动到控制块上，按下鼠标左键进行拖动，此时需要删除的部分将变为灰色，如下图所示，拖动到合适区域后按【Enter】键，即可删除灰色区域。

127 显示或隐藏绘图网格

使用说明

默认情况下，绘图网格线是隐藏的，如果需要使用绘图网格线对图片进行排版定位，可以通过设置将其显示出来。

解决方法

例如，要显示或隐藏水平和垂直网格线，具体操作方法如下。

步骤 01 ❶选中图片，切换到【图片工具/格式】选项卡；❷在【排列】组中单击【对齐】下拉按钮；❸在弹出的下拉列表中选择【查看网格线】选项，可以显示水平网格线，如下图所示。

步骤【02】 ❶再次单击【对齐】下拉按钮；❷在弹出的下拉列表中选择【网格设置】选项，如下图所示。

步骤【03】 ❶弹出【网格线和参考线】对话框，在【显示网格】选项组中勾选【垂直间隔】复选框；❷在右侧的微调框中设置垂直网格线的间隔距离；❸在下方的【水平间隔】微调框中可以调整水平网格线的间隔距离；❹设置完成后单击【确定】按钮，如下图所示。

步骤【04】 ❶要隐藏网格线，可以再次单击【排列】组中的【对齐】下拉按钮；❷在弹出的下拉列表中再次选择【查看网格线】选项，如下图所示。

128 如何改变图片形状

扫一扫，看视频

适用版本	使用指数
2010、2013、2016、2019	★★★☆☆

使用说明

默认情况下，插入文档的图片呈长方形或正方形，为了让文档更加美观，可以将图片制作成其他形状，此时可以使用【裁剪为形状】功能。

解决方法

要将图片裁剪为【云状】，具体操作步骤为：❶选中图片，切换到【图片工具/格式】选项卡；❷在【大小】组中单击【裁剪】下拉按钮；❸在弹出的下拉列表中选择【裁剪为形状】选项；❹在弹出的子菜单中选择【云形】图形，如下图所示。

129　按比例裁剪图片

适用版本	使用指数
2010、2013、2016、2019	★★★☆☆

扫一扫，看视频

使用说明

　　如果需要按比例对图片进行裁剪，如【3:4】【5:3】等，可以通过按纵横比裁剪方法实现。

解决方法

　　例如，要按【4:5】的比例裁剪图片，具体操作方法如下。

步骤 01　❶选中图片，切换到【图片工具/格式】选项卡；❷在【大小】组中单击【裁剪】下拉按钮；❸在弹出的下拉列表中选择【纵横比】选项；❹在弹出的子菜单中选择【4:5】比例选项，如下图所示。

步骤 02　图片中将出现一个以【4:5】为比例的裁剪框，拖动图片选择裁剪区域，完成后按【Enter】键确认，如下图所示。

130　更改图片颜色

适用版本	使用指数
2010、2013、2016、2019	★★★☆☆

扫一扫，看视频

使用说明

　　默认情况下，插入文档的图片将以原图方式呈现，为了排版需要，可能会更改图片的颜色，以满足文档的整体协调。

解决方法

　　要更改图片的颜色，具体操作步骤为：❶选中图片，切换到【图片工具/格式】选项卡；❷在【调整】组中单击【颜色】下拉按钮；❸在弹出的下拉列表中选择合适的颜色，如下图所示。

131　调整图片亮度和对比度

适用版本	使用指数
2010、2013、2016、2019	★★★☆☆

扫一扫，看视频

使用说明

　　在文档中插入图片后，如果觉得图片太亮或太暗，可以调整图片的亮度和对比度。

解决方法

　　要调整图片的亮度和对比度，具体操作步骤为：❶选中图片，切换到【图片工具/格式】选项卡；❷在【调整】组中单击【校正】下拉按钮；❸在弹出的下拉列表中【亮度/对比度】组中选择合适的亮度和对比度效果，如下图所示。

132 为图片设置艺术效果

扫一扫，看视频

适用版本	使用指数
2010、2013、2016、2019	★ ★ ★ ☆ ☆

使用说明

Word 2019 提供了多种图片艺术效果，通过设置艺术效果，不仅能增强图片的渲染力，而且能起到美化文档的作用。

解决方法

要为图片设置艺术效果，具体操作步骤为：❶选中图片，切换到【图片工具/格式】选项卡；❷在【调整】组中单击【艺术效果】下拉按钮；❸在弹出的下拉列表中选择需要的效果选项，如下图所示。

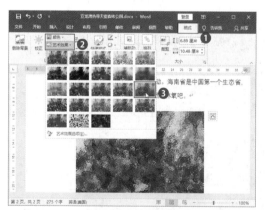

133 快速删除图片背景

扫一扫，看视频

适用版本	使用指数
2010、2013、2016、2019	★ ★ ☆ ☆ ☆

使用说明

在文档中插入图片后，如果想要将图片的背景删除，可以使用Word的【删除背景】功能实现，但此功能只适合删除比较简单的图片背景，如果图片过于复杂，建议使用专业的图片处理软件删除背景。

解决方法

要使用【删除背景】功能删除图片的背景，具体操作方法如下。

步骤〔01〕 ❶选中图片，切换到【图片工具/格式】选项卡；❷在【调整】组中单击【删除背景】按钮，如下图所示。

步骤〔02〕 进入【背景消除】选项卡，系统将自动识别需要删除的背景，并标记为紫色，如果对已选择的要删除的背景区域满意，可以直接单击【保留更改】按钮确认操作，如下图所示。

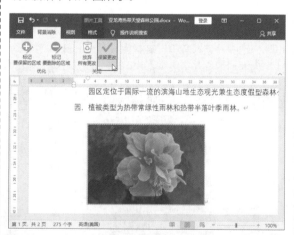

步骤〔03〕 ❶如果系统识别错误，可以手动选择删除和保留的对象，单击【优化】组中的【标记要保留的区域】按钮；❷鼠标指针变为笔状，在图片中标记保留区域，如下图所示。

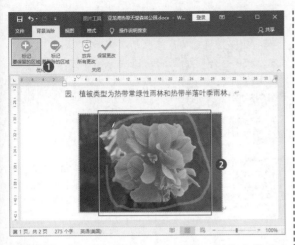

步骤 04 ❶保留区域标记完成后，单击【优化】组中的【标记要删除的区域】按钮；❷鼠标指针变为笔状，在图片中标记要删除的区域，如下图所示。

步骤 05 标记完成后单击【关闭】组中的【保留更改】按钮，如下图所示。

134 为图片添加边框

适用版本	使用指数
2010、2013、2016、2019	★★★★☆

扫一扫，看视频

使用说明

如果觉得插入文档的图片过于单调，可以为其添加有颜色和样式的边框，以起到美化图片的作用。

解决方法

要为插入的图片添加边框，具体操作方法如下。

步骤 01 ❶选中图片，切换到【图片工具/格式】选项卡；❷在【图片样式】组中单击【图片边框】按钮右侧的下拉按钮；❸在弹出的颜色面板中选择合适的边框颜色，如下图所示。

步骤 02 ❶保持图片为选中状态，再次单击【图片边框】按钮右侧的下拉按钮；❷在弹出的下拉列表中选择【粗细】选项；❸在弹出的子菜单中选择合适的磅值，如下图所示。

步骤 03 ❶保持图片为选中状态，再次单击【图片边框】按钮右侧的下拉按钮；❷在弹出的下拉列表中选择【虚线】选项；❸在弹出的子菜单中选择需要的线条样式，图片中可以同步查看设置效果，如下图所示。

135 设置图片视觉效果

扫一扫，看视频

	适用版本	使用指数
	2010、2013、2016、2019	★★★☆☆

使用说明

Word提供了多种图片效果，如阴影、发光、棱台、三维旋转等，添加图片效果后，可以让图片产生更强的视觉冲击。

解决方法

例如，要为图片添加【发光】效果，具体操作步骤为：❶选中图片，切换到【图片工具/格式】选项卡；❷在【图片样式】组中单击【图片效果】按钮；❸在弹出的下拉列表中选择【发光】选项；❹在弹出的效果面板中选择需要的效果选项，如下图所示。

136 快速美化图片

扫一扫，看视频

适用版本	使用指数
2010、2013、2016、2019	★★★★☆

使用说明

Word为用户预设了多种图片样式，这些样式包含边框颜色、边框样式、图片效果以及图片形状等。如果用户觉得手动设置图片边框和效果麻烦，可以应用内置的图片样式快速美化图片。

解决方法

要应用内置的图片样式，具体操作步骤为：❶选中图片，切换到【图片工具/格式】选项卡；❷在【图片样式】组中单击【快速样式】下拉按钮；❸在弹出的下拉列表中选择喜欢的图片效果，如下图所示。

137 在不改变样式的情况下更改图片

扫一扫，看视频

适用版本	使用指数
2010、2013、2016、2019	★★★☆☆

使用说明

为图片设置边框、效果等样式后，如果突然发现插入的图片有误，需要更换图片，此时重新插入后再设置十分麻烦，可以通过更改图片功能更换图片。

解决方法

要想在不改变已设图片样式的情况下更换图片，具体操作方法如下。

步骤 01　❶右击要更改的图片；❷在弹出的快捷菜单中选择【更改图片】选项；❸在弹出的子菜单中选择文件路径，如【来自文件】选项，如下图所示。

步骤 02　❶弹出【插入图片】对话框，选中要重新插入的图片文件；❷单击【插入】按钮，如下图所示。

138　将图片还原为初始状态

适用版本	使用指数
2010、2013、2016、2019	★★★★☆

扫一扫，看视频

使用说明

为图片添加效果和样式后，如果对当前效果不满意，可以将图片还原为初始状态，然后再重新设置效果。

解决方法

要将图片还原为初始状态，具体操作步骤为：❶选中图片，切换到【图片工具/格式】选项卡；❷在【调整】组中单击【重置图片】按钮右侧的下拉按钮；❸在弹出的下拉列表中选择【重置图片和大小】选项，如下图所示。

> **温馨提示**
>
> Word提供了两种重置功能，其中【重置图片】功能只能取消图片边框和效果等样式；而【重置图片和大小】功能不但能取消图片效果，而且能将图片恢复到调整大小和裁剪前的状态。

139　插入可更新的图片链接

适用版本	使用指数
2010、2013、2016、2019	★★☆☆☆

扫一扫，看视频

使用说明

在文档中插入图片后，如果需要更改图片，除了删除图片再重新插入，以及前面介绍的更换图片的方法，还可以插入可更新的图片链接，使用此功能，系统可以在图片变化后自动将变化更新到文档中。

解决方法

要插入可更新的图片链接并查看更新效果，具体操作方法如下。

步骤 01　❶按照前面所学打开【插入图片】对话框，选中要插入的图片文件；❷单击【插入】按钮右侧的下拉按钮；❸在弹出的下拉列表中选择【插入和链接】选项，如下图所示。

步骤 02 进入文件保存路径，将源文件删除，并将另外的图片重命名为源文件名称，如下图所示。

步骤 03 再次打开文档，即可看到原本插入文档的图片已被自动替换为修改后的图片，如下图所示。

140 隐藏与显示图片

适用版本	使用指数
2010、2013、2016、2019	★★★☆☆

扫一扫，看视频

使用说明

在文档中插入图片后，如果不希望图片被他人看到，或只需在特定的场合显示图片，可以使用隐藏与显示图片功能。

解决方法

要在Word 2019中隐藏与显示图片，具体操作方法如下。

步骤 01 ❶选中文档中的任意图片，切换到【图片工具/格式】选项卡；❷在【排列】组中单击【选择窗格】按钮，如下图所示。

步骤 02 程序窗口右侧将显示【选择】任务窗格，单击要隐藏的图片右侧的【隐藏】图标，如下图所示。

步骤 03 此时，可以在左侧文档中看到所选图片被

隐藏了，在任务窗格中，被隐藏的图片右侧的【隐藏】按钮变为 ，单击该按钮即可显示图片，如下图所示。

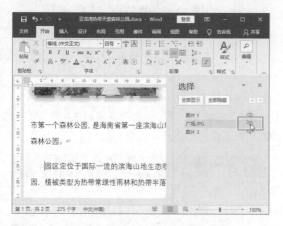

141　一次性保存 Word 中的所有图片

适用版本	使用指数
2010、2013、2016、2019	★★★☆☆

扫一扫，看视频

使用说明

要将文档中的图片保存到计算机本地中，常用的方法是右击图片，在弹出的快捷菜单中选择【另存为图片】选项，然后再设置保存路径和名称。这种方法在要保存的图片很多时显得十分烦琐，此时可以使用小技巧一次性保存文档中的所有图片。

解决方法

要一次性保存文档中的所有图片，具体操作方法如下。

步骤 01　❶在程序界面切换到【文件】选项卡，接着切换到【另存为】选项卡；❷单击【浏览】按钮，如下图所示。

步骤 02　❶弹出【另存为】对话框，设置好保存路径和文件名；❷单击【保存类型】下拉列表框右侧的下拉按钮，选择【网页(*.htm; *.html)】选项；❸单击【保存】按钮，如下图所示。

步骤 03　目标位置会新建一个后缀名为【.htm】的网页文件，以及一个后缀名为【.files】的文件夹，打开文件夹即可查看到文档中的所有图片已经保存到目标文件夹中，如下图所示。

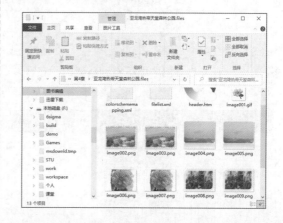

4.2　形状使用技巧

在文档编辑过程中，内容为纯文字的文档会让人感觉视觉疲劳，除了添加图片来丰富页面，还可以加上形状进行图文混排，也能让读者直观地理解文档内容。

142　创建绘图画布

适用版本	使用指数
2010、2013、2016、2019	★★★★☆

扫一扫，看视频

使用说明

Word提供了画布功能，通过绘制画布，可以让用户在指定区域中实现多个图形对象的绘制和调整。

解决方法

要在Word中绘制画布，具体操作方法如下。

步骤 01 ❶将光标定位在需要插入画布的位置，切换到【插入】选项卡；❷在【插图】组中单击【形状】下拉按钮；❸在弹出的下拉列表中选择【新建画布】选项，如下图所示。

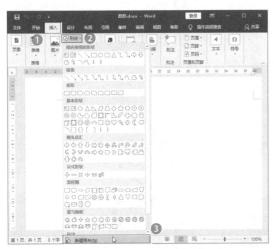

步骤 02 在文档界面中即可看到新建的画布区域，如下图所示。

143 绘制自选图形

适用版本	使用指数
2010、2013、2016、2019	★★★★★

扫一扫，看视频

使用说明

Word提供了基本形状、线条、箭头、流程图等多种形状，用户可以根据自己的需要选择形状。

解决方法

例如，要绘制一个【立方体】形状，具体操作方法如下。

步骤 01 ❶在【插入】选项卡的【插图】组中单击【形状】下拉按钮；❷在弹出的下拉列表中选择【立方体】形状，如下图所示。

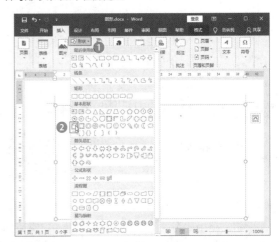

步骤 02 此时，鼠标指针变为十字状，按下鼠标左键不放并进行拖动，当绘制到合适大小时释放鼠标，如下图所示。

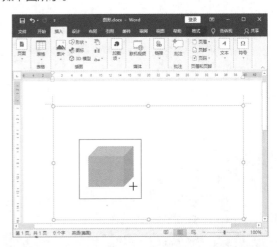

144 快速绘制正方形、圆形或90°圆弧

适用版本	使用指数
2010、2013、2016、2019	★★★★☆

扫一扫，看视频

使用说明

　　通过Word内置的矩形、椭圆形和弧形可以绘制长方形、椭圆形和任意角度的弧形，但是要绘制正方形、圆形和90°圆弧，则需要配合快捷键的使用。

解决方法

　　例如，要绘制一个【圆形】，具体操作方法如下。

步骤 01　❶切换到【插入】选项卡；❷在【插图】组中单击【形状】下拉按钮；❸在弹出的下拉列表中选择【椭圆】形状，如下图所示。

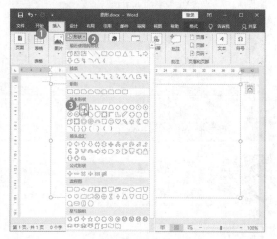

步骤 02　此时，鼠标指针变为十字状十，按【Shift】键不放，按下鼠标左键拖动绘制形状，绘制到合适大小时释放【Shift】键和鼠标左键，如下图所示。

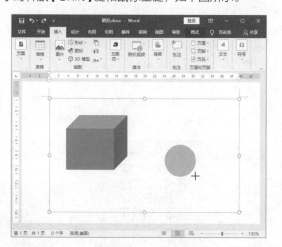

145　改变形状颜色

适用版本	使用指数
2010、2013、2016、2019	★★★★☆

扫一扫，看视频

使用说明

　　在Word 2019文档中插入形状时，默认的填充颜色为【褐色】，如果对默认的填充颜色不满意，可以将其更改为自己喜欢的颜色。

解决方法

　　例如，要将绘制的【正方体】的颜色改为【紫色】，具体操作步骤为：❶选中要改变颜色的形状，切换到【绘图工具/格式】选项卡；❷在【形状样式】组中单击【形状填充】下拉按钮；❸在弹出的下拉列表中选择【紫色】色板，如下图所示。

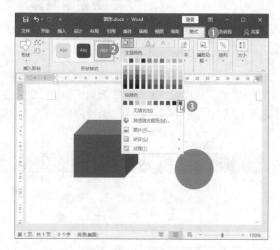

> 知识拓展
> 　　右击要更改颜色的形状，在弹出的快捷菜单中单击【填充】下拉按钮，在弹出的颜色面板中也可以更改形状颜色。

146　为形状设置渐变填充颜色

适用版本	使用指数
2010、2013、2016、2019	★★★☆☆

扫一扫，看视频

使用说明

　　如果觉得纯色的形状不够漂亮，还可以为形状设置颜色渐变显示的填充效果。

解决方法

　　要为形状设置渐变填充颜色，具体操作方法如下。

步骤 01　❶选中要改变颜色的形状，切换到【绘图工具/格式】选项卡；❷在【形状样式】组中单击【形状填充】下拉按钮；❸在弹出的下拉列表中选择【渐变】选项；❹在弹出的子菜单中选择【其他渐变】选项，如下图所示。

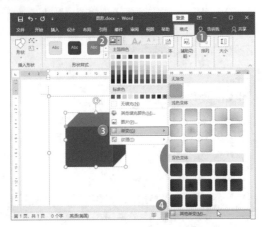

步骤 02 ❶程序界面右侧将显示【设置形状格式】任务窗格，选中【渐变填充】单选按钮；❷单击【类型】选项右侧的下拉按钮，选择需要的填充类型；❸单击【方向】选项右侧的下拉按钮，选择颜色渐变的扩展方向，如下图所示。

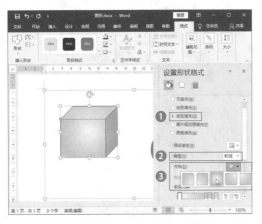

步骤 03 ❶选中【渐变光圈】组下方的第一个滑动块；❷单击下方的【颜色】下拉按钮；❸在弹出的颜色面板中选择第一个渐变颜色，如下图所示。

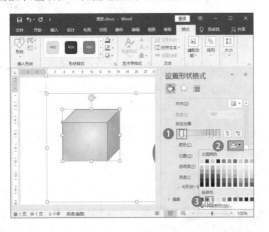

步骤 04 ❶按照第3步操作为其他滑动块设置渐变颜色；❷根据需要设置形状的颜色的【透明度】和【亮度】，设置后的效果如下图所示。

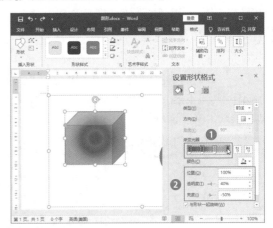

147 为形状设置纹理填充

扫一扫，看视频

适用版本	使用指数
2010、2013、2016、2019	★ ★ ☆ ☆ ☆

使用说明

Word还提供了纹理填充效果，使用纹理填充可以让图形看起来更有艺术感。

解决方法

例如，要为形状设置【鱼类化石】纹理填充效果，具体操作步骤为：❶选中要更改颜色的形状，切换到【绘图工具/格式】选项卡；❷在【形状样式】组中单击【形状填充】下拉按钮；❸在弹出的下拉列表中选择【纹理】选项；❹在弹出的子菜单中选择【鱼类化石】效果，如下图所示。

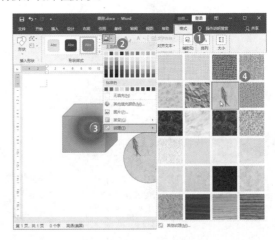

148　使用图案填充形状

适用版本	使用指数
2010、2013、2016、2019	★★★☆☆

扫一扫，看视频

使用说明

　　Word内置了点线、对角线、砖形、网格和棋盘等多种图案样式，如果用户对颜色和纹理填充效果不满意，可以尝试图案填充。

解决方法

　　例如，要为图形添加【横向砖形】图案效果，具体操作方法如下。

步骤 01 ❶右击要设置图案填充效果的形状；❷在弹出的快捷菜单中选择【设置图片格式】选项，如下图所示。

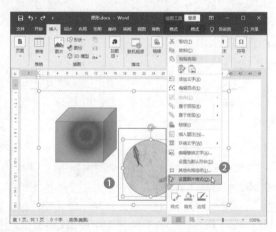

步骤 02 ❶程序窗口右侧将显示【设置形状格式】任务窗格，切换到【填充与线条】选项卡；❷在下方选中【图案填充】单选按钮；❸选择【横向砖形】图案效果，如下图所示。

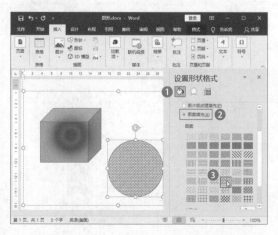

步骤 03 ❶单击下方的【前景】下拉按钮；❷在弹出的颜色面板中选择合适的前景颜色，如下图所示。

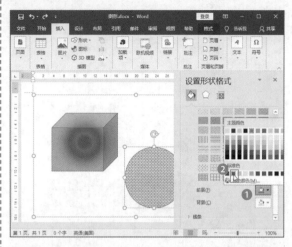

步骤 04 ❶单击下方的【背景】下拉按钮；❷在弹出的颜色面板中选择合适的背景颜色，如下图所示。

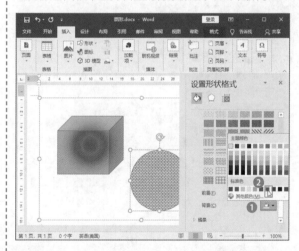

149　使用图片填充形状

适用版本	使用指数
2010、2013、2016、2019	★★★☆☆

扫一扫，看视频

使用说明

　　如果对图形中填充的颜色、纹理和图案效果都不满意，还可以选择精美的图片填充图形。

解决方法

　　例如，要选择计算机本地中的某张图片填充图形，具体操作方法如下。

步骤 01 ❶右击要填充图片的图形；❷在弹出的快捷菜单中单击【填充】下拉按钮；❸在弹出的下拉列表中选择【图片】选项，如下图所示。

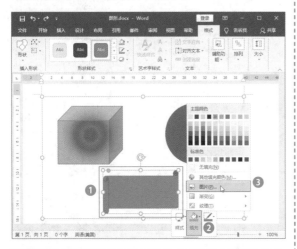

步骤 02 在弹出的【插入图片】对话框中选择【来自文件】选项，如下图所示。

步骤 03 ❶弹出【插入图片】对话框，选中计算机本地中要设置为形状背景的图片；❷单击【插入】按钮，如下图所示。

步骤 04 返回文档界面即可看到添加图片填充后的效果，然后根据需要调整形状大小和位置，如下图所示。

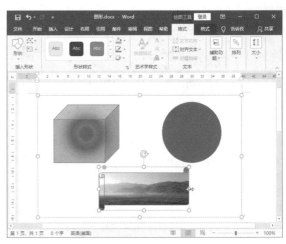

150 更改形状样式

扫一扫，看视频

	适用版本	使用指数
	2010、2013、2016、2019	★★★★☆

使用说明

在文档中添加形状后，如果对形状样式不满意，除了删除并重新绘制，还可以使用更改形状功能进行更改。

解决方法

例如，要将原本的【圆形】更改为【L形】，具体操作步骤为：❶选中要更改的形状，切换到【绘图工具/格式】选项卡；❷在【插入形状】组中单击【编辑形状】下拉按钮；❸在弹出的下拉列表中选择【更改形状】选项；❹在弹出的子菜单中选择【L形】形状，如下图所示。

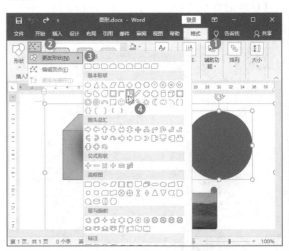

温馨提示

使用更改形状功能更改形状后，为原形状设置的颜色、边框等样式和效果不会被删除，会直接应用于更改后的新形状中。

151　编辑自选图形的顶点

适用版本	使用指数
2010、2013、2016、2019	★★★☆☆

扫一扫，看视频

使用说明

如果Word内置的形状中没有合适的图形，可以先绘制一个相似的形状，然后再通过编辑顶点的方式自定义设置形状。例如，可以先绘制一个五边形，然后用编辑顶点的方式将其更改为五角形。

解决方法

要自定义编辑自选图形的顶点，具体操作方法如下。

步骤 01　右击形状，在弹出的快捷菜单中选择【编辑顶点】选项，如下图所示。

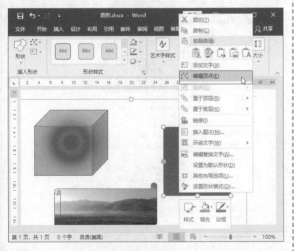

步骤 02　此时，图形四周出现许多环绕顶点，将鼠标指针指向环绕顶点，当指针变为 状时按下鼠标左键进行拖动，如下图所示，拖动到合适位置释放鼠标。

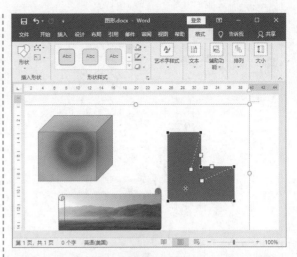

步骤 03　按照第2步操作继续自定义编辑自选图形的其他顶点，设置后的效果如下图所示。

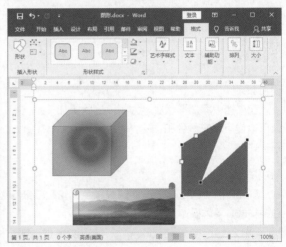

152　等距离复制图形

适用版本	使用指数
2010、2013、2016、2019	★★☆☆☆

扫一扫，看视频

使用说明

在文档中绘制图形后，通过复制粘贴功能可以快速复制出同等大小和样式的图形，如果希望复制出的多个图形等距离排列，可以通过快捷键实现。

解决方法

要等距离复制图形，具体操作步骤为：首先选中图形；其次按【Ctrl+D】组合键可以等距离复制一次图形，多次按该组合键可以等距离复制多个图形，如下图所示。

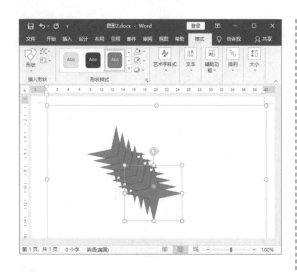

153 更改形状轮廓样式

扫一扫，看视频

	适用版本	使用指数
	2010、2013、2016、2019	★★★★☆

使用说明

在文档中添加形状后，为了让形状更加美观，不仅可以设置填充颜色和样式，而且可以为形状轮廓设置样式。

解决方法

例如，要更改形状原本的轮廓颜色、轮廓粗细和线条样式，具体操作方法如下。

步骤 01 ❶选中要更改的形状；❷切换到【绘图工具/格式】选项卡；❸在【形状样式】组中单击【形状轮廓】下拉按钮；❹在弹出的下拉面板中选择喜欢的轮廓颜色，如下图所示。

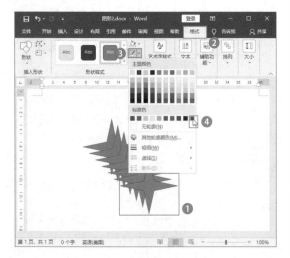

步骤 02 ❶保持形状为选中状态，再次单击【形状轮廓】下拉按钮；❷在弹出的下拉列表中选择【粗细】选项；❸在弹出的子菜单中选择合适的轮廓磅值，如下图所示。

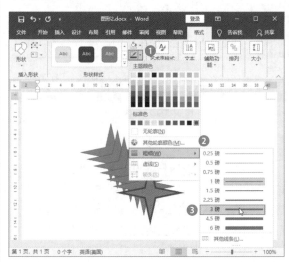

步骤 03 ❶继续保持形状为选中状态，再次单击【形状轮廓】下拉按钮；❷在弹出的下拉列表中选择【虚线】选项；❸在弹出的子菜单中选择需要的线条样式，如下图所示

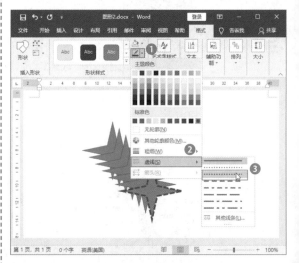

154 为图形设置艺术效果

扫一扫，看视频

	适用版本	使用指数
	2010、2013、2016、2019	★★★☆☆

使用说明

和图片一样，Word也内置了阴影、映象、发光、

三维旋转等多种形状样式供用户选择，以帮助用户设置出最满意的图形效果。

解决方法

例如，要为图形设置【映象】效果，具体操作方法如下。

步骤 01 ❶选中要设置效果的图形，切换到【绘图工具/格式】选项卡；❷在【形状样式】组中单击【形状效果】下拉按钮；❸在弹出的下拉列表中选择【映象】选项；❹在弹出的子菜单中选择需要的映象效果，如下图所示。

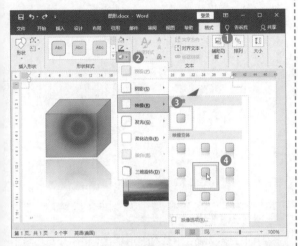

步骤 02 如果对内置的映象效果不满意，可以选择【映象选项】选项，如下图所示。

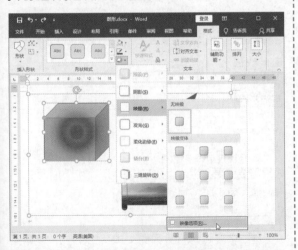

步骤 03 程序窗口右侧将显示【设置形状格式】任务窗格，在【效果】选项卡的【映象】组中根据需要设置映象的【透明度】【大小】【模糊】以及【距离】，设置效果如下图所示。

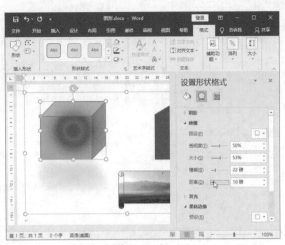

155 在自选图形中添加文本

适用版本	使用指数
2010、2013、2016、2019	★★★★☆

扫一扫，看视频

使用说明

在文档中添加形状后，还可以在其中添加文本，让页面内容看起来更加直观，一目了然。

解决方法

要在绘制的形状中添加文本，具体操作方法如下。

步骤 01 ❶右击要添加文本的形状；❷在弹出的快捷菜单中选择【添加文字】选项，如下图所示。

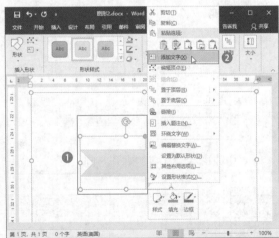

步骤 02 在形状中显示的光标处输入文字，如下图所示。

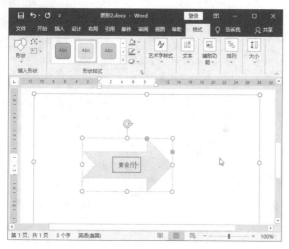

步骤 03 ❶选中输入的文本，按照前面所学打开【字体】对话框，根据需要设置【字体】【字形】【字号】和【字体颜色】；❷设置完成后单击【确定】按钮，如下图所示。

156	更改形状中文字的排列方向

扫一扫，看视频

	适用版本	使用指数
	2010、2013、2016、2019	★★★☆☆

使用说明

　　在形状中插入文本内容后，默认的文本排列方向为水平方向，如果需要让文本以垂直方向或其他任意角度进行排列，可以通过设置进行更改。

解决方法

　　要将添加的文本以垂直方向排列，具体操作步骤为：❶选中添加的文本，或者将光标定位在图形中的文本处；❷切换到【绘图工具/格式】选项卡；❸在【文本】组中单击【文字方向】下拉按钮；❹在弹出的下拉列表中选择【垂直】选项，如下图所示。

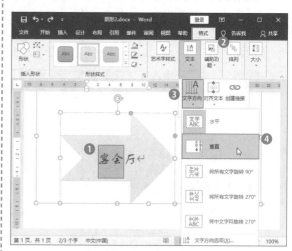

> **知识拓展**
>
> 　　在【文字方向】下拉列表中单击【文字方向选项】选项，弹出【文字方向-文本框】对话框，在其中可以对文本方向和对齐方式进行快速设置。

157	更改形状中文字的对齐方向

扫一扫，看视频

适用版本	使用指数
2010、2013、2016、2019	★★★☆☆

使用说明

　　在形状中添加文字后，默认【居中】方式进行排列，如果需要变更文字的排列方向，可以通过功能区或右键快捷菜单实现。

解决方法

　　例如，要将垂直排列的文本【右对齐】，具体操作步骤为：❶选中形状中的任意文本，或者将光标定位在图形中的文本处；❷切换到【绘图工具/格式】选项卡；❸在【文本】组中单击【对齐文本】下拉按钮；❹在弹出的下拉列表中选择【右对齐】选项，如下图所示。

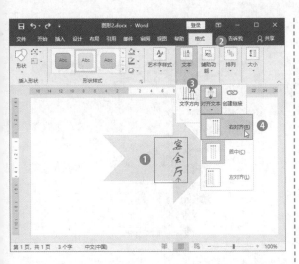

158 设置新建形状的默认格式

适用版本	使用指数
2010、2013、2016、2019	★★☆☆☆

扫一扫，看视频

使用说明

　　Word 2019默认的形状填充颜色为褐色，如果需要在同一个文档中绘制多个相同格式和效果的形状，可以先绘制好第一个形状并设置好相关格式，然后将其设置为默认的形状样式，此后再在该文档中绘制形状就不需要重复设置格式和效果了。

解决方法

　　要将已设置好效果和边框的形状设置为默认形状样式，具体操作步骤为：❶右击形状；❷在弹出的快捷菜单中选择【设置为默认形状】选项，如下图所示。

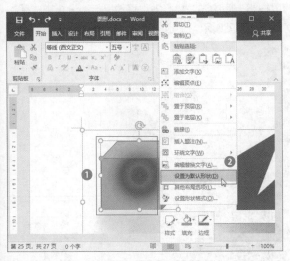

159 快速选中多个形状

适用版本	使用指数
2010、2013、2016、2019	★★★★☆

扫一扫，看视频

使用说明

　　在文档中单击某个形状即可将其快速选中，若需要对多个形状同时进行操作，则需要将多个图形选中，除了使用【Ctrl】键选择，还可以通过【选择】任务窗格进行选择。

解决方法

　　要在文档中选中多个形状，具体操作方法如下。

步骤 01　❶选中任意形状；❷切换到【绘图工具/格式】选项卡；❸在【排列】组中单击【选择窗格】按钮，如下图所示。

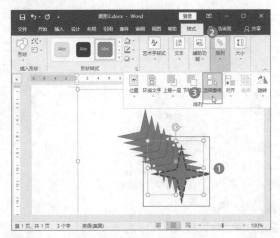

步骤 02　程序窗口右侧显示【选择】任务窗格，按住【Ctrl】键，单击要选择的其他形状，选择完成后松开【Ctrl】键，如下图所示。

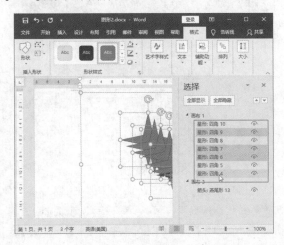

160　设置图形叠放次序

扫一扫，看视频

适用版本	使用指数
2010、2013、2016、2019	★★★☆☆

使用说明

当多个图形叠加在一起时，会出现后插入的图形位于顶层，将下方图形或文字遮住的情况。为了让多个图形排列为用户需要的效果，可以通过调整叠放次序改变图形间的层次。

解决方法

要设置图形的叠放次序，具体操作方法如下。

步骤 01　❶若需要将图形置于最底层，可以选中该图形，右击；❷在弹出的快捷菜单中选择【置于底层】选项，如下图所示。

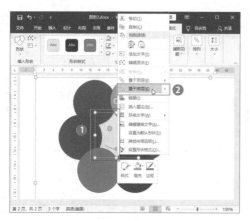

步骤 02　❶若需要将图形置于最顶层，可以选中该图形，右击；❷在弹出的快捷菜单中选择【置于顶层】选项，如下图所示。

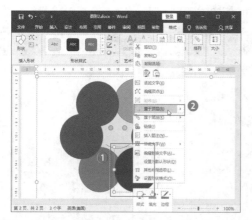

步骤 03　❶若需要将图形上移一层，可以选中该图形，右击；❷在弹出的快捷菜单中单击【置于顶层】选

项右侧的展开按钮；❸在弹出的子菜单中选择【上移一层】选项，如下图所示。

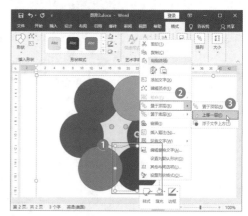

步骤 04　❶若需要将图形下移一层，可以选中该图形，右击；❷在弹出的快捷菜单中单击【置于底层】选项右侧的展开按钮；❸在弹出的子菜单中选择【下移一层】选项，如下图所示。

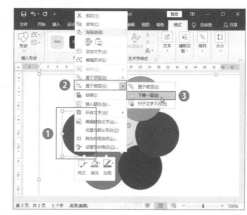

步骤 05　若图形只移动一层无法达到预期效果，可以按照上面的方法执行多次移动操作，设置完成后的效果如下图所示。

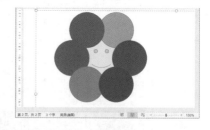

161　将多个形状组合在一起

扫一扫，看视频

适用版本	使用指数
2010、2013、2016、2019	★★★★☆

使用说明

　　为了便于移动，可以将设置好的多个形状组合在一起。将多个形状组合为一体后，若要对其中的某个形状再次设置，可以取消组合操作。

解决方法

　　要将多个形状组合为一体或取消组合，具体操作方法如下。

步骤 01　❶选中多个形状，右击，在弹出的快捷菜单中选择【组合】选项；❷在弹出的子菜单中选择【组合】选项，即可将多个形状组合为一体，如下图所示。

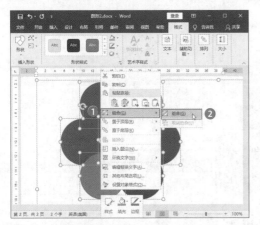

步骤 02　❶若要将组合为一体的形状解散，可以选中形状，右击；❷在弹出的快捷菜单中选择【组合】选项；❸在弹出的子菜单中选择【取消组合】选项，如下图所示。

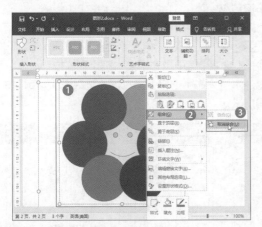

162　设置形状在文档中的环绕方式

适用版本	使用指数
2010、2013、2016、2019	★★★☆☆

扫一扫，看视频

使用说明

　　画布以嵌入型方式插入文档，同样道理，绘制在画布中的形状也将以嵌入型方式显示在文档中。如果直接在文档中插入形状，形状将以【浮于文字上方】的格式显示在文档中，若要改变形状和文字在文档中的环绕方式，可以通过更改设置实现。

解决方法

　　要改变形状在文档中的环绕方式，具体操作方法如下。

步骤 01　❶选中形状；❷单击形状右侧的【布局】按钮；❸在弹出的对话框中选择需要的环绕方式，本例选择【紧密型环绕】方式，如下图所示。

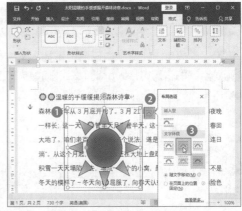

步骤 02　❶此时，文字将默认在形状外侧围绕着形状显示，如果觉得文字和形状太紧密，可以编辑环绕顶点调整文字和形状的距离，方法是选中形状，切换到【绘图工具/格式】选项卡；❷在【排列】组中单击【环绕文字】下拉按钮；❸在弹出的下拉列表中选择【编辑环绕顶点】选项，如下图所示。

步骤 03　形状四周将显示多个环绕顶点，将鼠标指针移至顶点处，当指针变为 ✛ 时按下鼠标左键，拖动顶点到合适位置后释放鼠标，文字即可根据编辑后的顶点位置进行重新排列，如下图所示。

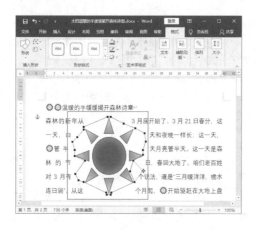

4.3　文本框使用技巧

使用文本框可以在文档的任意位置插入文字框，起到画龙点睛的作用，是Word图文编排时必不可少的元素之一。

163　插入内置文本框样式

扫一扫，看视频

适用版本	使用指数
2010、2013、2016、2019	★★★★★

使用说明

Word 2019内置了多种文本框样式，样式包含字体格式、段落格式以及线条样式等，可以满足大部分用户的使用需求。

解决方法

要在文档中添加内置的文本框，具体操作方法如下。

步骤 01　❶打开文档，切换到【插入】选项卡；❷在【文本】组中单击【文本框】下拉按钮；❸在弹出的下拉列表中选择需要的内置文本框样式，如下图所示。

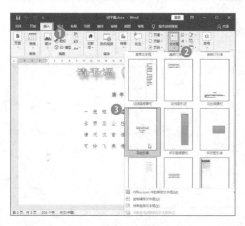

步骤 02　在插入的文本框中删除提示文字，输入需要的文本内容，并调整好文本框的大小和位置，如下图所示。

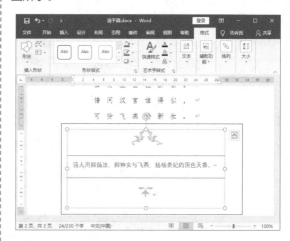

164　插入竖排文本框

扫一扫，看视频

适用版本	使用指数
2010、2013、2016、2019	★★★★★

使用说明

内置文本框多以横排文字显示，若要设置竖排文字，除了将文字直接转换为竖排显示，还可以直接绘制竖排文本框。

解决方法

要在文档中绘制竖排文本框，具体操作方法如下。

步骤 01　❶打开文档，切换到【插入】选项卡；❷在【文本】组中单击【文本框】下拉按钮；❸在弹出的下拉列表中选择【绘制竖排文本框】选项，如下图所示。

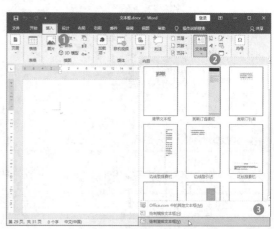

步骤 02　此时，鼠标指针变为十字状 ╋，在需要插入文本框的位置按下鼠标左键不放，拖动鼠标进行绘制，当绘制到合适大小时释放鼠标，如下图所示。

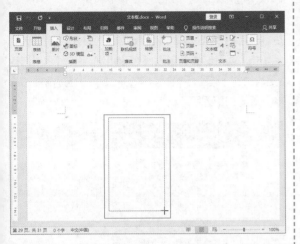

步骤 03　❶在文本框中的光标处输入文字；❷在【开始】选项卡的【字体】组中可以对输入的文字进行字体设置，设置完成后的效果如下图所示。

165　自动调整文本框大小

适用版本	使用指数
2010、2013、2016、2019	★ ★ ★ ☆ ☆

扫一扫，看视频

使用说明

无论是内置文本框或是手动绘制的文本框，都无法通过预估内容而精确设置文本框的大小，绘制后通常需要对文本框的大小进行调整。此时，可以通过设置达到自动调整文本框大小的目的。

解决方法

要实现自动调整文本框大小，具体操作方法如下。

步骤 01　❶选中文本框；❷切换到【绘图工具/格式】选项卡；❸单击【形状样式】组右下角的折叠按钮，如下图所示。

步骤 02　❶在程序窗口右侧显示的【设置形状格式】任务窗格中，切换到【文本选项】选项卡；❷单击【布局属性】按钮；❸在下方的属性选项中勾选【根据文字调整形状大小】复选框，即可看到程序窗口中的文本框根据其中的内容自动调整大小了，如下图所示。

166　调整文字与边框的距离

适用版本	使用指数
2010、2013、2016、2019	★ ★ ★ ☆ ☆

扫一扫，看视频

使用说明

在文本框中输入文字后，如果觉得文字和边框的距离太小，可以通过设置调整文字与边框的距离。

解决方法

要调整文本框文字与边框的距离，具体操作方法如下。

步骤 01 ❶选中文本框；❷切换到【绘图工具/格式】选项卡；❸单击【形状样式】组右下角的折叠按钮，如下图所示。

步骤 02 ❶在程序窗口右侧显示的【设置形状格式】任务窗格中，切换到【文本选项】选项卡；❷单击【布局属性】按钮；❸在下方的属性选项中根据需要设置【左边距】【右边距】【上边距】【下边距】，设置后程序窗口中的文本框将自动进行调整，效果如下图所示。

167	更改文本框形状

适用版本	使用指数
2010、2013、2016、2019	★★★☆☆

扫一扫，看视频

使用说明

如果遇到需要改变文本框形状的情况，方法与更改自选图形一样，十分简单。

解决方法

要改变文本框形状，具体操作步骤为：❶选中文本框，切换到【绘图工具/格式】选项卡；❷在【插入形状】组单击【编辑形状】按钮；❸在弹出的下拉列表中选择【更改形状】选项；❹在弹出的子菜单中选择需要的形状样式，如下图所示。

168	将文本转换为文本框

适用版本	使用指数
2010、2013、2016、2019	★★★☆☆

扫一扫，看视频

使用说明

在插入文本框操作中，既可以先插入文本框再输入文本，也可以先输入文本再将文本转换为文本框。

解决方法

将文本转换为文本框，具体操作方法如下。

步骤 01 ❶选中要添加文本框的文本内容；❷切换到【插入】选项卡；❸在【文本】组中单击【文本框】下拉按钮；❹在弹出的下拉列表中选择【绘制横排文本框】或【绘制竖排文本框】选项，如下图所示。

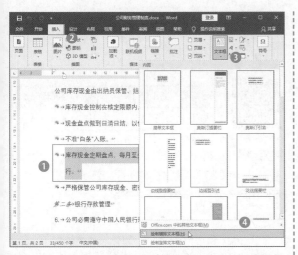

步骤 02 返回文档即可看到添加的文本框,根据需要调整文本框的大小和位置,如下图所示。

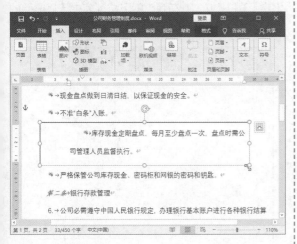

169 设置和断开文本框链接

适用版本	使用指数
2010、2013、2016、2019	★★★☆☆

扫一扫,看视频

使用说明

通过对同一文档中的多个文本框建立链接关系,即便将文本框分开放在不同位置,文本框中的内容也是连为一体的,文本会在整个文本框链接中推进或缩回。

知识拓展

为文本框创建链接后,前一个文本框容纳不了的内容会自动移至后一个文本框中;若在前一个文本框中删除了内容,那么后一个文本框中的内容也会自动移至前一个文本框中。

解决方法

要在文档中设置或断开文本框链接,具体操作方法如下。

步骤 01 ❶新建一个空白文本框;❷选中文本内容所在的文本框;❸切换到【绘图工具/格式】选项卡;❹在【文本】组中单击【创建链接】按钮,如下图所示。

知识拓展

若要在两个文本框之间建立链接关系,那么即将流入的文本框必须是空白的,并且没有与其他文本框建立链接关系。

步骤 02 此时,鼠标指针变为 状,单击要链接的文本框,即新建的空白文本框,如下图所示。

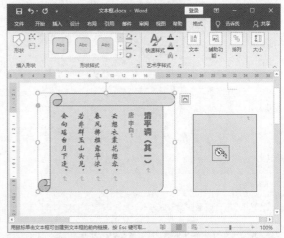

步骤 03 调整第一个文本框的大小,即可看到该文本框中容纳不了的内容自动向后移至下一个文本框中,如下图所示。

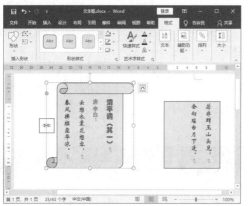

步骤 04 ❶选中设置了链接的文本框;❷切换到【绘图工具/格式】选项卡;❸在【文本】组中单击【断开链接】按钮,如下图所示。

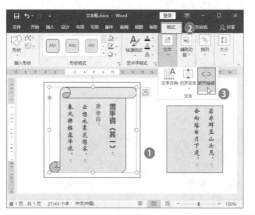

步骤 05 此时,可以看到第二个文本框中的内容自动回到第一个文本框,调整第一个文本框的大小将文本内容显示完整,如下图所示。

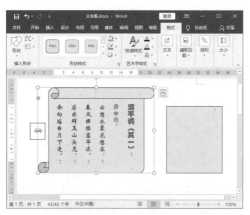

4.4 艺术字使用技巧

艺术字是具有特殊效果的文字,可以用来设置带颜色、发光或阴影等效果的文字,多用于文档标题或广告宣传,以使文档中重要内容更加醒目。

170 快速插入艺术字

扫一扫,看视频

适用版本	使用指数
2010、2013、2016、2019	★★★★★

使用说明

Word 2019 内置了多种不同的艺术字样式,可以方便用户在文档中快速插入艺术字。

解决方法

要在文档中插入艺术字,具体操作方法如下。

步骤 01 ❶将光标定位在要插入艺术字的位置;❷切换到【插入】选项卡;❸在【文本】组中单击【艺术字】下拉按钮;❹在弹出的下拉列表中选择需要的艺术字样式,如下图所示。

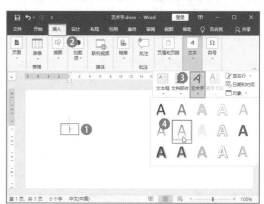

步骤 02 此时,文档中将出现一个艺术字文本框,其中占位符【请在此放置您的文字】为选中状态,效果如下图所示。

步骤 03 将占位符删除,输入需要的艺术字内容,如下图所示。

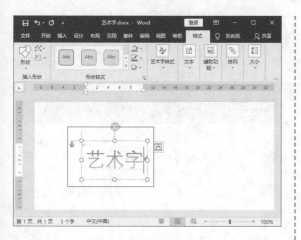

171　更改艺术字字体格式

适用版本	使用指数
2010、2013、2016、2019	★★★★☆

使用说明

内置的艺术字包含了字体和文本效果等格式，添加艺术字后，如果不需要变更效果，只需更改字体格式，可以按照前面章节介绍的更改字体格式的操作进行设置。

解决方法

要对文档中插入的艺术字进行字体格式更改，具体操作方法如下。

步骤 01　①选中艺术字，右击；②在弹出的快捷菜单中选择【字体】选项，如下图所示。

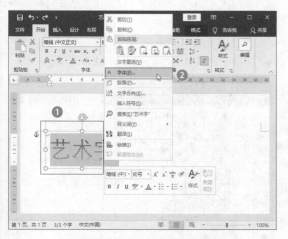

步骤 02　①弹出【字体】对话框，在其中对【字体】【字形】【字号】【字体颜色】等格式进行设置；②完成后单击【确定】按钮，如下图所示。

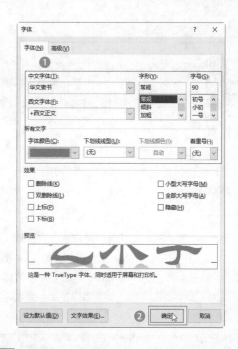

172　更改艺术字样式

适用版本	使用指数
2010、2013、2016、2019	★★★☆☆

使用说明

插入艺术字后，如果对艺术字样式不满意，可以手动更改。

解决方法

要更改插入的艺术字样式，具体操作步骤为：①选中艺术字；②切换到【绘图工具/格式】选项卡；③在【艺术字样式】组中单击【快速样式】下拉按钮；④在弹出的下拉列表中选择需要的艺术字样式，如下图所示。

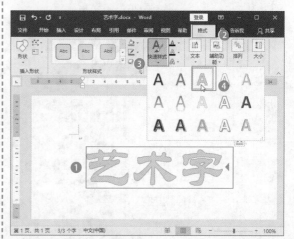

173 更改艺术字轮廓

扫一扫，看视频

适用版本	使用指数
2010、2013、2016、2019	★★★☆☆

使用说明

插入艺术字后，如果已有样式未对文字的轮廓进行设置，或者对艺术字的文本轮廓样式不满意，可以手动设置。

解决方法

要更改艺术字的文本轮廓，具体操作方法如下。

步骤 01 ❶选中艺术字，切换到【绘图工具/格式】选项卡；❷在【艺术字样式】组中单击【文本轮廓】下拉按钮；❸在弹出的颜色面板中选择合适的轮廓颜色，如下图所示。

步骤 02 ❶保持艺术字为选中状态，再次单击【文本轮廓】下拉按钮；❷在弹出的下拉列表中选择【粗细】选项；❸在弹出的子菜单中选择合适的轮廓磅值，如下图所示。

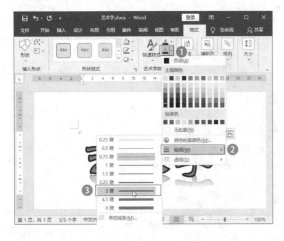

步骤 03 ❶保持艺术字为选中状态，再次单击【文本轮廓】下拉按钮；❷在弹出的下拉列表中选择【虚线】选项；❸在弹出的子菜单中选择合适的轮廓线条，如下图所示。

174 更改艺术字文本效果

扫一扫，看视频

适用版本	使用指数
2010、2013、2016、2019	★★★☆☆

使用说明

插入艺术字后，如果对艺术字的样式不满意，可以手动设置。

解决方法

例如，要为艺术字设置【发光】效果，具体操作步骤为：❶选中艺术字，切换到【绘图工具/格式】选项卡；❷在【艺术字样式】组中单击【文本效果】下拉按钮；❸在弹出的下拉列表中选择【发光】选项；❹在弹出的子菜单中选择需要的发光样式，如下图所示。

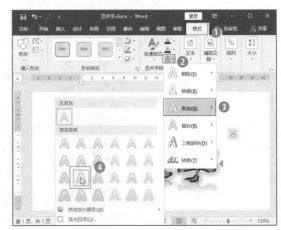

175 调整艺术字的文字方向

适用版本	使用指数
2010、2013、2016、2019	★★★☆☆

扫一扫，看视频

使用说明

默认情况下，插入的艺术字以水平方向插入，如果需要调整艺术字的文字方向，可以手动设置。

解决方法

要调整艺术字的文字方向，具体操作方法如下。

步骤 01 ❶选中艺术字，切换到【绘图工具/格式】选项卡；❷在【文本】组中单击【文字方向】下拉按钮；❸在弹出的下拉列表中选择合适的方向选项，如下图所示。

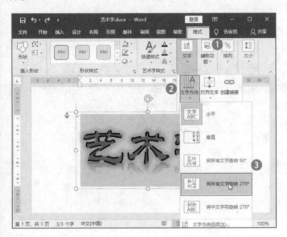

步骤 02 若要将艺术字任意角度旋转，可以选中艺术字，当边框四周出现控制点时，将鼠标指针指向中间的【旋转】按钮，按住鼠标左键不放，当鼠标指针变为状时旋转艺术字，旋转到合适位置释放鼠标，如下图所示。

第5章
Word 表格应用技巧

    Word提供了强大的表格制作和编辑功能,可以快速将各种复杂的多列信息简明、概要地表达出来,让人一目了然。本章主要介绍表格的创建和基本编辑技巧,以及在Word表格中处理数据的相关技巧。

    下面来看看以下一些日常办公中常见的问题,你是否会处理或已掌握处理方法。

- √ 内置表格的行高和列宽都是一样的,除了调整行高和列宽,有其他办法制作不规则的表格样式吗?
- √ 插入表格后,有的单元格中的内容多,有的单元格中的内容少,可以让单元格随内容自动调整列宽吗?
- √ 如果一个表格包含行标题和列标题,可以在表头位置插入一条或多条斜线表头进行分隔吗?
- √ 可以将 Word 中的文本内容或文本文件格式的文档内容快速转换为表格数据吗?
- √ 默认情况下,表格是嵌入文档以整行的形式显示的,不能在表格的左右两侧输入文字,可以让表格像图片那样被文字环绕包围吗?
- √ 一般来说,删除表格时会同时将表格和其中的内容一起删除,可以在删除表格内容的同时保留表格框架吗?

......

    希望通过本章内容的学习,能帮助你解决以上问题,并学会更多有关Word的表格编辑和数据处理的技巧。

5.1　新建表格操作技巧

要在Word中使用表格编辑文本，首先要新建表格，新建表格的方法很简单，但是想要快速创建一个符合需求的表格却需要掌握一定的技巧。

176　如何快速创建表格

适用版本	使用指数
2010、2013、2016、2019	★★★★★

扫一扫，看视频

使用说明

创建表格很简单，在【插入】选项卡的【表格】下拉列表中，可以看到提供了一个【8行10列】的虚拟表格，移动鼠标可以快速选择表格的行列值，通过此功能可以快速创建不超过8行或10列的普通表格。

解决方法

例如，要快速创建一个【4行5列】的表格，具体操作步骤为：❶将光标定位到要插入表格的位置，切换到【插入】选项卡；❷单击【表格】下拉按钮；❸在弹出的下拉列表中移动鼠标指针指向行坐标为【4】、列坐标为【5】的单元格，单击该单元格即可插入一个【4行5列】的表格，如下图所示。

177　如何快速创建指定行列的表格

适用版本	使用指数
2010、2013、2016、2019	★★★★★

扫一扫，看视频

使用说明

如果要创建的表格超过了8行或10列，这就需要通过【插入表格】功能实现。

解决方法

例如，要创建一个【10行12列】的表格，具体操作方法如下。

步骤 01　❶将光标定位到要插入表格的位置，切换到【插入】选项卡；❷单击【表格】下拉按钮；❸在弹出的下拉列表中选择【插入表格】选项，如下图所示。

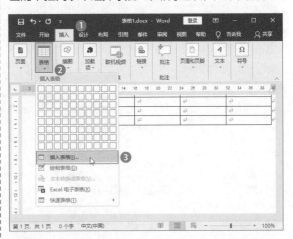

步骤 02　❶弹出【插入表格】对话框，在【列数】微调框中输入【12】；❷在【行数】微调框中输入【10】；❸单击【确定】按钮，如下图所示。

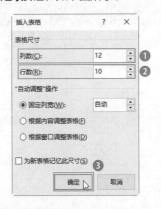

178　如何创建带格式的表格

适用版本	使用指数
2010、2013、2016、2019	★★★☆☆

扫一扫，看视频

使用说明

Word中内置了多种带格式的表格模板，其中设置了表头、底纹、文本等多种格式，使用内置模板可以快速创建一个美观的表格，帮助用户节省格式设置的时间。

解决方法

要新建一个带格式的表格，具体操作方法如下。

步骤 01 ❶将光标定位到要插入表格的位置，切换到【插入】选项卡；❷单击【表格】下拉按钮；❸在弹出的下拉列表中选择【快速表格】选项；❹在弹出的子菜单中选择需要的内置表格样式，如下图所示。

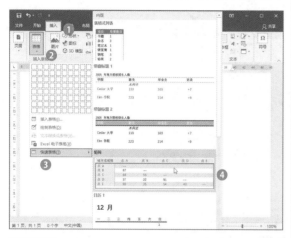

步骤 02 返回文档界面即可看到创建的表格模板样式，删除模板数据，输入需要的数据，如下图所示。

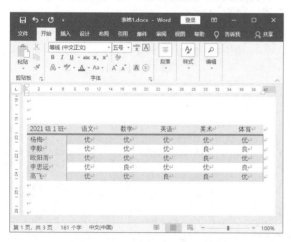

179 如何创建行列不规则的表格

扫一扫，看视频

适用版本	使用指数
2010、2013、2016、2019	★★★☆☆

使用说明

如果需要的表格不是中规中矩的样式，为了避免插入表格后调整单元格大小的麻烦，可以使用鼠标手动绘制任意不规则的表格。

解决方法

要手动绘制行列不规则的表格样式，具体操作方法如下。

步骤 01 ❶将光标定位到要插入表格的位置，切换到【插入】选项卡；❷单击【表格】下拉按钮；❸在弹出的下拉列表中选择【绘制表格】选项，如下图所示。

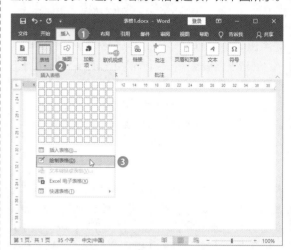

步骤 02 此时，鼠标指针变为笔状 ✐，在文档空白工作区域按住鼠标左键向对角线方向拖动，将出现一个虚线框，在合适位置释放鼠标左键，即可绘制出表格的边框，如下图所示。

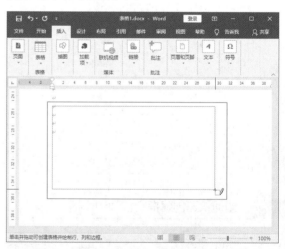

步骤 03 移动鼠标指针到表格左边框任意位置，按住鼠标左键后从左向右进行拖动鼠标，可以绘制横线，如下图所示。

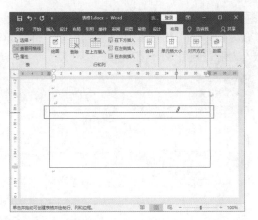

步骤 04 ❶使用类似方法绘制表格中的其他线条，若绘制错误，可以切换到【表格工具/布局】选项卡；❷在【绘图】组中单击【橡皮擦】按钮，如下图所示。

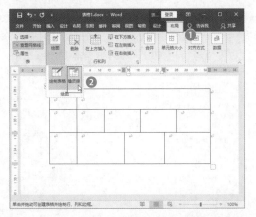

步骤 05 当鼠标指针变为橡皮擦状时，在需要删除的线条上单击，即可将该线条删除，如下图所示。

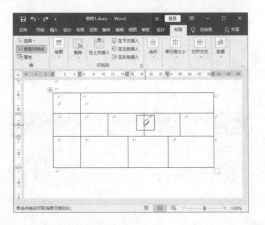

🦉 **知识拓展**

如果不需要绘制表格或使用橡皮擦时，按【Esc】键或双击，可以退出编辑状态。

---

180 如何制作斜线表头

适用版本	使用指数
2010、2013、2016、2019	★★★★☆

扫一扫，看视频

使用说明

在Word文档中制作表格时，经常会用到斜线表头，Word表格默认的线条颜色为【黑色】、粗细为【0.5磅】，用户不但可以绘制默认格式的表头，而且可以自定义选择表头的粗细和颜色。

解决方法

例如，要绘制一条【3.0磅】的【紫色】斜线表头，具体操作方法如下。

步骤 01 ❶将光标定位到需要绘制斜线表头的单元格中；❷切换到【表格工具/设计】选项卡；❸在【边框】组中单击【笔颜色】下拉按钮；❹在弹出的颜色面板中选择【紫色】选项，如下图所示。

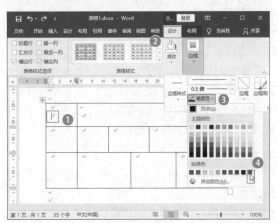

步骤 02 ❶单击【边框】组中的【磅值】下拉按钮；❷在弹出的下拉列表中选择【3.0磅】，如下图所示。

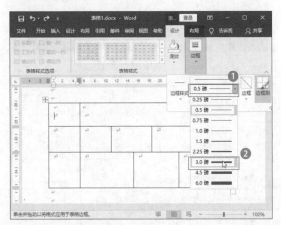

步骤 03 ❶单击【边框】组中的【边框】下拉按钮；❷在弹出的下拉列表中选择【斜下框线】选项，如下图所示。

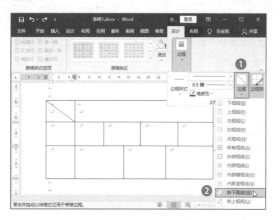

181 如何在 Word 中插入 Excel 表格

扫一扫，看视频

适用版本	使用指数
2010、2013、2016、2019	★★★★☆

使用说明

虽然在Word中可以插入表格并编辑数据，但是Word的表格功能远不及Excel强大，若需要处理复杂的表格数据，可以在Word中插入Excel电子表格，然后再像在Excel中编辑一样操作。

解决方法

例如，要在Word中插入一个Excel表格，具体操作方法如下。

步骤 01 ❶将光标定位到需要插入Excel表格的位置，切换到【插入】选项卡；❷单击【表格】下拉按钮；❸在弹出的下拉列表中选择【Excel电子表格】选项，如下图所示。

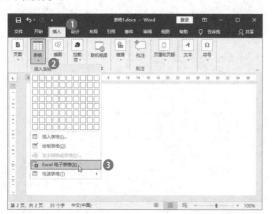

步骤 02 稍等片刻，可以看到Word页面上嵌入了一个名为【Sheet1】的空白电子表格，同时显示Excel嵌入式编辑视图，如下图所示。

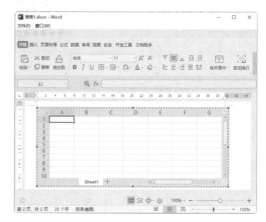

步骤 03 此时，功能区中显示的功能按钮与Excel界面相同，在表格中输入数据，通过功能区中的命令按钮对表格进行相关设置，并根据需要调整Excel表格大小，如下图所示。

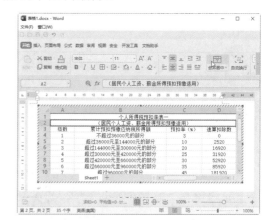

步骤 04 编辑完成后，在表格外的任意空白区域单击，即可退出Excel编辑模式，Excel表格中的数据将转换为Word表格形式显示，如下图所示。

温馨提示

　　当表格数据转换为Word表格后，其中的数据不可更改，若要更改数据，在表格上双击，进入Excel编辑模式修改即可。

182　将文本转换为表格

适用版本	使用指数
2010、2013、2016、2019	★★★☆☆

扫一扫，看视频

使用说明

　　在Word中，使用文本转换表格功能可以快速将文本内容转换为表格，但是转换前需要将文字之间用空格、逗号或其他分隔符分隔开，并将文本分成列显示。

解决方法

　　例如，要将文档中的文本转换为表格，并用英文状态的逗号作为分隔符，具体操作方法如下。

步骤01　打开Word文档，在页面中输入几行文本，并用英文状态的逗号【,】隔开，如下图所示。

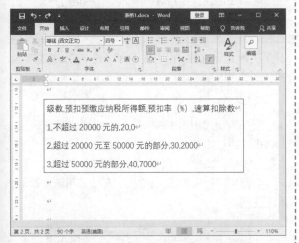

步骤02　❶将文本内容选中；❷切换到【插入】选项卡；❸单击【表格】下拉按钮；❹在弹出的下拉列表中选择【文本转换成表格】选项，如下图所示。

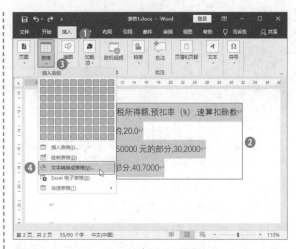

步骤03　❶弹出【将文字转换成表格】对话框，在【文字分隔位置】选项组中选中【逗号】单选按钮；❷单击【确定】按钮，如下图所示。

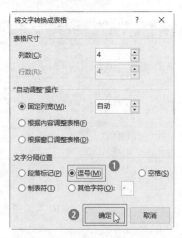

步骤04　返回文档界面即可看到选中的文本已经转换为表格，效果如下图所示。

183 将表格转换为文本

扫一扫，看视频

适用版本	使用指数
2010、2013、2016、2019	★★★☆☆

使用说明

Word中不但可以将文本内容快速转换为表格，而且可以将表格中的内容轻松转换为文本。

解决方法

例如，要将表格转换为文本形式，并用分号【：】隔开，具体操作方法如下。

步骤 01 ❶将光标定位到表格的任意单元格，或者选中整个Word表格；❷切换到【表格工具/布局】选项卡；❸在【数据】组中单击【转换为文本】按钮，如下图所示。

步骤 02 ❶弹出【表格转换成文本】对话框，选择一种文字分隔符，本例选中【其他字符】单选按钮；❷在右侧的文本框中输入【：】；❸设置完成后单击【确定】按钮，如下图所示。

步骤 03 返回文档界面即可看到Word表格转换为文本内容后的效果，如下图所示。

5.2 表格编辑应用技巧

在Word中插入表格后，还需要对表格进行选择、复制和移动、添加和删除单元格、调整单元格大小以及合并和拆分单元格等编辑，本节将介绍表格编辑的相关应用技巧。

184 快速选择行、列或整个表格

扫一扫，看视频

适用版本	使用指数
2010、2013、2016、2019	★★★★★

使用说明

插入表格后，要对表格中的单元格进行操作，首先要将其选中，选定单元格的方法很简单，将鼠标指针移到要选择的单元格左边缘，当鼠标指针变为黑色箭头状➚ 时单击即可。若要选择整行、整列或整个表格，则可以通过下面的方法实现。

解决方法

要在Word表格中选择整行、整列或整个表格，具体操作方法如下。

步骤 01 将鼠标指针指向需要选择的行的外边框左侧，当鼠标指针变为箭头状刁时，单击即可选中该行，如下图所示。

步骤 02　将鼠标指针指向需要选择的列的外边框上方，当鼠标指针变为向下的黑色箭头状↓时，单击即可选中该列，如下图所示。

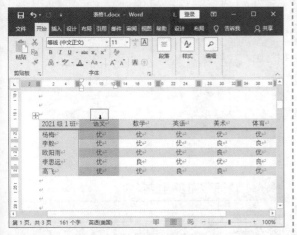

步骤 03　当鼠标指针指向表格任意范围时，表格左上角将会出现选择表格工具按钮⊞，单击即可选中整个表格，如下图所示。

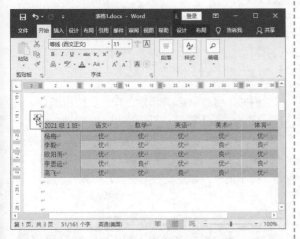

185　如何在表格中添加行或列

适用版本	使用指数
2010、2013、2016、2019	★★★★★

扫一扫，看视频

使用说明

插入或绘制表格后，如果表格的行列数不够，可以手动添加。

解决方法

要在Word表格中添加行或列，具体操作方法如下。

步骤 01　❶若要插入行，可以将光标定位在需要插入行的位置，右击；❷在弹出的快捷菜单中选择【插入】选项；❸在弹出的子菜单中选择需要的操作选项，如【在上方插入行】选项，如下图所示。

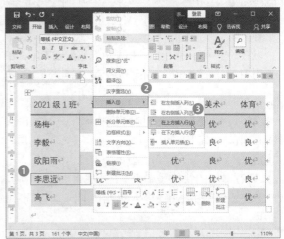

步骤 02　❶若要插入列，可以将光标定位在需要插入列的位置，右击；❷在弹出的快捷菜单中选择【插入】选项；❸在弹出的子菜单中选择需要的操作选项，如【在左侧插入列】选项，如下图所示。

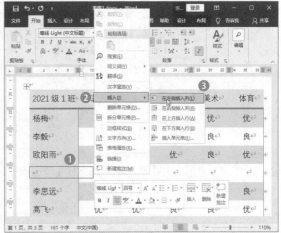

> **知识拓展**
>
> 将光标定位到需要插入行或列的位置，切换到【表格工具/布局】选项卡，在【行和列】组中单击相应的操作按钮，也可以插入行或列；或者将鼠标指针指向要插入行或列的表格顶端或左侧位置，当出现带圈的加号按钮⊕时单击该按钮，也可以添加行或列。

186 如何添加单元格

扫一扫，看视频

适用版本	使用指数
2010、2013、2016、2019	★★★★☆

使用说明

在文档中插入表格后，如果单元格数量不够，不仅可以插入整行或整列，还可以只添加单元格。

解决方法

例如，要在目标单元格的上方添加一个单元格，具体操作方法如下。

步骤 01　❶将光标定位到要添加单元格的位置，右击；❷在弹出的快捷菜单中选择【插入】选项；❸在弹出的子菜单中选择【插入单元格】选项，如下图所示。

步骤 02　❶弹出【插入单元格】对话框，选择需要的操作选项，本例选中【活动单元格下移】单选按钮；❷单击【确定】按钮，如下图所示。

步骤 03　返回文档界面即可看到添加了一个新单元格，且活动单元格向下移动，新添加的单元格呈选中状态，效果如下图所示。

187 快速添加多行或多列

扫一扫，看视频

适用版本	使用指数
2010、2013、2016、2019	★★★★☆

使用说明

按照前面介绍的方法添加行或列时，每次只能添加一行或一列，如果希望一次性添加多行或多列，可以通过下面的方法实现。

解决方法

例如，要在目标单元格上方一次性添加【4行】，具体操作方法如下。

步骤 01　❶在表格中要插入新行的位置选中4行数据；❷右击，在弹出的快捷菜单中选择【插入】选项；❸在弹出的子菜单中选择【在上方插入行】选项，如下图所示。

步骤 02　返回文档界面即可看到已经添加了4行且活动单元格向下移动，新添加的多行呈选中状态，效

果如下图所示。

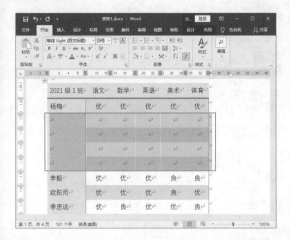

188　如何合并与拆分单元格

适用版本	使用指数
2010、2013、2016、2019	★★★★☆

扫一扫，看视频

使用说明

在Word中编辑表格时，经常会遇到在一个单元格中放置多个单元格内容，或者一个单元格占用多个单元格位置的情况，对于这种复杂的表格，除了手动绘制表格线条，还可以通过拆分或合并单元格的方法实现。

解决方法

例如，要将2个单元格合并为1个单元格，并将合并后的单元格拆分为【3行4列】，具体操作方法如下。

步骤 01 ❶选中要合并的2个单元格，右击；❷在弹出的快捷菜单中选择【合并单元格】选项，即可将选中的多个单元格合并为一个单元格，如下图所示。

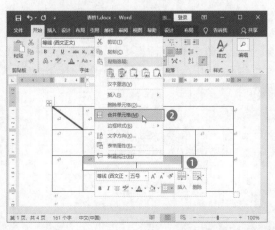

步骤 02 ❶将光标定位到合并后的单元格，右击；❷在弹出的快捷菜单中选择【拆分单元格】选项，如下图所示。

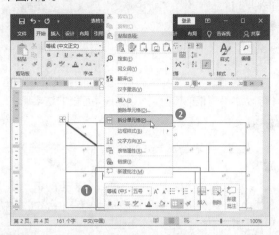

步骤 03 ❶弹出【拆分单元格】对话框，在【列数】微调框中输入【4】；❷在【行数】微调框中输入【3】；❸单击【确定】按钮，如下图所示。

步骤 04 返回文档界面即可看到单元格被拆分为【3行4列】后的效果，如下图所示。

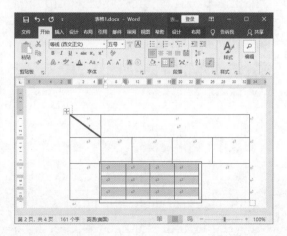

知识拓展

选中单元格后切换到【表格工具/布局】选项卡，通过【合并】组中的【合并单元格】和【拆分单元格】按钮，也可以执行合并和拆分操作。

189 将表格一分为二

扫一扫，看视频

适用版本	使用指数
2010、2013、2016、2019	★★☆☆☆

使用说明

在编辑表格过程中，有可能遇到需要将一个表格拆分为两个表格的情况，可以通过下面的方法实现。

解决方法

要将一个表格拆分为两个表格，具体操作方法如下。

步骤 01 ❶选中需要拆分为第二个表格的单元格；❷切换到【表格工具/布局】选项卡；❸在【合并】组中单击【拆分表格】按钮，如下图所示。

步骤 02 返回文档界面即可看到所选单元格被拆分为第二个表格的效果，如下图所示。

知识拓展

在Word中还可以将多个表格合并为一个表格，

方法很简单，只需将两个表格之间的文本内容和段落标记全部删除，两个表格便自动连接在一起，合并为一个表格了。

190 删除不需要的单元格

扫一扫，看视频

适用版本	使用指数
2010、2013、2016、2019	★★★★☆

使用说明

在编辑表格过程中，有可能遇到需要将多余单元格删除的情况，在Word表格中删除单元格时，可以将下方的单元格移至目标位置，也可以将右侧的单元格移至目标位置。

解决方法

例如，要将表格中的某个单元格删除，并将右侧的单元格移至目标位置，具体操作方法如下。

步骤 01 ❶将光标定位到要删除的单元格；❷切换到【表格工具/布局】选项卡；❸在【行和列】组中单击【删除】下拉按钮；❹在弹出的下拉列表中选择【删除单元格】选项，如下图所示。

步骤 02 ❶弹出【删除单元格】对话框，选中【右侧单元格左移】单选按钮；❷单击【确定】按钮，如下图所示。

步骤 03 返回文档界面即可看到删除单元格且右侧单元格左移的效果，如下图所示。

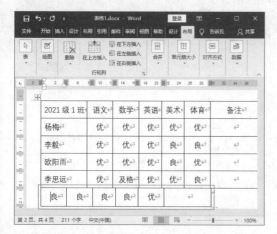

191 删除不需要的行或列

适用版本	使用指数
2010、2013、2016、2019	★★★★☆

扫一扫，看视频

使用说明

在Word中编辑表格时，不但可以将不需要的单元格删除，而且可以将不需要的行或列删除，可以一次性删除整行或整列，也可以一次性删除多行或多列。

解决方法

例如，要将表格中的最后两行和最右侧一列删除，具体操作方法如下。

步骤 01 ❶选中表格中要删除的两行内容；❷切换到【表格工具/布局】选项卡；❸在【行和列】组中单击【删除】下拉按钮；❹在弹出的下拉列表中选择【删除行】选项，如下图所示。

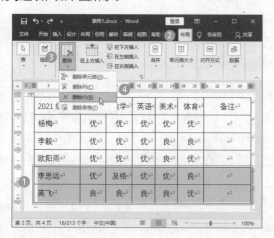

步骤 02 选中的两行包括表格边框和文本内容将被删除，效果如下图所示。

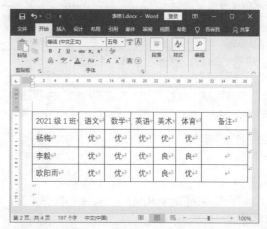

步骤 03 ❶选中表格最右侧一列；❷切换到【表格工具/布局】选项卡；❸在【行和列】组中单击【删除】下拉按钮；❹在弹出的下拉列表中选择【删除列】选项，如下图所示。

步骤 04 选中的最右侧一列将被删除，效果如下图所示。

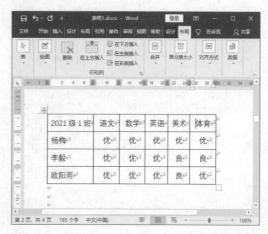

192 快速调整行高或列宽

扫一扫，看视频

适用版本	使用指数
2010、2013、2016、2019	★★★★☆

使用说明

由于表格中各行各列的内容不一样，并且还需要考虑整个表格在文档中的整体性，因此需要的行高和列宽有可能不一样，用户可以根据需要灵活地调整行高和列宽。

解决方法

要调整表格的行高和列宽，具体操作方法如下。

步骤 01 将鼠标指针指向要调整列的右侧表格线，当出现左右调整箭头 ┥┝ 时，按住鼠标左键不放进行向左或向右拖动，即可实现列宽的减少或增加，如下图所示。

步骤 02 将鼠标指针指向要调整行的下方表格线，当出现上下调整箭头 ┿ 时，按住鼠标左键不放进行向上或向下拖动，即可实现行高的减少或增加，如下图所示。

步骤 03 按照上面的方法继续调整其他行列的高度和宽度，设置完成后的效果如下图所示。

知识拓展

将光标定位到要调整行高或列宽的单元格，切换到【表格工具/布局】选项卡，在【单元格大小】组的【表格行高】和【表格列宽】微调框中输入数值，可以固定单元格的行高和列宽。

193 平均分布行高和列宽

扫一扫，看视频

适用版本	使用指数
2010、2013、2016、2019	★★★☆☆

使用说明

在表格中输入内容后，如果有的单元格中的内容多，有的单元格中的内容少，可能会造成各行各列分布不均的情况，影响表格的整体美观，此时可以手动调整行高和列宽，还可以使用Word内置的功能按钮自动平均分布行高和列宽。

解决方法

要让Word表格的行高和列宽平均分布，具体操作方法如下。

步骤 01 ❶将光标定位到表格中的任意单元格，或者选中整个表格；❷切换到【表格工具/布局】选项卡；❸在【单元格大小】组中单击【分布行】按钮，可以使表格中的所有行平均分布，如下图所示。

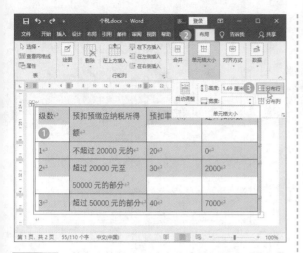

步骤 02 若要平均分布列宽，在【单元格大小】组中单击【分布列】按钮，可以使表格中的所有列平均分布，如下图所示。

步骤 03 返回文档界面即可看到平均分布行高和列宽的效果，如下图所示。

194 让单元格大小随内容增减变化

适用版本	使用指数
2010、2013、2016、2019	★★★☆☆

扫一扫，看视频

使用说明

当表格中输入的内容大于列宽时，会自动换到下一行显示，若多余的内容只有几个字，换行后会影响表格的整体美观，此时可以设置让单元格大小随表格内容增减变化。

解决方法

要设置让单元格的大小随着内容增减进行变化，具体操作方法如下。

步骤 01 ❶选中整个表格，切换到【表格工具/布局】选项卡；❷在【单元格大小】组中单击【自动调整】下拉按钮；❸在弹出的下拉列表中选择【根据内容自动调整表格】选项，如下图所示。

步骤 02 返回文档界面即可看到表格的单元格随内容自动调整后的效果，如下图所示。

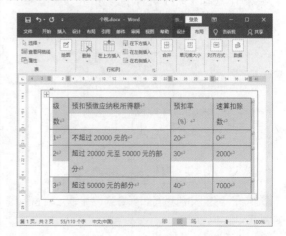

195 快速设置单元格边距

扫一扫，看视频

适用版本	使用指数
2010、2013、2016、2019	★★★☆☆

使用说明

单元格边距是指单元格中文本内容和边框之间的距离，Word 2019默认的上下单元格边距为【0厘米】、左右单元格边距为【0.19厘米】。用户可以根据需要自定义设置单元格边距，让表格变得更加美观。

解决方法

例如，要将单元格上、下、左、右的边距都设置为【0.5厘米】，具体操作方法如下。

步骤 01 ❶选中整个表格，切换到【表格工具/布局】选项卡；❷在【对齐方式】组中单击【单元格边距】按钮，如下图所示。

步骤 02 ❶弹出【表格选项】对话框，在【默认单元格边距】选项组中将【上】【下】【左】【右】四个微调框都设置为【0.5厘米】；❷单击【确定】按钮，如下图所示。

步骤 03 返回文档界面即可看到设置单元格边距后的效果，如下图所示。

196 如何调整单元格间距

扫一扫，看视频

适用版本	使用指数
2010、2013、2016、2019	★★★☆☆

使用说明

默认情况下，相邻的两个单元格之间只有一条框线隔开，其间距为【0厘米】，如果要制作单元格分离效果，可以适当调宽单元格间距。

解决方法

例如，要设置表格中单元格的间距为【0.1厘米】，具体操作方法如下。

步骤 01 ❶选中整个表格，切换到【表格工具/布局】选项卡；❷在【对齐方式】组中单击【单元格边距】按钮，如下图所示。

步骤 02 ❶弹出【表格选项】对话框，勾选【允许调整单元格间距】复选框；❷单击右侧微调框按钮，将

间距设置为【0.1 厘米】；❸ 单击【确定】按钮，如下图所示。

步骤 03　返回文档界面即可看到设置单元格间距后的效果，如下图所示。

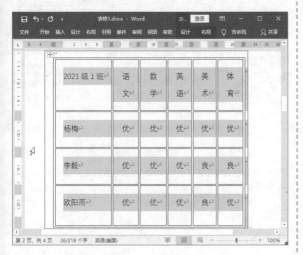

197　如何快速删除表格

适用版本	使用指数
2010、2013、2016、2019	★ ★ ★ ★ ☆

扫一扫，看视频

使用说明

在文档中插入表格后，如果后期编辑文档过程中发现不需要再使用该表格，可以将其删除。

解决方法

要将 Word 中的表格删除，具体操作步骤为：❶选中整个表格，切换到【表格工具/布局】选项卡；❷在【行和列】组中单击【删除】下拉按钮；❸在弹出的下拉列表中选择【删除表格】选项，如下图所示。

198　如何删除表格内容而不删除表格

适用版本	使用指数
2010、2013、2016、2019	★ ★ ★ ☆ ☆

扫一扫，看视频

使用说明

通过功能区中的【删除表格】选项不仅删除了表格中的文本内容，而且全部删除了表格边框，如果只需删除表格中的内容，可以通过下面的方法实现。

解决方法

要删除表格中的文本而保留表格边框，具体操作方法如下。

步骤 01　打开 Word 文档，选中要删除内容的整个表格，如下图所示。

步骤 02　按【Delete】键，即可将表格中的文本内容全部删除，如下图所示。

5.3 表格格式设置技巧

在文档中插入表格后，为了让版面更加美观，还需要对表格中的文字格式和边框样式等格式进行设置。

199 设置单元格内容的对齐方式

适用版本	使用指数
2010、2013、2016、2019	★★★★★

扫一扫，看视频

使用说明

默认情况下，Word 2019 的表格文本内容为【靠上左对齐】格式，即文字靠单元格左上角对齐。

如果单元格高度较大，较少的内容无法填满单元格时，这种对齐方式会影响表格的美观，此时，可以更改单元格内容的对齐方式。

解决方法

例如，要将单元格对齐方式设置为【水平居中】，具体操作方法如下。

步骤 01 ❶选中整个表格，切换到【表格工具/布局】选项卡；❷在【对齐方式】组中单击【水平居中】按钮 ☰，如下图所示。

步骤 02 返回文档界面即可看到整个表格的文本内容在单元格内水平和垂直位置都居中显示的效果，如下图所示。

200 设置表格的对齐方式

适用版本	使用指数
2010、2013、2016、2019	★★★★☆

扫一扫，看视频

使用说明

默认情况下，表格以嵌入方式插入文档，在页面中的对齐方式为左对齐，用户不但可以更改表格中的文本内容对齐方式，而且可以更改表格在页面中的对齐方式。

解决方法

例如，要将表格对齐方式设置为【居中】，具体操作方法如下。

步骤 01 ❶选中整个表格，切换到【开始】选项卡；❷在【段落】组中单击【居中】按钮，如下图所示。

步骤 02 返回文档界面即可看到表格在该行居中显示的效果，如下图所示。

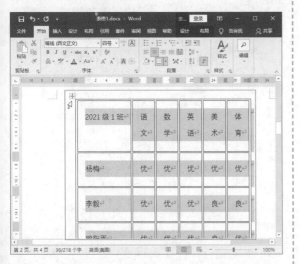

201 设置表格的文字环绕方式

适用版本	使用指数
2010、2013、2016、2019	★★★☆☆

扫一扫，看视频

使用说明

默认情况下，在文档中插入表格后，表格的左右两侧没有文字内容，如果需要让文字环绕表格排列，可以设置表格的文字环绕方式。

解决方法

要设置表格的文字环绕方式，具体操作方法如下。

步骤 01 ❶选中整个表格，切换到【表格工具/布局】选项卡；❷在【表】组中单击【属性】按钮，如下图所示。

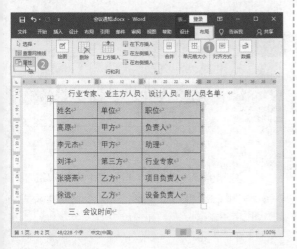

步骤 02 ❶弹出【表格属性】对话框，在【文字环绕】组中选择【环绕】选项；❷单击【确定】按钮，如下图所示。

步骤 03 返回文档界面即可看到文字环绕表格的效果，若要移动表格位置，可以将鼠标指针移至表格左上角的工具按钮，单击选中整个表格，如下图所示。

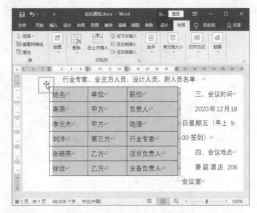

步骤 04 按住鼠标左键不放，将表格拖动到合适位置后释放鼠标，可以调整表格位置，四周的文字也随之重新排列，如下图所示。

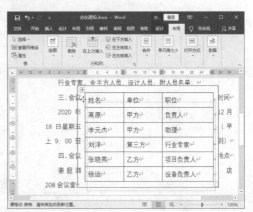

202 设置表格和环绕文字的间距

扫一扫，看视频

适用版本	使用指数
2010、2013、2016、2019	★★★☆☆

使用说明

默认情况下，Word表格上方和下方与正文的距离为【0厘米】，左侧和右侧距离正文【0.32厘米】，若对表格与正文的间距不满意，可以进行调整。

解决方法

例如，要将表格距正文上、下、左、右的距离都设置为【1厘米】，具体操作方法如下。

步骤01 ❶选中整个表格，切换到【表格工具/布局】选项卡；❷在【表】组中单击【属性】按钮，如下图所示。

步骤02 弹出【表格属性】对话框，单击【定位】按钮，如下图所示。

步骤03 ❶弹出【表格定位】对话框，在【距正文】选项组中将【上】【下】【左】【右】微调框都设置为【1厘米】；❷连续单击【确定】按钮保存设置，如下图所示。

步骤04 返回文档界面，根据需要调整表格位置，设置表格和环绕文字的间距的效果如下图所示。

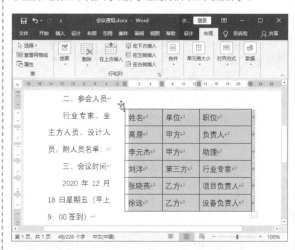

203 如何在页面中固定表格位置

扫一扫，看视频

适用版本	使用指数
2010、2013、2016、2019	★★★☆☆

使用说明

设置表格的环绕方式后，当文档中的文字移动时，表格也会随之移动位置。如果不希望表格跟随文字移动，可以将表格固定在页面中。

解决方法

要将表格固定在页面中某个位置,具体操作方法如下。

步骤 01 调整好表格在页面中的位置,在表格中任意位置右击,在弹出的快捷菜单中选择【表格属性】选项,如下图所示。

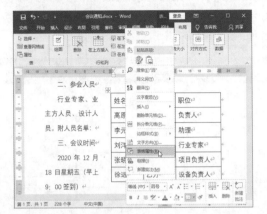

步骤 02 弹出【表格属性】对话框,单击【定位】按钮,如下图所示。

步骤 03 ❶弹出【表格定位】对话框,在【选项】选项组中取消勾选【随文字移动】复选框;❷单击【确定】按钮,如下图所示。

204 更改表格中的文字方向

适用版本	使用指数
2010、2013、2016、2019	★★★☆☆

扫一扫,看视频

使用说明

默认情况下,表格中的文字内容都是以水平方式排列的,除了水平方式,还可以设置表格中的文字按垂直方向排列。

解决方法

要更改表格中文字的排列方向,具体操作方法如下。

步骤 01 ❶选中表格中要更改排列方向的文本内容;❷切换到【表格工具/布局】选项卡;❸在【对齐方式】组中将鼠标指针指向【文字方向】按钮,可以看到该按钮的箭头方向从左到右显示,表示当前为水平方向,单击该按钮,如下图所示。

步骤 02 返回文档界面即可看到所选文本内容为垂直方向显示的效果,如下图所示。

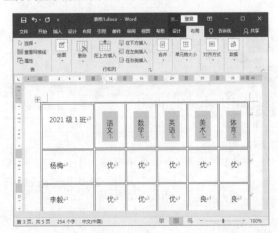

步骤 03 要将文本重新设置为水平显示，可以保持文本为选中状态，在【对齐方式】组中将鼠标指针指向【文字方向】按钮，此时可以看到该按钮的箭头方向从上到下显示，表示当前为垂直方向，单击该按钮，如下图所示。

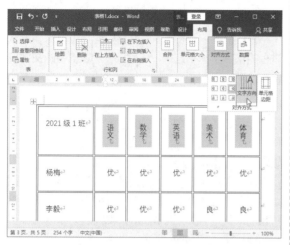

步骤 04 返回文档界面即可看到所选文本内容已经切换为水平方向显示的效果，如下图所示。

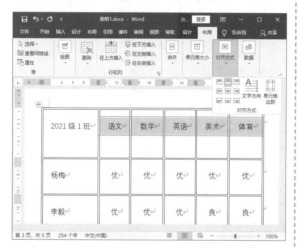

205 设置表格边框颜色

扫一扫，看视频

	适用版本	使用指数
	2010、2013、2016、2019	★★★★☆

使用说明

Word中表格的默认表格框线为0.5磅的黑色线条，如果对默认边框样式不满意，可以手动更改表格边框的颜色和粗细。

解决方法

例如，要将表格中的部分表格框线设置为【2.25磅】的蓝色线条，具体操作方法如下。

步骤 01 ❶将光标定位到表格任意单元格，切换到【表格工具/设计】选项卡；❷在【边框】组中单击【笔颜色】下拉按钮；❸在弹出的颜色面板中选择【蓝色】选项，如下图所示。

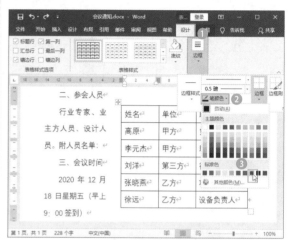

步骤 02 ❶在【边框】组中单击【笔划粗细】下拉按钮；❷在弹出的下拉列表中选择【2.25磅】选项，如下图所示。

步骤 03 ❶若只需设置部分单元格的边框，可以将光标定位在要设置的单元格中；❷单击【边框】组的【边框】下拉按钮；❸在弹出的下拉列表中选择要设置的边框，如下图所示。

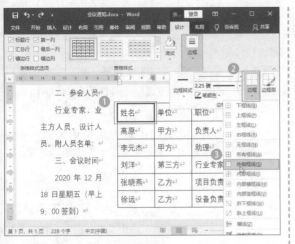

步骤 04　若要手动设置边框颜色，可以单击【边框】组中的【边框刷】按钮，如下图所示。

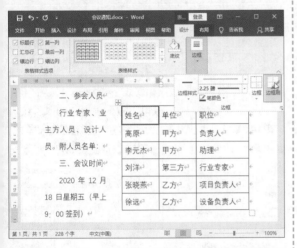

步骤 05　此时，鼠标指针变为笔刷状 🖊，单击要设置颜色的边框，即可将其更改为刚才设置的粗细和颜色，如下图所示。

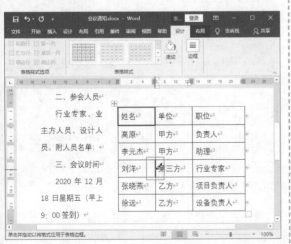

步骤 06　继续设置其他单元格的边框颜色，设置完成后按【Esc】键，退出边框刷状态，设置后的边框效果如下图所示。

206　自定义表格边框样式

适用版本	使用指数
2010、2013、2016、2019	★★★☆☆

扫一扫，看视频

使用说明

通过前面的方法可以为不同的单元格设置不同的边框样式，如果需要一次性为整个表格设置边框样式，可以通过下面的方法实现。

解决方法

要为整个表格自定义边框样式，具体操作方法如下。

步骤 01　❶选中整个表格，切换到【表格工具/设计】选项卡；❷在【边框】组中单击右下角的展开按钮 ⬛，如下图所示。

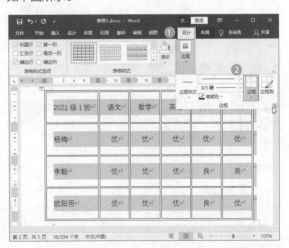

步骤 02 ❶弹出【边框和底纹】对话框，在对话框左侧的【设置】栏中选择边框应用的位置；❷在对话框中间设置边框的【样式】【颜色】【宽度】；❸设置完成后单击【确定】按钮，如下图所示。

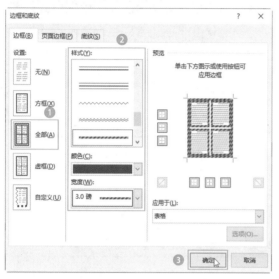

步骤 03 返回文档界面即可看到自定义边框样式的表格效果，如下图所示。

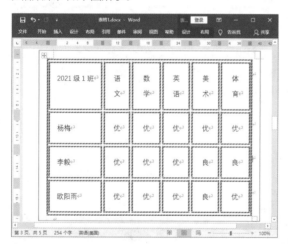

207 为表格添加底纹

适用版本	使用指数
2010、2013、2016、2019	★★★★☆

扫一扫，看视频

使用说明

默认情况下，文档表格的单元格底纹为白色，为了让表格变得更加美观，可以为整个表格或单独的单元格添加底纹。

解决方法

例如，要为表格标题行设置带图案的底纹样式，具体操作方法如下。

步骤 01 ❶选中要添加底纹的单元格，本例选中标题行；❷切换到【表格工具/设计】选项卡；❸在【边框】组中单击右下角的展开按钮，如下图所示。

步骤 02 ❶弹出【边框和底纹】对话框，切换到【底纹】选项卡；❷单击【填充】下拉列表框，选择底纹填充颜色；❸在【图案】选项组中设置底纹的图案【样式】和【颜色】；❹设置完成后单击【确定】按钮，如下图所示。

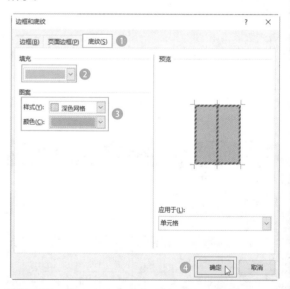

步骤 03 返回文档界面即可看到为表格标题行设置带图案的底纹效果，如下图所示。

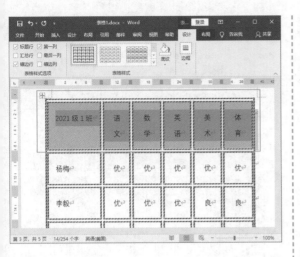

208 使用内置样式快速美化表格

适用版本	使用指数
2010、2013、2016、2019	★★★★★

扫一扫，看视频

使用说明

要使表格看起来美观大方，不仅要对表格文字格式进行设置，还需要设置边框、底纹等多种格式，如果用户觉得操作麻烦，可以使用Word内置表格样式快速美化表格。

解决方法

如果要应用内置表格样式，具体操作方法如下。

步骤 01 ❶选中整个表格，切换到【表格工具/设计】选项卡；❷在【表格样式】组中单击【其他样式】下拉按钮，如下图所示。

步骤 02 在弹出的下拉列表中单击要应用的内置表格样式，如下图所示。

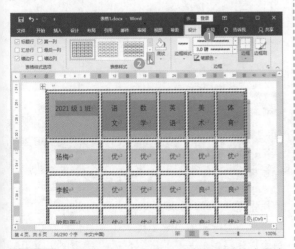

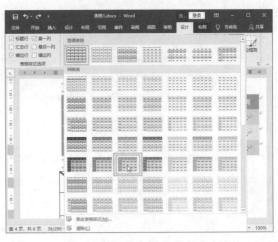

步骤 03 返回文档界面即可看到应用内置表格样式后的效果，如下图所示。

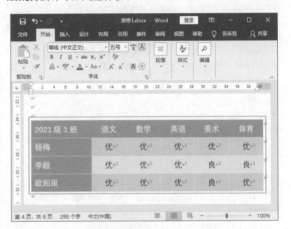

209 修改内置表格样式

适用版本	使用指数
2010、2013、2016、2019	★★★☆☆

扫一扫，看视频

使用说明

应用内置表格样式后，如果用户对其中某些单元格的格式不满意，可以对内置表格样式进行修改。修改样式后，在此文档中再次应用该样式，即为修改后的样式效果。

解决方法

例如，要对应用的内置表格样式的标题行和首列重新设置边框样式和字体格式，具体操作方法如下。

步骤 01 ❶将光标定位到表格，或者选中整个表格，在【表格工具/设计】选项卡的【表格边框】组中右击应用的样式选项；❷在弹出的快捷菜单中选择【修改表格样式】选项，如下图所示。

步骤 02 ❶弹出【修改样式】对话框，在【名称】组中设置好样式名称；❷单击【将格式应用于】下拉列表框，选择【标题行】选项；❸在下方根据需要设置标题行的字体格式、边框样式和颜色以及要应用样式的框线；❹设置完成后单击【确定】按钮，如下图所示。

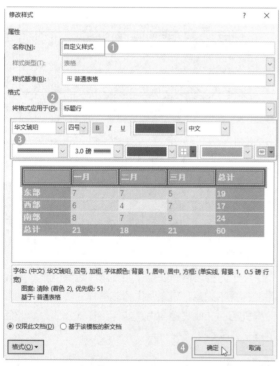

步骤 03 ❶再次打开【修改样式】对话框，单击【将格式应用于】下拉列表框，选择【首列】选项；❷在下方根据需要设置首列的字体格式、边框样式和颜色以及要应用样式的框线；❸设置完成后单击【确定】按钮，如下图所示。

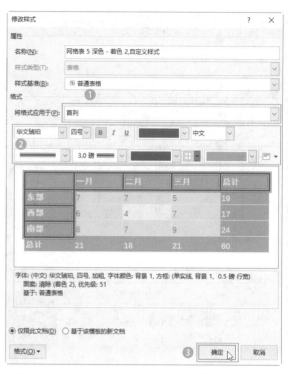

步骤 04 返回文档界面即可看到更改标题行和首列的表格样式的效果，如下图所示。

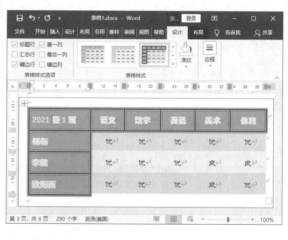

210 新建并应用个性化表格样式

扫一扫，看视频

适用版本	使用指数
2010、2013、2016、2019	★★★☆☆

使用说明

如果用户对内置表格样式不满意，可以新建具有个性化特色的表格样式，然后将新建样式应用于表格。

解决方法

要在Word中新建表格样式并使用，具体操作方法如下。

步骤 01 ❶选中整个表格，切换到【表格工具/设计】选项卡；❷在【表格样式】组中单击【其他样式】下拉按钮，在弹出的下拉列表中选择【新建表格样式】选项，如下图所示。

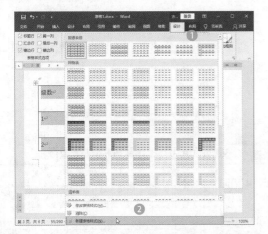

步骤 02 ❶弹出【根据格式化创建新样式】对话框，在【名称】组中输入新样式名称；❷单击【将格式应用于】下拉列表框，选择【整个表格】选项；❸在下方的功能区设置新样式的字体格式、边框样式和颜色以及对齐方式等；❹设置完成后单击【确定】按钮，如下图所示。

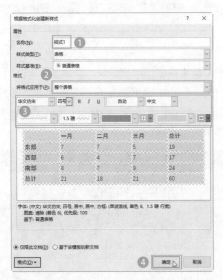

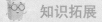

知识拓展

默认情况下，设置的表格样式仅限于应用当前文档，若要将设置的格式应用于其他文档，可以在【根据格式化创建新样式】对话框下方选中【基于该模板的新文档】单选按钮。

步骤 03 ❶返回文档，选中整个表格；❷在【表格样式】组中单击【外观样式】下拉按钮，如下图所示。

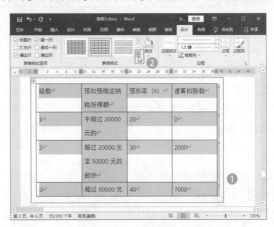

步骤 04 在弹出的下拉列表中可以看到新建的表格样式位于最上方，单击该样式，如下图所示。

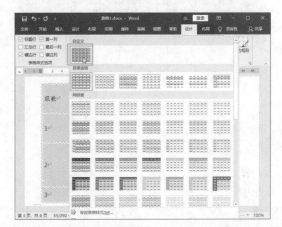

步骤 05 返回文档界面即可看到应用新建表格样式后的效果，如下图所示。

211 如何防止表格跨页断行

扫一扫，看视频

适用版本	使用指数
2010、2013、2016、2019	★★★☆☆

使用说明

在编辑表格过程中，如果表格中的文字较多，会自动换到下一行显示，若刚好此行位于文档页尾，就会出现该单元格的文字分别显示于文档两页，该行其他单元格内容只显示在上一页的情况，影响了表格的整体性。为了防止单元格跨页断行显示，可以通过修改表格属性实现。

解决方法

要防止表格跨页断行显示，具体操作方法如下。

步骤 01 ❶选中跨页断行的单元格或所在行；❷切换到【表格工具/布局】选项卡；❸在【表】组中单击【属性】按钮，如下图所示。

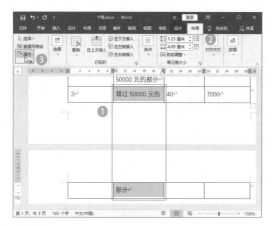

步骤 02 ❶弹出【表格属性】对话框，切换到【行】选项卡；❷在【选项】选项组中取消勾选【允许跨页断行】复选框；❸单击【确定】按钮，如下图所示。

步骤 03 返回文档界面即可看到所选单元格的内容全部显示在下一页了，如下图所示。

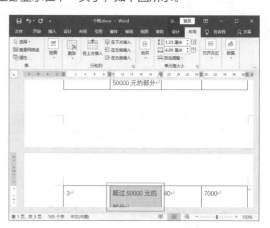

212 如何让多页表格具有相同标题行

扫一扫，看视频

适用版本	使用指数
2010、2013、2016、2019	★★★☆☆

使用说明

如果表格行数较多，一页无法显示完整，表格后续内容将会以跨页的形式出现，但是跨页内容是紧接着上一页显示的，并没有包含标题行，这样会给后一页的阅读内容造成一定麻烦。为了避免此种麻烦，可以通过重复表格标题的方法在跨页表格中自动添加标题行。

解决方法

要设置表格标题重复显示，具体操作方法如下。

步骤 01 ❶选中要设置标题重复的表格；❷切换到【表格工具/设计】选项卡；❸在【表格样式】组中应用一种带标题行的样式，如下图所示。

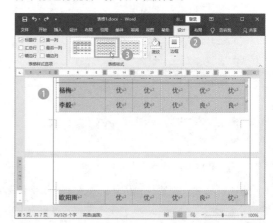

步骤 02 ❶切换到【表格工具/布局】选项卡；❷在【数据】组中单击【重复标题行】按钮，如下图所示。

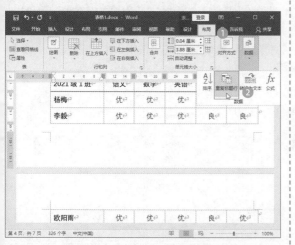

步骤 03 返回文档界面即可看到跨页的首行重复显示标题行的效果，如下图所示。

5.4　数据处理应用技巧

在Word文档的表格中，不但可以编辑文本内容，而且可以处理一些简单的数据。本节将介绍在Word表格中处理数据的相关操作。

213　对表格进行排序

适用版本	使用指数
2010、2013、2016、2019	★★★★☆

扫一扫，看视频

使用说明

在表格中输入内容后，可以对输入的内容进行排序。在Word中不但可以对数据进行排序，而且可以对文本进行排序。

解决方法

例如，要对表格中第二列的数据按【升序】排列，具体操作方法如下。

步骤 01 ❶将光标定位到表格任意位置；❷切换到【表格工具/布局】选项卡；❸在【数据】组中单击【排序】按钮，如下图所示。

步骤 02 ❶弹出【排序】对话框，在【主要关键字】选项组中单击左侧下拉列表框，选择第二列标题文字【语文】；❷单击【类型】下拉列表框，选择【数字】；❸选中右侧的【升序】单选按钮；❹设置完成后单击【确定】按钮，如下图所示。

> **温馨提示**
> 对Word表格进行排序时，默认没有将标题行统计在内，若要将标题行一起排序，可以在【排序】对话框中选中【无标题行】单选按钮。

步骤 03 返回文档界面即可看到第二列的数据呈升序排列，且其他行的内容随之同步移动，如下图所示。

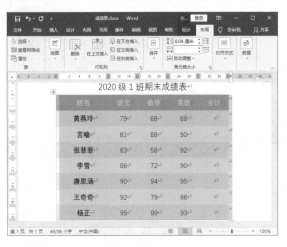

214 使用多个关键字进行排序

扫一扫，看视频

适用版本	使用指数
2010、2013、2016、2019	★★★☆☆

使用说明

在文档中对数据进行排序时，可以按单个条件排序，也可以设置多个条件排序，即使用多个关键字进行排序。

解决方法

例如，要对表格中第二列和第三列的数据按【降序】排序，具体操作方法如下。

步骤 01 ❶将光标定位到表格任意位置；❷切换到【表格工具/布局】选项卡；❸在【数据】组中单击【排序】按钮，如下图所示。

步骤 02 ❶弹出【排序】对话框，在【主要关键字】选项组中选择第二列标题内容【语文】，并设置【数字】类型和【降序】选项；❷在【次要关键字】选项组中选择第三列标题内容【数学】，并设置【数字】类型和【降序】选项；❸单击【确定】按钮，如下图所示。

步骤 03 返回文档界面即可看到按多个关键字排序的效果，如下图所示。

215 按姓氏笔划进行排序

扫一扫，看视频

适用版本	使用指数
2010、2013、2016、2019	★★★☆☆

使用说明

默认情况下，文档表格对文本内容按【拼音】顺序进行排序，此外，还可以按姓氏的笔划进行升序或降序排列。

解决方法

例如，要对表格中的【姓名】列按【笔划】进行【升序】排列，具体操作方法如下。

步骤 01 ❶将光标定位到表格任意位置；❷切换到【表格工具/布局】选项卡；❸在【数据】组中单击【排序】按钮，如下图所示。

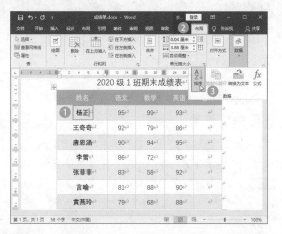

步骤 02 ❶弹出【排序】对话框，在【主要关键字】选项组中单击左侧下拉列表框，选择【姓名】；❷单击【类型】下拉列表框，选择【笔划】；❸选中右侧的【升序】单选按钮；❹设置完成后单击【确定】按钮，如下图所示。

步骤 03 返回文档界面即可看到【姓名】列按【笔划】进行【升序】排列的效果，如下图所示。

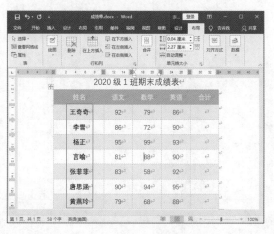

216 对表格进行单列排序

适用版本	使用指数
2010、2013、2016、2019	★★★☆☆

扫一扫，看视频

使用说明

　　默认情况下，无论以什么规则对文档表格中的内容进行排序，同一行的数据总是绑定在一起。如果希望对某一列中的数据排序时，其他单元格的内容不参与排序操作，可以强制对单列进行排序。

解决方法

　　例如，要对【姓名】列按【笔划】进行【升序】排列，其他列的数据保持不变，具体操作方法如下。

步骤 01 ❶选中【姓名】列除标题行外的所有内容；❷切换到【表格工具/布局】选项卡；❸在【数据】组中单击【排序】按钮，如下图所示。

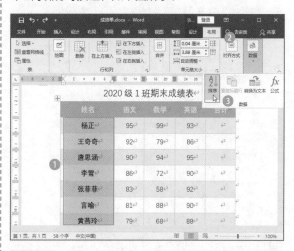

步骤 02 弹出【排序】对话框，单击【选项】按钮，如下图所示。

步骤 03 ❶弹出【排序选项】对话框，在【排序选项】

选项组中勾选【仅对列排序】复选框；❷单击【确定】按钮，如下图所示。

步骤 04 ❶返回【排序】对话框，在【主要关键字】选项组中选择【列1】；❷单击右侧的【类型】下拉列表框，选择【笔划】选项；❸选中右侧的【升序】单选按钮；❹单击【确定】按钮，如下图所示。

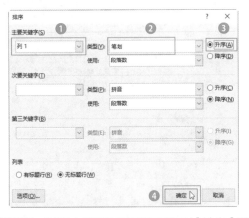

步骤 05 返回文档界面即可看到仅对【姓名】列排序，其他列保持不变的效果，如下图所示。

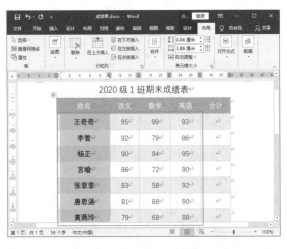

217 使用公式进行计算

扫一扫，看视频

适用版本	使用指数
2010、2013、2016、2019	★★☆☆☆

使用说明

　　Word表格的数据处理功能没有Excel强大，但是也能进行求和、求平均值等简单的数据处理。

解决方法

　　例如，要对第二列、第三列和第四列的数据进行求和，并显示在第五列单元格中，具体操作方法如下。

步骤 01 将光标定位到第一个需要插入结果的单元格，按【Ctrl+F9】组合键，插入一对大括号，如下图所示。

步骤 02 在大括号中输入【=B2+C2+D2】，输入的单元格名称不区分大小写，如下图所示。

步骤 03 按照第2步操作在其他单元格中使用通用

的方法输入公式，输入完成后选中所有插入该公式的单元格，如下图所示。

步骤 04　按【F9】功能键，Word 即可自动计算出结果，效果如下图所示。

218　使用函数进行计算

适用版本	使用指数
2010、2013、2016、2019	★★★☆☆

扫一扫，看视频

使用说明

如果要计算的单元格较多，使用公式计算需要输入每个要统计的单元格名称，操作非常麻烦，此时可以使用函数进行计算，提高工作效率。

解决方法

例如，要统计表格中的【语文】【数学】【英语】的平均分，并对三科的平均分求和，具体操作方法如下。

步骤 01　❶将光标定位到【语文】列最下方需要显示平均分的单元格；❷切换到【表格工具/布局】选项卡；❸在【数据】组中单击【公式】按钮，如下图所示。

步骤 02　❶弹出【公式】对话框，在【公式】文本框中输入【=AVERAGE(ABOVE)】；❷单击【确定】按钮，如下图所示。

步骤 03　❶按照第 2 步操作计算【数学】和【英语】列的平均分；❷将光标定位到需要对平均分求和的单元格；❸切换到【表格工具/布局】选项卡；❹在【数据】组中单击【公式】按钮，如下图所示。

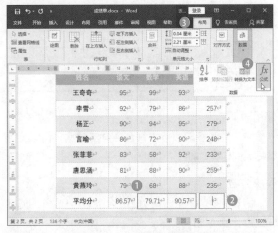

步骤 04　❶弹出【公式】对话框，在【公式】文本框中输入【=SUM(LEFT)】；❷单击【确定】按钮，如

下图所示。

😊 温馨提示

公式括号中的内容代表需要计算的区域，【ABOVE】是指公式上面的单元格，【BELOW】是指公式下面的单元格，【LEFT】是指公式左边的单元格，【RIGHT】是指公式右边的单元格。

步骤 05 返回文档界面即可看到计算各科平均分并对平均分求和的结果，如下图所示。

219 如何筛选数据记录

适用版本	使用指数
2010、2013、2016、2019	★★★☆☆

扫一扫，看视频

使用说明

如果需要提取表格中符合条件的数据，可以使用数据库的查询功能进行筛选。

解决方法

例如，要筛选【语文】成绩大于等于90分的姓名和成绩，具体操作方法如下。

步骤 01 设置好数据源文档，如在【成绩表1】中插入一个有姓名和语文成绩的表格，如下图所示。

步骤 02 ❶新建一个名为【成绩单筛选】的文档，单击快速访问工具栏的下拉按钮；❷在弹出的下拉列表中选择【其他命令】选项，如下图所示。

步骤 03 ❶弹出【Word选项】对话框，默认切换到【快速访问工具栏】选项卡，单击【从下列位置选择命令】下拉列表框，在弹出的下拉列表中选择【不在功能区中的命令】选项；❷在下方的列表中选择【插入数据库】选项；❸单击【添加】按钮将其添加到右侧的快速访问工具栏命令组中；❹单击【确定】按钮，如下图所示。

步骤 04　返回文档界面，单击快速访问工具栏中的【插入数据库】按钮，如下图所示。

步骤 05　弹出【数据库】对话框，单击【获取数据】按钮，如下图所示。

步骤 06　❶弹出【选取数据源】对话框，选中刚才设置的数据源文档【成绩表1.docx】；❷单击【打开】按钮，如下图所示。

步骤 07　在返回的【数据库】对话框中单击【查询选项】按钮，如下图所示。

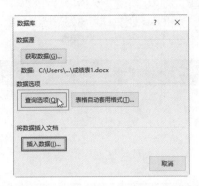

步骤 08　❶弹出【查询选项】对话框，单击【域】下拉列表框，选择【语文】列；❷单击【比较条件】下拉列表框，选择条件为【大于等于】；❸在【比较对象】文本框中输入【90】；❹单击【确定】按钮，如下图所示。

步骤 09　返回【数据库】对话框，单击【插入数据】按钮，如下图所示。

步骤 10　弹出【插入数据】对话框，单击【确定】按钮，如下图所示。

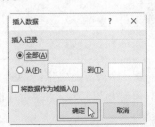

步骤 11 返回文档界面即可看到筛选出【语文】成绩大于等于【90】分的数据，如下图所示。

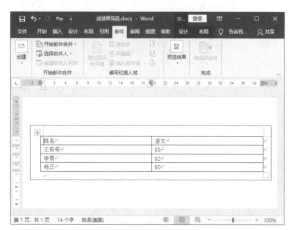

220 将文本导入 Word 生成表格

适用版本	使用指数
2010、2013、2016、2019	★★★☆☆

扫一扫，看视频

使用说明

在实际工作中，如果需要将文本文件格式中的数据复制到 Word 表格中，当数据较多时，把数据挨个复制到表格的单元格中十分烦琐，并且容易遗漏数据。此时，可以使用插入数据库功能将文本文档中的数据导入 Word 文档，并自动生成表格。

解决方法

要将文本文档中的数据导入 Word 文档，具体操作方法如下。

步骤 01 新建一个数据源文本文档，并输入要导入 Word 文档生成表格的相关数据，如下图所示。

步骤 02 新建一个 Word 文档用于保存由文本转换的表格内容，单击快速访问工具栏中的【插入数据库】按钮，如下图所示。

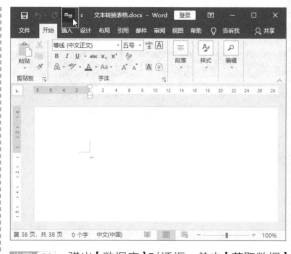

步骤 03 弹出【数据库】对话框，单击【获取数据】按钮，如下图所示。

步骤 04 ❶弹出【选取数据源】对话框，选中刚才设置的数据源文档【成绩.txt】；❷单击【打开】按钮，如下图所示。

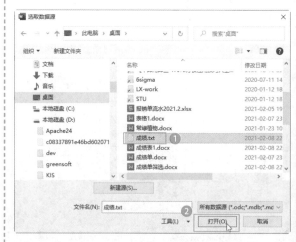

步骤 05 弹出【文件转换-成绩.txt】对话框，保持默认选择，单击【确定】按钮，如下图所示。

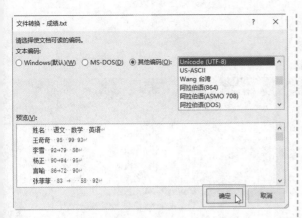

步骤 06　返回【数据库】对话框，单击【表格自动套用格式】按钮，如下图所示。

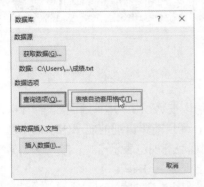

步骤 07　❶弹出【表格自动套用格式】对话框，在【格式】列表框中选择一种表格样式；❷单击【确定】按钮，如下图所示。

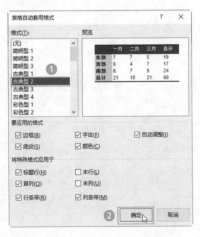

步骤 08　返回【数据库】对话框，单击【插入数据】按钮，如下图所示。

步骤 09　弹出【插入数据】对话框，单击【确定】按钮，如下图所示。

步骤 10　返回文档界面即可看到文本数据转换为表格后的效果，如下图所示。

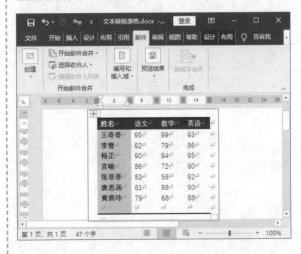

第 6 章
图表与 SmartArt 图形应用技巧

图表和SmartArt图形不但可以在Excel中使用，而且可以在Word中用来处理数据。将Word表格中的数据用图表的形式展示出来，不但能增强视觉效果，而且能更直观地显示出表格中各个数据之间的复杂关系，更易于理解；而SmartArt图形是信息和观点的视觉表示形式，能快速、轻松、有效地传递信息。本章主要针对图表和SmartArt图形的使用技巧进行讲解。

下面来看看以下一些日常办公中常见的问题，你是否会处理或已掌握处理方法。

√ 把一年的各项开支统计在一个表格中，全是数据，看起来头都晕了，能用图形方式直观地看清楚各种费用的占比吗？

√ 创建了一个饼图图表显示各项数据，能把图表样式改为柱形图样式显示吗？

√ 将数据转换为图表显示，虽然能看到各项数据间的差距，但是数值却没有显示，能将各项数据的值也同时显示在图表上吗？

√ 要在文档中列一个会议流程，用项目符号或编号排列看起来太单调枯燥了，有更好的办法吗？

√ 在文档中创建一个SmartArt图形后,如果对图形的布局不满意,可以更换为其他布局样式吗?

……

希望通过本章内容的学习，能帮助你解决以上问题，并学会更多有关Word的使用图表和SmartArt图形处理数据的技巧。

6.1 图表使用技巧

图表是通过图形显示数据的，相对于表格而言，图表能更直观、更形象地表示各个数据之间的关系。本节将介绍图表的操作方法和使用技巧。

221 在 Word 文档中插入图表

适用版本	使用指数
2010、2013、2016、2019	★★★★☆

扫一扫，看视频

使用说明

Word中的图表和Excel中的图表没有差别，可以插入柱形图、条形图、折线图、饼图、面积图以及圆柱图等多种类型的图表，操作十分简单。

解决方法

例如，要在文档中插入一张饼图，具体操作方法如下。

步骤 01 ❶将光标定位到文档中需要插入图表的位置；❷切换到【插入】选项卡；❸在【插图】组中单击【图表】按钮，如下图所示。

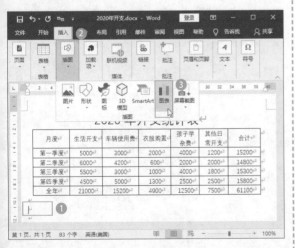

步骤 02 ❶弹出【插入图表】对话框，在左侧列表中选择【饼图】选项；❷在右侧选项组中选择需要的饼图样式；❸单击【确定】按钮，如下图所示。

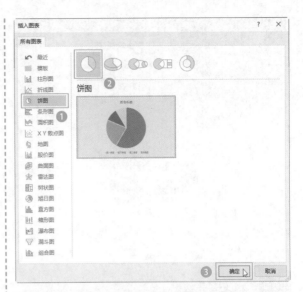

步骤 03 ❶此时将打开Excel模块，并在目标位置显示图表模块，在文档表格中选择要在图表中显示的数据；❷在【开始】选项卡的【剪贴板】组中单击【复制】按钮，如下图所示。

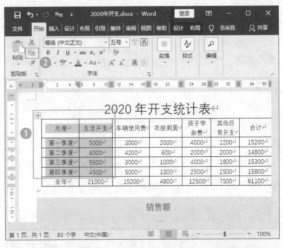

步骤 04 在Excel模块中，按【Ctrl+V】组合键，将Word表格中复制的内容粘贴到表中，如下图所示。

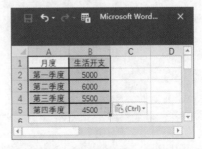

步骤 05 返回Word图表模块即可看到图表中的数据随之发生了变化，如下图所示。

145

222 修改图表数据

扫一扫，看视频

适用版本	使用指数
2010、2013、2016、2019	★★★☆☆

使用说明

创建图表后，如果图表中的数据有所变动，可以修改数据，修改后的数据会同步表现在图表中。

解决方法

例如，将图表中的第三季度的生活开支由【5500】改为【8000】，具体操作方法如下。

步骤 01 ❶选中图表，切换到【图表工具/设计】选项卡；❷在【数据】组中单击【编辑数据】下拉按钮；❸在弹出的下拉列表中选择【编辑数据】选项，如下图所示。

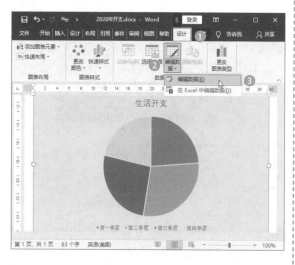

步骤 02 打开Excel模块，将【生活开支】列中要修改的【第三季度】数据选中，如下图所示。

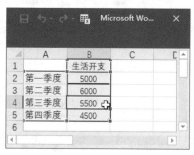

步骤 03 ❶将选中的数据删除，输入数据【8000】；❷单击右上角的【关闭】按钮关闭Excel模块，如下图所示。

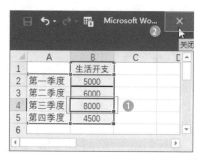

步骤 04 返回文档界面即可看到修改数据后的效果，如下图所示。

223 更改图表布局

扫一扫，看视频

适用版本	使用指数
2010、2013、2016、2019	★★☆☆☆

使用说明

图表布局是指图表的标题、图表样式、数据等在图表中的布局。一般来说，插入的图表都是带有一定布局样式的，如果对现在的布局不满意，可以手动更改图表布局。

解决方法

例如，要更改插入的饼图的布局，具体操作步骤为：❶选中图表，切换到【图表工具/设计】选项卡；❷在【图表布局】组中单击【快速布局】下拉按钮；❸在弹出的下拉列表中选择需要的图表布局方式，如下图所示。

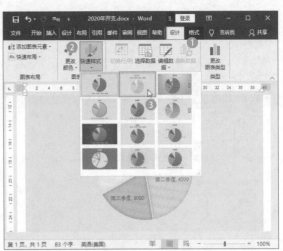

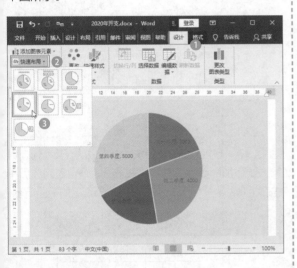

224 更改图表样式

适用版本	使用指数
2010、2013、2016、2019	★★★☆☆

扫一扫，看视频

使用说明

任意插入一种图表，都可以看到图表中字体、颜色以及背景是设置好的，如果对默认的图表样式不满意，可以手动更改图表样式。

解决方法

要更改已有的图表样式，具体操作步骤为：❶选中图表，切换到【图表工具/设计】选项卡；❷在【图表样式】组中单击【快速样式】下拉按钮；❸在弹出的下拉列表中选择需要的图表样式，如下图所示。

225 更改图表类型

适用版本	使用指数
2010、2013、2016、2019	★★★☆☆

扫一扫，看视频

使用说明

Word中可以插入的图表类型有很多，如果对已插入的图表类型不满意，可以将其更改为其他类型。

解决方法

例如，要将插入的【饼图】更改为【柱形图】，具体操作方法如下。

步骤 01 ❶选中图表，切换到【图表工具/设计】选项卡；❷在【类型】组中单击【更改图表类型】按钮，如下图所示。

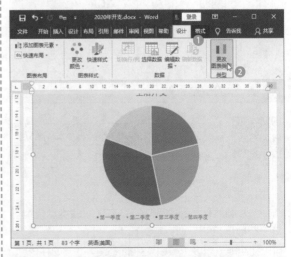

步骤 02 ❶弹出【更改图表类型】对话框，在左侧列表中选择要更换的图表类型；❷在右侧选项组中选

择图表样式；❸单击【确定】按钮，如下图所示。

步骤 03 返回文档界面即可看到图表由饼图更改为柱形图的效果，如下图所示。

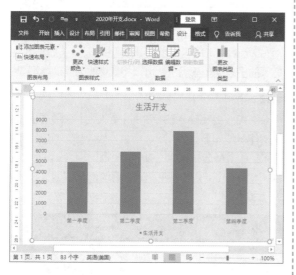

226 添加数据系列

扫一扫，看视频

适用版本	使用指数
2010、2013、2016、2019	★★★☆☆

使用说明

图表虽然有多种类型，但是有些图表类型只能显示一个数据系列，如果要对比两个或多个数据系列，可以使用能显示多个数据系列的图表类型，如柱形图、条形图等，然后添加要对比的数据。

解决方法

例如，要在柱形图表中添加数据系列，具体操作方法如下。

步骤 01 ❶选中图表，切换到【图表工具/设计】选项卡；❷在【数据】组中单击【编辑数据】下拉按钮；❸在弹出的下拉列表中选择【编辑数据】选项，如下图所示。

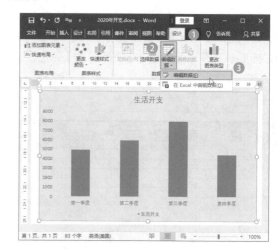

步骤 02 ❶打开Excel模块，在【生活开支】列右侧输入要添加的数据系列的相关数据；❷输入完成后单击右上角的【关闭】按钮关闭Excel模块，如下图所示。

	A	B	C	D	E	F
1		生活开支	车辆使用费	衣服购置	孩子学杂费	其他日常开支
2	第一季度	5000	3000	2000	4000	1200
3	第二季度	6000	4200	600	2000	2000
4	第三季度	8000	3000	1000	4000	1800
5	第四季度	4500	5000	1300	2500	2500
6						

步骤 03 返回文档界面即可看到图表中添加数据系列后的效果，如下图所示。

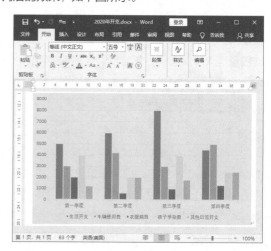

知识拓展

添加数据系列后，如果不再需要某个数据系列，可以在图表中选中该系列，然后按【Delete】键直接将其删除。

227　添加数据标签

适用版本	使用指数
2010、2013、2016、2019	★★★☆☆

扫一扫，看视频

使用说明

一般情况下，可以通过坐标轴从图表上判断数据系列的值的范围，如果想要在图表中清楚地看到具体的数据值，可以通过添加数据标签的方法实现。

解决方法

要在图表中添加数据标签，具体操作方法如下。

步骤 01　❶选中图表，切换到【图表工具/设计】选项卡；❷在【图表布局】组中单击【添加图表元素】下拉按钮；❸在弹出的下拉列表中选择【数据标签】选项；❹在弹出的子菜单中选择数据标签的显示位置，如选择【数据标签外】选项，如下图所示。

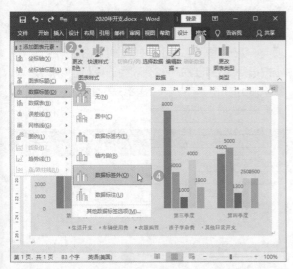

步骤 02　返回图表即可看到添加数据标签的效果，单击某个数据标签，可以选中该系列的所有数据，如下图所示。

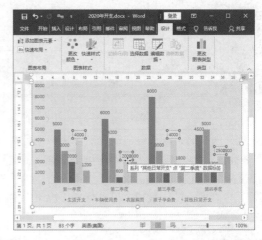

步骤 03　❶如果数据标签与旁边的标签重叠显示，可以单独修改该数据标签的位置，方法是双击该数据标签，单独选中该数据列；❷在右侧的【设置数据标签格式】任务窗格中，选择其他标签位置选项，如下图所示。

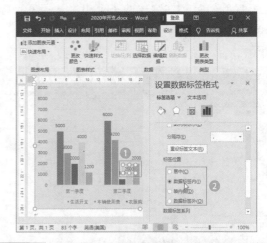

步骤 04　按照第 3 步操作调整其他重叠显示的数据标签，设置完成后的图表效果如下图所示。

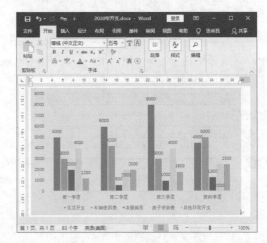

228 添加图表标题

扫一扫，看视频

适用版本	使用指数
2010、2013、2016、2019	★ ★ ★ ☆ ☆

使用说明

创建图表时，默认会自动显示图表标题，并以【图表标题】字样自动命名，用户可以根据需要更改图表的标题名称和位置。此外，当不小心删除图表标题，或者插入的图表样式没有标题，也可以进行添加。

解决方法

例如，要添加图表标题，具体操作方法如下。

步骤 01 ❶选中图表，切换到【图表工具/设计】选项卡；❷在【图表布局】组中单击【添加图表元素】下拉按钮；❸在弹出的下拉列表中选择【图表标题】选项；❹在弹出的子菜单中选择图表标题的显示位置，如选择【图表上方】选项，如下图所示。

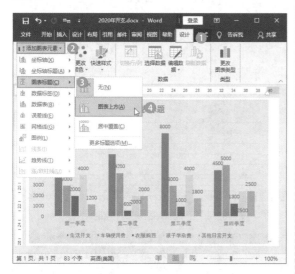

> **知识拓展**
>
> 在弹出的子菜单中选择【更多标题选项】选项，可以在弹出的【设置图表标题格式】任务窗格中设置图表标题区域的边框和颜色等样式。

步骤 02 返回文档界面即可看到添加的图表标题，默认名称【图表标题】，删除默认字符，输入需要的图表标题，如下图所示。

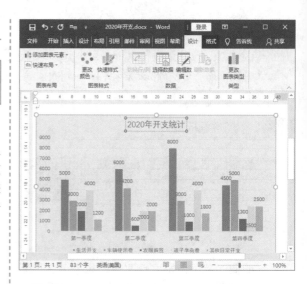

229 在图表中添加趋势线

扫一扫，看视频

适用版本	使用指数
2010、2013、2016、2019	★ ★ ☆ ☆ ☆

使用说明

图表具有强大的数据分析功能，为了直观地判断数据的走势，我们可以在图表中添加一条趋势线。

解决方法

要在图表中添加趋势线，具体操作方法如下。

步骤 01 ❶选中图表，切换到【图表工具/设计】选项卡；❷在【图表布局】组中单击【添加图表元素】下拉按钮；❸在弹出的下拉列表中选择【趋势线】选项；❹在弹出的子菜单中选择趋势线的类型，如选择【移动平均】选项，如下图所示。

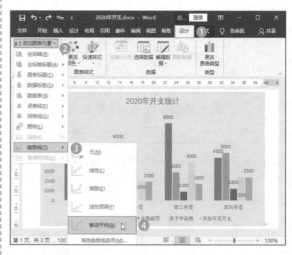

步骤 02 ❶弹出【添加趋势线】对话框，选择要显示趋势线的数据系列；❷单击【确定】按钮，如下图所示。

步骤 03 返回文档界面即可看到图表中添加趋势线的效果，如下图所示。

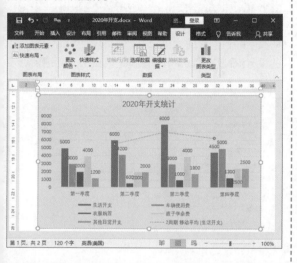

温馨提示

并不是所有的图表类型都能够添加趋势线，如饼图、地图、曲面图、雷达图、树状图、旭日图、直方图、箱型图、瀑布图和漏斗图就不能添加趋势线。

230 如何设置坐标轴

适用版本	使用指数
2010、2013、2016、2019	★★★☆☆

扫一扫，看视频

使用说明

一般情况下，柱形图和条形图等图表中默认会显示两个用于对数据进行度量和分类的坐标轴，即水平轴和垂直轴。

图表默认的坐标轴的值为常规的数据格式，有时

因工作需要，我们需要将坐标轴的值设置为【货币】格式，或者更改默认的坐标轴字体格式让界面变得更加美观，这就需要对坐标轴进行设置。

解决方法

例如，要将图表的垂直坐标轴数值设置为【货币】格式，并对横坐标轴的字体和字号进行设置，具体操作方法如下。

步骤 01 打开文档，双击图表中的垂直坐标轴，如下图所示。

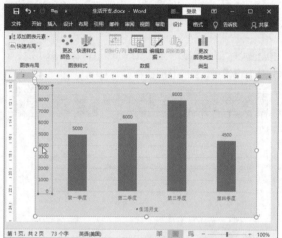

步骤 02 ❶程序界面右侧将显示【设置坐标轴格式】任务窗格，切换到【坐标轴选项】选项卡；❷在【坐标轴选项】子选项卡中展开【坐标轴选项】选项组，在其中对边界的【最大值】和【最小值】，以及坐标轴的【单位】进行设置，如下图所示。

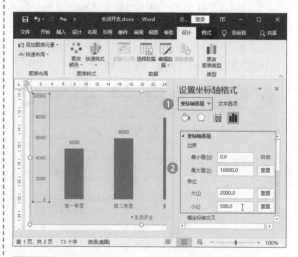

步骤 03 ❶展开下方的【数字】选项组；❷单击【类别】下拉列表框，选择【货币】选项，如下图所示。

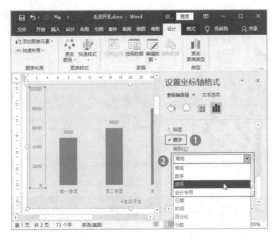

步骤 04 在下方对货币格式的【小数位数】和【符号】进行设置，如下图所示。

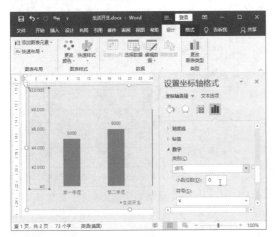

步骤 05 ❶在【设置坐标轴格式】任务窗格中切换到【文本选项】选项卡；❷切换到【文本填充与轮廓】子选项卡；❸选中一种数据的颜色填充方式，如【纯色填充】，单击下方的【颜色】按钮，在弹出的颜色面板中选择需要的数字颜色，如下图所示。

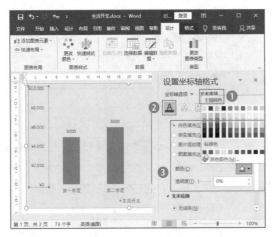

步骤 06 右击横坐标轴，在弹出的快捷菜单中选择【字体】选项，如下图所示。

步骤 07 ❶弹出【字体】对话框，在其中对横坐标中文字的【字体】【大小】以及【字体颜色】等进行相应的设置；❷设置完成后单击【确定】按钮，如下图所示。

步骤 08 返回文档界面即可看到图表设置坐标轴后的效果，如下图所示。

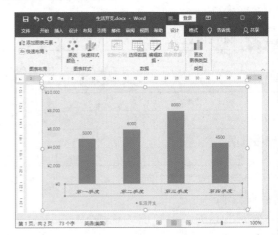

231　如何更改系列背景

适用版本	使用指数
2010、2013、2016、2019	★★☆☆☆

扫一扫，看视频

使用说明

　　插入图表后，数据系列默认自带背景颜色，如果对默认的系列颜色不满意，可以手动进行更改。除了更改图表中某个系列的数据背景，还可以单独对系列中的某个数据的背景进行更改。

解决方法

　　例如，要将数据系列的背景色由纯色改为图案填充，并将系列中最大值的背景设为图片填充，具体操作方法如下。

步骤 01　选中要更改背景色的数据系列，右击，在弹出的快捷菜单中选择【设置数据系列格式】选项，如下图所示。

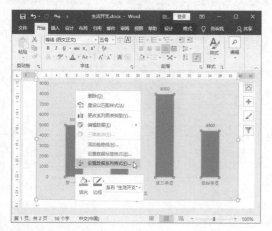

步骤 02　❶右侧窗口将显示【设置数据系列格式】任务窗格，切换到【填充与线条】选项卡；❷选中【图案填充】单选按钮，如下图所示。

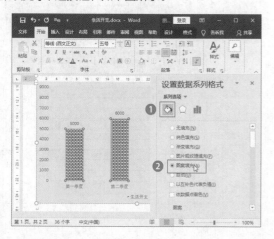

步骤 03　❶在窗格下方选择一种图案样式；❷分别单击【前景】和【背景】选项右侧的下拉按钮，在弹出的颜色面板中对图案的前景色和背景色进行设置，如下图所示。

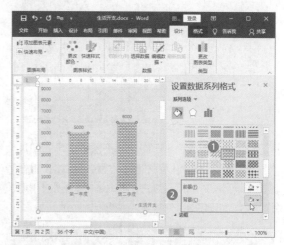

步骤 04　❶双击要单独设置背景色的数据系列；❷在右侧的【设置数据点格式】任务窗格中，选中【图片或纹理填充】单选按钮；❸单击下方的【插入】按钮，如下图所示。

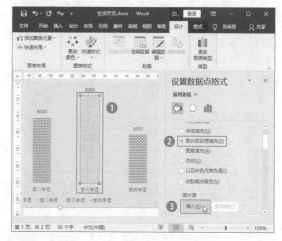

步骤 05　弹出【插入图片】对话框，选择【来自文件】选项，如下图所示。

步骤 06　❶弹出【插入图片】对话框，选中要设为背景的图片文件；❷单击【插入】按钮，如下图所示。

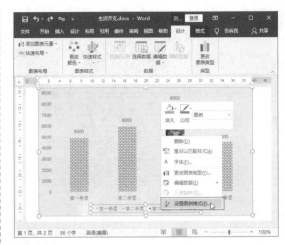

步骤 07 数据系列大小有限，无法按正常的图片大小显示背景，此时可以在右侧【设置数据点格式】任务窗格中设置图片的扩展方式，本例选中【层叠】单选按钮，设置后的数据系列背景效果如下图所示。

步骤 02 窗口右侧将显示【设置图例格式】任务窗格，在【图例选项】选项卡中选择图例的显示位置，如下图所示。

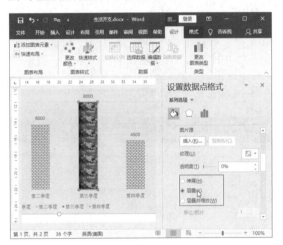

232 设置图例格式

扫一扫，看视频

适用版本	使用指数
2010、2013、2016、2019	★ ★ ☆ ☆ ☆

步骤 03 ❶切换到【填充与线条】子选项卡；❷选中【渐变填充】单选按钮；❸根据需要设置【预设渐变】【类型】和【方向】，如下图所示。

使用说明

图表中的图例一般用来提示用户数据系列的颜色和名称，如果对图表中的图例格式不满意，可以手动更改。

解决方法

例如，要为图表中的图例格式设置渐变填充效果，并为图例设置边框，具体操作方法如下。

步骤 01 右击图表中的图例，在弹出的快捷菜单中选择【设置图例格式】选项，如下图所示。

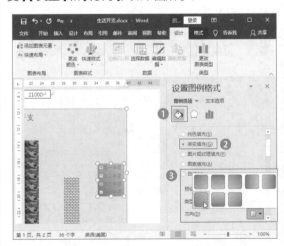

步骤 04　❶拖动滚动条到窗格下方，选中要更改颜色的光圈；❷单击【颜色】下拉按钮；❸在弹出的颜色面板中选择需要的渐变光圈颜色，如下图所示。

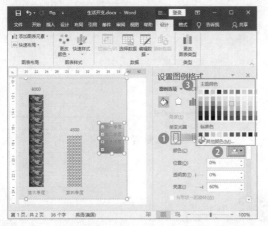

步骤 05　按照第4步操作为其他渐变光圈设置不同的颜色，设置后的效果如下图所示。

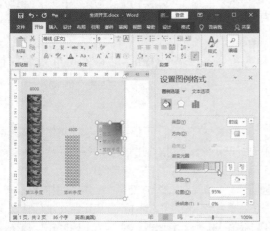

步骤 06　❶拖动滚动条到窗格下方，展开【边框】选项组；❷选择图例的边框线条样式，如【实线】单选按钮，如下图所示。

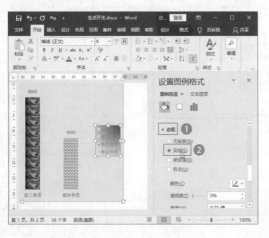

步骤 07　在窗格下方根据需要设置图例边框线条的颜色、宽度和类型等，左侧文档界面将同步显示设置的效果，如下图所示。

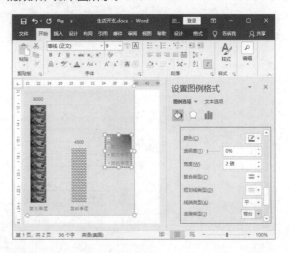

233　为图表添加背景图片

适用版本	使用指数
2010、2013、2016、2019	★★☆☆☆

扫一扫，看视频

使用说明

默认情况下，在文档中插入图表，图表的背景以纯色显示，为了让图表更加美观，可以为图表添加背景图片。

解决方法

要为图表添加背景图片，具体操作方法如下。

步骤 01　选中图表，右击，在弹出的快捷菜单中选择【设置图表区域格式】选项，如下图所示。

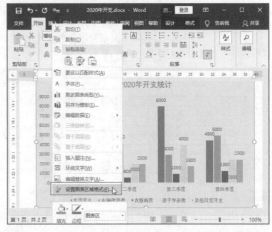

步骤 02　❶程序窗口右侧将显示【设置图表区格式】

任务窗格，在【图表选项】选项卡中切换到【填充与线条】子选项卡；❷在【填充】选项组中选中【图片或纹理填充】单选按钮，如下图所示。

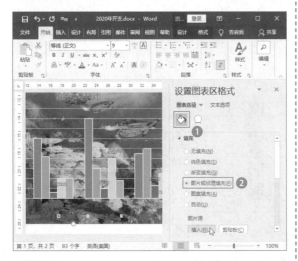

步骤 03 弹出【插入图片】对话框，选择【来自文件】选项，如下图所示。

步骤 04 ❶弹出【插入图片】对话框，选中要设置图表背景的图片文件；❷单击【插入】按钮，如下图所示。

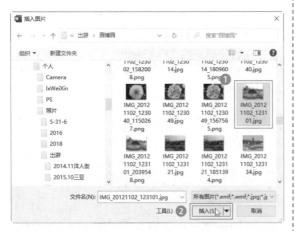

步骤 05 拖动滚动条到窗格下方，设置背景图片的显示透明度，文档窗口中将同步显示图片背景效果，如下图所示。

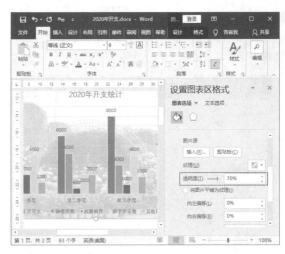

234 快速美化图表

适用版本	使用指数
2010、2013、2016、2019	★★★☆☆

扫一扫，看视频

使用说明

如果觉得分别设置图表中各个元素的格式十分麻烦，可以使用内置的图表样式快速美化图表。

解决方法

使用快速样式时，不仅可以一次性美化整个图表中的所有元素，还可以对图表中的各个元素单独套用内置样式进行美化，具体操作方法如下。

步骤 01 ❶要对图表中的某个元素套用内置样式，以设置垂直坐标轴为例，选中该图表元素，切换到【图表工具/格式】选项卡；❷单击【形状样式】下拉按钮；❸在弹出的下拉列表中选择一种主题样式，如下图所示。

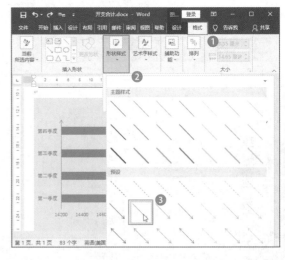

步骤 02 保持垂直坐标值为选中状态，在该选项卡的【艺术字样式】组中，选择坐标轴文字的艺术字样式，如下图所示。

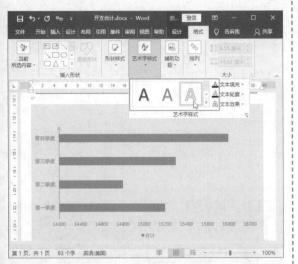

步骤 03 ❶若要一次性套用内置样式，可以切换到【图表工具/设计】选项卡；❷在【图表样式】组中单击【快速样式】下拉按钮；❸在弹出的下拉列表中选择需要的内置样式，如下图所示。

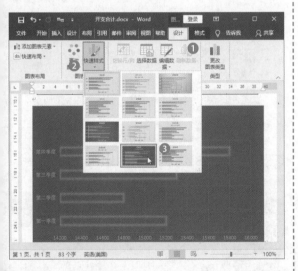

235 创建组合图表

适用版本	使用指数
2010、2013、2016、2019	★★☆☆☆

扫一扫，看视频

使用说明

默认情况下，一个图表中只显示了一种图表类型，为了更直观且形象地表示数据间的关系，可以创建组合图表，在同一个图表中显示多种图表类型。

解决方法

例如，要将柱形图表中的【合计】数据系列改为折线图，具体操作方法如下。

步骤 01 ❶选中图表，切换到【图表工具/设计】选项卡；❷在【类型】组中单击【更改图表类型】按钮，如下图所示。

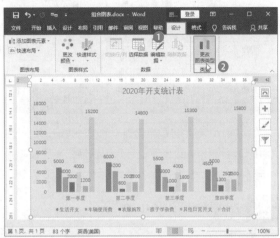

步骤 02 ❶弹出【更改图表类型】对话框，在左侧列表中切换到【组合图】选项卡；❷在右侧列表框中单击【合计】系列名称右侧的下拉列表框；❸在弹出的下拉列表中选择一种折线图样式；❹设置完成后单击【确定】按钮，如下图所示。

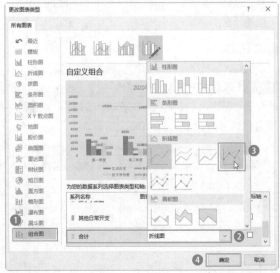

步骤 03 设置完成后，返回文档界面即可看到创建组合图表的效果，如下图所示。

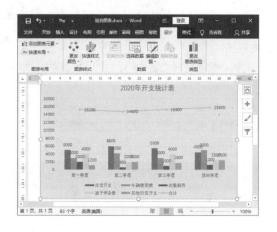

6.2 SmartArt图形应用技巧

SmartArt图形是信息和观点的视觉表示形式，通常用来表示流程、进度等信息，比表格和文字更让人一目了然。

236 快速创建 SmartArt 图形

扫一扫，看视频

适用版本	使用指数
2010、2013、2016、2019	★★★★☆

使用说明

Word 2019提供了多种SmartArt图形，如列表、流程、循环、层次结构以及关系等，不同的形状用于不同的场合。

解决方法

例如，要插入一个流程图，具体操作方法如下。

步骤 01 ❶将光标定位到需要插入SmartArt图形的位置；❷切换到【插入】选项卡；❸在【插图】组中单击【SmartArt】按钮，如下图所示。

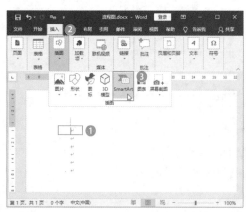

步骤 02 ❶弹出【选择SmartArt图形】对话框，在左侧列表框中选择需要的图形类别，如【流程】选项；❷在中间列表框中选择需要的SmartArt图形；❸单击【确定】按钮，如下图所示。

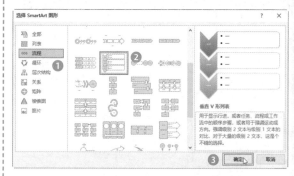

步骤 03 所选样式的SmartArt图形将被插入文档，并在图形中显示【文本】占位符，如下图所示。

步骤 04 单击SmartArt图形中的形状，占位符消失，直接输入文字，如下图所示。

237　如何添加 SmartArt 形状

适用版本	使用指数
2010、2013、2016、2019	★ ★ ★ ☆ ☆

扫一扫，看视频

使用说明

　　在文档中创建SmartArt图形后，如果发现默认的形状个数不够用，可以根据需要随时添加形状。

解决方法

　　要添加SmartArt形状，具体操作方法如下。

步骤 01　❶选中要添加形状位置相邻的图形；❷切换到【SmartArt工具/设计】选项卡；❸在【创建图形】组中单击【添加形状】下拉按钮；❹在弹出的下拉列表中选择添加形状的位置，如下图所示。

步骤 02　在目标位置可以看到添加的形状，如下图所示。

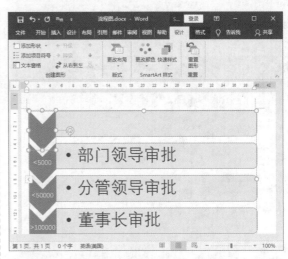

步骤 03　在新添加的形状中输入需要的文本内容，添加形状后的效果如下图所示。

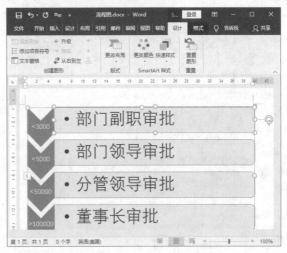

238　更改 SmartArt 图形布局

适用版本	使用指数
2010、2013、2016、2019	★ ★ ★ ☆ ☆

扫一扫，看视频

使用说明

　　创建SmartArt图形之后，如果对布局样式不满意，可以将其更改为同类型的其他布局，也可以更改为其他类型。

解决方法

　　要更改SmartArt图形的布局，具体操作方法如下。

步骤 01　❶选中SmartArt图形，切换到【SmartArt工具/设计】选项卡；❷在【版式】组中单击【更改布局】

下拉按钮；❸在弹出的下拉列表中选择同类型的其他布局方式，如下图所示。

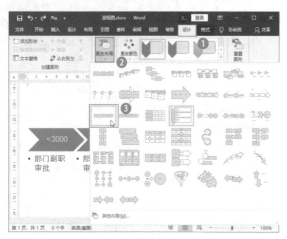

步骤 `02` 如果需要更改为其他类型的布局，可以在下拉列表中选择【其他布局】选项，如下图所示。

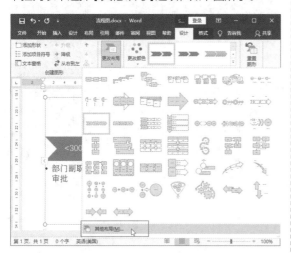

步骤 `03` ❶弹出【选择SmartArt图形】对话框，在左侧列表中选择需要的其他类型；❷在中间的列表框中选择需要的布局样式；❸单击【确定】按钮，如下图所示。

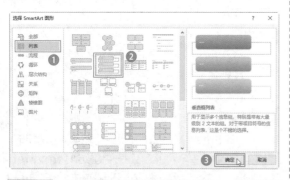

步骤 `04` 返回文档界面即可看到更改SmartArt图形

布局的效果，如下图所示。

239 如何更改 SmartArt 形状

扫一扫，看视频

	适用版本	使用指数
	2010、2013、2016、2019	★ ★ ★ ☆ ☆

使用说明

创建SmartArt图形之后，一个图形中的所有形状都一样，如果希望将图形中的某个或多个形状更改为其他形状样式，可以手动更改。

解决方法

例如，要对SmartArt图形中的某个形状进行更改，具体操作方法如下。

步骤 `01` ❶选中图形中要更改的形状，切换到【SmartArt工具/格式】选项卡；❷在【形状】组中单击【更改形状】下拉按钮；❸在弹出的下拉列表中选择需要的形状，如下图所示。

步骤 02　返回文档界面即可看到更改图形中所选形状的效果，如下图所示。

240　如何删除多余的 SmartArt 形状

适用版本	使用指数
2010、2013、2016、2019	★★★☆☆

扫一扫，看视频

使用说明

　　创建SmartArt图形之后，如果默认布局中的形状过多，可以手动将其删除。

解决方法

　　要删除SmartArt图形中多余的形状，具体操作方法如下。

步骤 01　选中SmartArt图形中要删除的形状，如下图所示。

步骤 02　按【Backspace】键或【Delete】键，所选形状将会自动删除，删除形状后，剩下的形状会自动衔接，如下图所示。

241　水平翻转 SmartArt 图形

适用版本	使用指数
2010、2013、2016、2019	★★☆☆☆

扫一扫，看视频

使用说明

　　创建SmartArt图形之后，如果默认的形状排列不符合浏览习惯，可以将形状进行水平翻转。

解决方法

　　要水平翻转SmartArt图形，具体操作方法如下。

步骤 01　❶选中SmartArt图形，切换到【SmartArt 工具/设计】选项卡；❷在【创建图形】组中单击【从右到左】按钮，如下图所示。

步骤 02 返回文档即可看到将SmartArt图形水平翻转的效果，如下图所示。

步骤 02 返回文档界面即可看到更改主题颜色后的效果，如下图所示。

242 更改 SmartArt 图形的整体颜色

243 更改 SmartArt 图形的整体样式

适用版本	使用指数
2010、2013、2016、2019	★★★☆☆

扫一扫，看视频

适用版本	使用指数
2010、2013、2016、2019	★★★☆☆

扫一扫，看视频

使用说明

创建SmartArt图形之后，如果对图形默认的颜色不满意，可以更改SmartArt图形的整体颜色。

使用说明

Word内置了多种SmartArt图形样式，套用内置样式既可以快速美化文档，也可以提高工作效率。

解决方法

要更改SmartArt图形的整体颜色，具体操作方法如下。

步骤 01 ❶选中SmartArt图形，切换到【SmartArt工具/设计】选项卡；❷在【SmartArt样式】组中单击【更改颜色】下拉按钮；❸在弹出的下拉列表中选择喜欢的主题颜色，如下图所示。

解决方法

要更改SmartArt图形的整体样式，具体操作步骤为：❶选中SmartArt图形，切换到【SmartArt工具/设计】选项卡；❷在【艺术字样式】组中单击【快速样式】下拉按钮，在弹出的下拉列表中选择需要的外观样式，如下图所示。

244　调整 SmartArt 图形的整体大小

适用版本	使用指数
2010、2013、2016、2019	★★★☆☆

扫一扫，看视频

使用说明

在Word文档中创建SmartArt图形时，图形的大小是根据页面大小决定的，如果图形大小不符合需求，可以进行调整。

解决方法

调整SmartArt图形的方法十分简单，具体操作步骤为：首先选中整个SmartArt图形；其次将鼠标指针指向周围的控制点，当鼠标指针变成双向箭头↖时，按住鼠标左键不放，此时鼠标指针变成十字状十，拖动图形可以调整其大小，将图形拖到合适的位置后释放左键，如下图所示。

温馨提示

SmartArt图形没有锁定纵横比例，因此拖动图形时，图形的长宽比例会随着鼠标的拖动而改变，如果希望在拖动SmartArt图形时比例不发生改变，可以在按下【Shift】键后再按下鼠标左键拖动调整图形大小。

245　快速调整单个形状的大小

适用版本	使用指数
2010、2013、2016、2019	★★★☆☆

扫一扫，看视频

使用说明

SmartArt图形是由多个独立的形状组合而成的，拖动鼠标调整的是整个图形的大小。此外，还可以对单个形状进行单独调整。

解决方法

要将SmartArt图形中单个的形状减小或增大，具体操作方法如下。

步骤 01 ❶选中SmartArt图形中要减小的形状；❷切换到【SmartArt工具/格式】选项卡；❸在【形状】组中单击【减小】按钮，可以将选中的形状减小，如下图所示。

步骤 02 ❶选中SmartArt图形中要增大的形状；❷切换到【SmartArt工具/格式】选项卡；❸在【形状】组中单击【增大】按钮，可以将选中的形状增大，如下图所示。

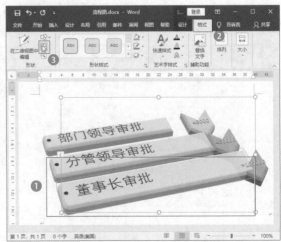

246 升级或降级形状

适用版本	使用指数
2010、2013、2016、2019	★★★☆☆

扫一扫，看视频

使用说明

在SmartArt图形中，使用升级或降级功能可以快速减小或增大图形中文本和形状的级别，提高工作效率。

解决方法

要对SmartArt图形中的形状升级或降级，具体操作方法如下。

步骤 01 ❶选中SmartArt图形中要调整级别的形状；❷切换到【SmartArt工具/设计】选项卡；❸在【创建图形】组中单击【升级】按钮，如下图所示。

步骤 02 返回文档界面即可看到形状升级的效果，保持形状为选中状态，在【创建图形】组中单击【降级】按钮，可以将形状降至上一步的原来状态，如下图所示。

247 将形状在同级别中向前或向后移动

适用版本	使用指数
2010、2013、2016、2019	★★☆☆☆

扫一扫，看视频

使用说明

在SmartArt图形中编辑好文本后，如果需要将同级别的文本调整一下位置，可以通过拖动的方式进行调整，或者通过功能区中的操作按钮实现。

解决方法

要将形状在同级别中向前或向后移动，具体操作方法如下。

步骤 01 选中要调整位置的形状，按住鼠标左键不放，将其拖到合适的位置后释放鼠标，如下图所示。

步骤 02 ❶要通过功能区实现，方法是选中要调整位置的形状；❷切换到【SmartArt工具/设计】选项卡；❸在【创建图形】组中单击【上移所选内容】按钮↑，如下图所示。

步骤 03　❶返回文档界面即可看到所选形状向前移动一个位置的效果，若要向后移动一个位置，可以选中该形状；❷在【创建形状】组中单击【下移所选内容】按钮↓，如下图所示。

248　更改单个形状的外观样式

适用版本	使用指数
2010、2013、2016、2019	★★★☆☆

使用说明

　　前面介绍了更改整个 SmartArt 图形外观样式的方法，此外，还可以更改图形中单个形状的外观样式。

解决方法

　　要更改图形中某个形状的外观样式，具体操作方法如下。

步骤 01　❶选中要更改外观样式的形状；❷切换到【SmartArt 工具/格式】选项卡；❸在【形状样式】组中单击【其他外观样式】下拉按钮，如下图所示。

步骤 02　在弹出的下拉列表中选择需要的主题样式，如下图所示。

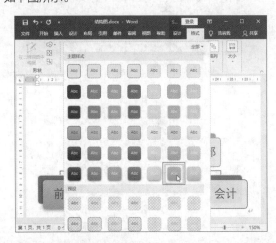

249　更改形状轮廓

适用版本	使用指数
2010、2013、2016、2019	★★★☆☆

使用说明

　　SmartArt 图形为同级别形状的轮廓统一设置了相同的格式，如果要突出显示某个形状，可以为其设置单独的轮廓或形状格式。

解决方法

　　例如，要更改某个形状的填充颜色、轮廓和形状效果，具体操作方法如下。

步骤 01　❶选中要设置的形状，切换到【SmartArt 工具/格式】选项卡；❷在【形状样式】组中单击【形状填充】下拉按钮；❸在弹出的下拉列表中选择需要的形状填充颜色，如下图所示。

步骤 02 ❶保持形状为选中状态，单击【形状轮廓】下拉按钮；❷在弹出的下拉列表中选择需要的形状轮廓的颜色，如下图所示。

步骤 03 ❶保持形状为选中状态，再次单击【形状轮廓】下拉按钮；❷在弹出的下拉列表中选择【粗细】选项；❸在弹出的子菜单中选择形状轮廓的线条粗细，如下图所示。

步骤 04 ❶保持形状为选中状态，再次单击【形状轮廓】下拉按钮；❷在弹出的下拉列表中选择【虚线】选项；❸在弹出的子菜单中选择形状轮廓的线条样式，如下图所示。

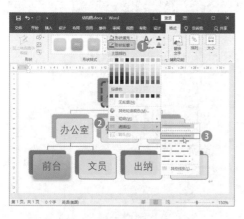

步骤 05 ❶保持形状为选中状态，单击【形状效果】下拉按钮；❷在弹出的下拉列表中选择需要的形状效果选项，如【发光】；❸在弹出的子菜单中选择需要的效果，如下图所示。

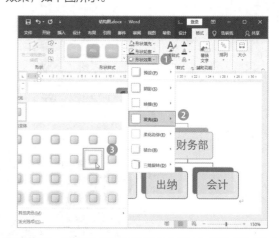

步骤 06 返回文档界面即可看到已为形状设置填充颜色、轮廓和形状效果，如下图所示。

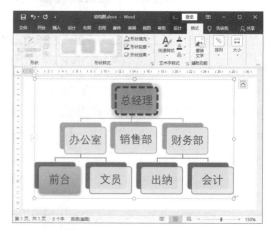

250 设置 SmartArt 图形中的字体样式

扫一扫，看视频

	适用版本	使用指数
	2010、2013、2016、2019	★★★☆☆

使用说明

　　为了让SmartArt图形更加美观，图形中的文本通常以艺术字形式显示，如果对已插入的图形的字体不满意，可以手动更改。

解决方法

　　例如，要对SmartArt图形中字体的填充颜色、轮廓和效果样式进行设置，具体操作方法如下。

步骤〔01〕 ❶选中要设置字体格式的形状，切换到【SmartArt工具/格式】选项卡；❷在【艺术字样式】组中单击【快速样式】下拉按钮；❸在弹出的下拉列表中选择需要的艺术字样式，如下图所示。

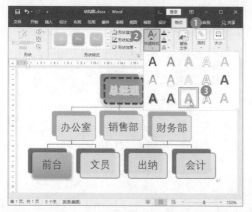

步骤〔02〕 ❶保持形状为选中状态，单击【文本填充】下拉按钮；❷在弹出的下拉列表中选择需要的字体颜色，如下图所示。

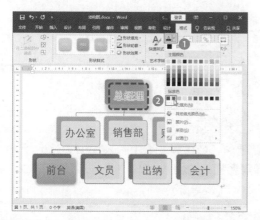

步骤〔03〕 ❶保持形状为选中状态，单击【文本轮廓】下拉按钮；❷在弹出的下拉列表中选择需要的字体轮廓颜色，如下图所示。

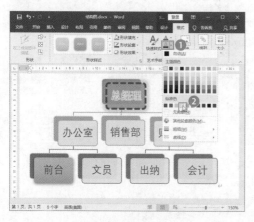

步骤〔04〕 ❶保持形状为选中状态，再次单击【文本轮廓】下拉按钮；❷在弹出的下拉列表中选择【粗细】选项；❸在弹出的子菜单中选择文本轮廓的线条粗细，如下图所示。

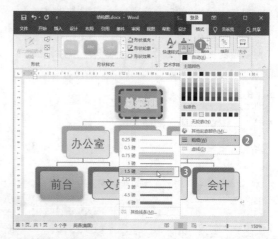

步骤〔05〕 ❶保持形状为选中状态，单击【文本效果】下拉按钮；❷在弹出的下拉列表中选择需要的字体形状效果选项，如【棱台】；❸在弹出的子菜单中选择需要的效果，如下图所示。

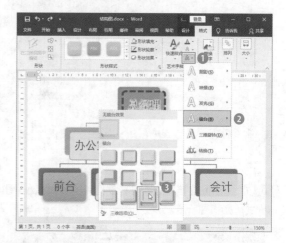

251　在 SmartArt 图形中插入图片

适用版本	使用指数
2010、2013、2016、2019	★★★☆☆

扫一扫，看视频

使用说明

　　SmartArt图形不但可以图形化展示文字，而且可以在图形中插入图片。在SmartArt图形中插入图片后，可以增加文字的说服力，也能起到美化图形的作用。

解决方法

要在SmartArt图形中插入图片,具体操作方法如下。

步骤 01 ❶将光标定位到要插入带图片的SmartArt图形的位置,切换到【插入】选项卡;❷在【插图】组中单击【SmartArt】按钮,如下图所示。

步骤 02 ❶弹出【选择SmartArt图形】对话框,在左侧列表中选择【图片】选项卡;❷在中间的列表框中选择需要的图形样式;❸单击【确定】按钮,如下图所示。

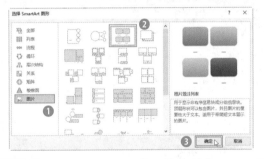

步骤 03 返回文档界面即可看到插入的SmartArt图形样式,如下图所示。

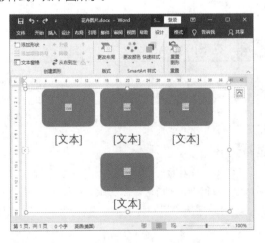

步骤 04 ❶在形状下方输入需要的文本内容;❷单击SmartArt图形形状中的图片图标,如下图所示。

步骤 05 弹出【插入图片】对话框,单击【来自文件】按钮,如下图所示。

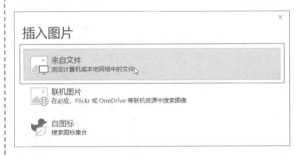

步骤 06 ❶在弹出的【插入图片】对话框中选择需要插入的图片;❷单击【插入】按钮,如下图所示。

步骤 07 返回文档界面即可看到插入图片后的效果,如下图所示。

步骤 08 按照上面的操作继续为其他形状添加图片，完成后的效果如下图所示。

252 设置 SmartArt 图形的文字环绕方式

适用版本	使用指数
2010、2013、2016、2019	★★★☆☆

扫一扫，看视频

使用说明

默认情况下，创建的SmartArt图形都是以嵌入型方式插入文档的，如果有需要，也可以更改SmartArt图形与周围文字的环绕方式。

解决方法

例如，要让文字【紧密型环绕】SmartArt图形，具体操作方法如下。

步骤 01 ❶选中SmartArt图形，切换到【SmartArt

工具/格式】选项卡；❷在【排列】组中单击【位置】下拉按钮；❸在弹出的下拉列表中选择SmartArt图形在文档中的位置，如下图所示。

步骤 02 ❶保持图形为选中状态，在【排列】组中单击【环绕文字】下拉按钮；❷在弹出的下拉列表中选择【紧密型环绕】选项，如下图所示。

253 设置 SmartArt 图形的对齐方式

适用版本	使用指数
2010、2013、2016、2019	★★★☆☆

扫一扫，看视频

使用说明

为SmartArt图形设置文字环绕方式后，如果对图形基于页面的显示位置不满意，可以调整图形的对齐方式。

解决方法

例如，要将SmartArt图形设置为【垂直居中】对齐方式，具体操作方法如下。

步骤 01 ❶选中SmartArt图形，切换到【SmartArt工具/格式】选项卡；❷在【排列】组中单击【对齐】下拉按钮；❸在弹出的下拉列表中选择【垂直居中】对齐方式，如下图所示。

步骤 02 返回文档界面即可看到SmartArt图形基于页面垂直居中对齐的效果，如下图所示。

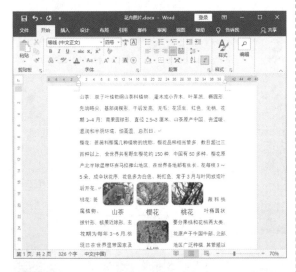

254 还原 SmartArt 图形的默认布局和颜色

扫一扫，看视频

适用版本	使用指数
2010、2013、2016、2019	★★★☆☆

使用说明

为SmartArt图形设置布局、外观和效果后，如果对设置不满意，可以快速将图形还原为创建时的默认布局和颜色，然后再重新设置。

解决方法

要快速还原SmartArt图形的默认布局和颜色，具体操作方法如下。

步骤 01 ❶选中SmartArt图形，切换到【SmartArt工具/设计】选项卡；❷在【重置】组中单击【重置图形】按钮，如下图所示。

步骤 02 返回文档界面即可看到还原为默认布局和颜色的效果，如下图所示。

255 将 SmartArt 图形保存为图形文件

扫一扫，看视频

适用版本	使用指数
2010、2013、2016、2019	★★★☆☆

使用说明

如果希望把SmartArt图形保存为图形文件，直接将文档保存为网页格式即可。

解决方法

要将设置的SmartArt图形保存为图形文件，具体操作方法如下。

步骤 01 在文档界面切换到【文件】选项卡，如下图所示。

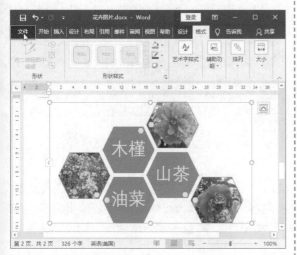

步骤 02 ❶在左侧列表中切换到【另存为】选项卡；❷在右侧界面选择文件的保存位置，如下图所示。

步骤 03 ❶弹出【另存为】对话框，单击【保存类型】下拉列表框，选择【网页（*.htm；*.html）】选项；❷单击【保存】按钮，如下图所示。

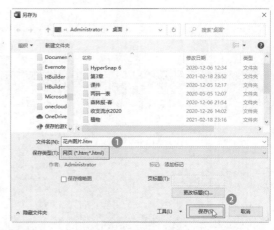

步骤 04 保存完成后，在保存的位置将会看到一个与文件同名的【.files】文件夹和【.htm】网页文件，打开文件夹，可以看到文档中的所有SmatrArt图形被保存为图片格式，如下图所示。

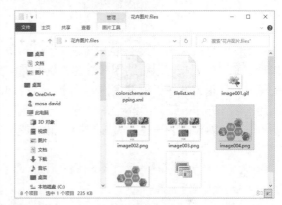

步骤 05 双击任意一个SmartArt图形转换的图片，即可查看图片效果，如下图所示。

第 7 章
Word 目录、题注、脚注与书签应用技巧

制作论文或图书等文档时，少则几十页，多则成百上千页，对于这种长篇文档，目录的用处就体现出来了，目录可以帮助用户快速找到需要的文档内容。此外，编辑过程中可能还需要为文档中的某些段落添加脚注、题注等说明文字，以帮助读者理解内容。本章主要介绍目录、脚注、题注和引用的制作方法，帮助读者更快地编撰长文档。

下面来看看以下一些日常办公中常见的问题，你是否会处理或已掌握处理方法。

√ 文档章节不多时，可以手动编辑目录，若章节较多，手动输入难免会有遗漏，可以通过设置自动生成目录吗？

√ 默认情况下，目录和页码之间用省略号进行连接，可以将前导符更换为其他符号吗？

√ 插入目录后，如果对长文档进行了内容添加或删除操作，导致文中某些章节和页码发生了变化，可以让目录自动更新吗？

√ 如果文档中的图片很多，每次插入图片后添加题注十分麻烦，可以设置自动添加功能让新插入的图片自动添加题注吗？

√ 在文档中添加脚注内容进行注释后，可以更改脚注的编号样式吗？

√ 如何在文档中插入书签？可以使用书签功能快速找到内容的所在位置吗？

……

希望通过本章内容的学习，能帮助你解决以上问题，并学会更多有关Word的长文档的处理技巧。

7.1 目录制作应用技巧

在长文档中要找到需要的内容，如果不清楚内容的大概页码，手动翻页逐个查找十分麻烦。通过设置目录，可以快速找到各个章节所在的页码范围，方便用户快速查找，提高工作效率。

256 如何快速插入目录

适用版本	使用指数
2010、2013、2016、2019	★★★★☆

扫一扫，看视频

使用说明

Word中可以手动制作目录，但是此种方法容易发生错漏，使用自动生成目录功能可以快速提取文档中的章节。自动提取目录的前提是需要为文档中的标题设置标题1、标题2等样式，这样才能让Word自动为不同级别的标题生成不同层次结构的目录。

解决方法

要为长文档自动提取目录，具体操作方法如下。

步骤 01 ❶打开文档，将光标定位到要设置标题样式的段落，切换到【开始】选项卡；❷单击【样式】下拉按钮；❸在弹出的下拉列表中选择标题样式，如下图所示。

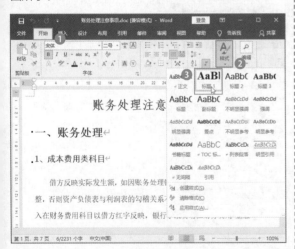

步骤 02 ❶按照第1步操作为其他标题设置样式，设置好后切换到【引用】选项卡；❷在【目录】组中单击【目录】下拉按钮；❸在弹出的下拉列表中选择一种自动目录样式，如下图所示。

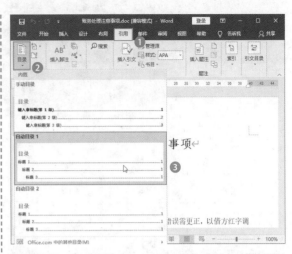

步骤 03 返回文档界面即可看到自动提取章节目录的效果，如下图所示。

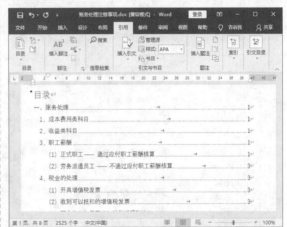

257 怎样提取更多级别的目录

适用版本	使用指数
2010、2013、2016、2019	★★★☆☆

扫一扫，看视频

使用说明

使用Word内置的目录样式提取文档目录时，默认只提取3个级别的标题，即标题1、标题2和标题3。实际工作中，可能会需要提取更多级别的目录，此时可以通过下面的操作实现。

解决方法

例如，要提取文档中4个级别的目录，具体操作方法如下。

步骤 01 ❶切换到【引用】选项卡；❷在【目录】组中单击【目录】下拉按钮；❸在弹出的下拉列表中选择

【自定义目录】选项，如下图所示。

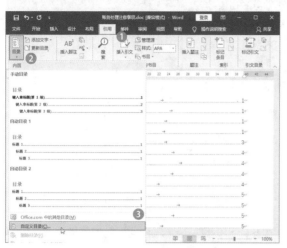

步骤 02 ❶弹出【目录】对话框，并自动切换到【目录】选项卡，在【常规】选项组的【显示级别】微调框中设置好要显示的目录级别；❷单击【确定】按钮。

步骤 03 如果没有在文档中提取过目录，文档会自动显示所选级别的目录，因为本例是在已有目录基础上进行设置，此时将弹出提示对话框提示用户是否替换目录，单击【是】按钮，如下图所示。

258 修改目录的字体格式

扫一扫，看视频

	适用版本	使用指数
	2010、2013、2016、2019	★ ★ ★ ☆ ☆

使用说明

在 Word 2019 中，目录字体默认以【黑色】【11 磅】的【等线】字体显示，如果对目录字体格式不满意，可以手动更改各个目录的字体格式。

解决方法

要为各个标题设置不同的字体格式，具体操作方法如下。

步骤 01 ❶切换到【引用】选项卡；❷在【目录】组中单击【目录】下拉按钮；❸在弹出的下拉列表中选择【自定义目录】选项，如下图所示。

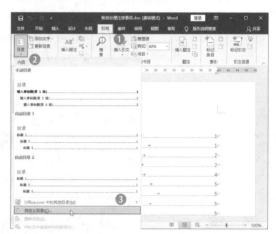

步骤 02 弹出【目录】对话框，单击【修改】按钮，如下图所示。

温馨提示

在【目录】对话框的【目录】选项卡中，【打印预览】选项组可以查看目录、前导符和页码的字体格式。

步骤 03 ❶弹出【样式】对话框，选中要设置字体格式的标题选项；❷单击【修改】按钮，如下图所示。

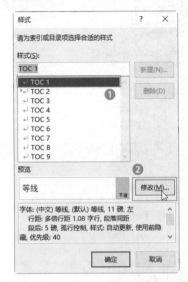

步骤 04 ❶弹出【修改样式】对话框，根据需要设置文本的字体、字号和字体颜色；❷设置完成后单击【确定】按钮，如下图所示。

步骤 05 按照前面的操作继续为其他标题设置字体

格式，设置完成后，在【样式】对话框中单击【确定】按钮，如下图所示。

步骤 06 返回【目录】对话框，在【打印预览】选项组中可以看到设置后的标题字体效果，单击【确定】按钮，如下图所示。

步骤 07 在弹出的提示对话框中单击【确定】按钮，替换原有的目录格式，如下图所示。

步骤 08 返回文档界面即可看到更改目录标题字体

格式后的效果，如下图所示。

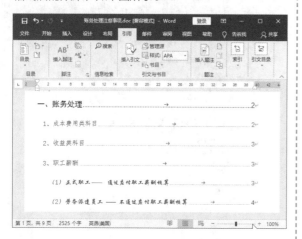

259 修改目录的前导符样式

扫一扫，看视频

适用版本	使用指数
2010、2013、2016、2019	★★★☆☆

使用说明

　　默认情况下，连接目录和页码之间的前导符使用的是靠下的省略号样式，如果想让目录看起来更有个性，可以更改前导符样式。

解决方法

　　要更改目录的前导符样式，具体操作方法如下。

步骤 01　❶切换到【引用】选项卡；❷在【目录】组中单击【目录】下拉按钮；❸在弹出的下拉列表中选择【自定义目录】选项，如下图所示。

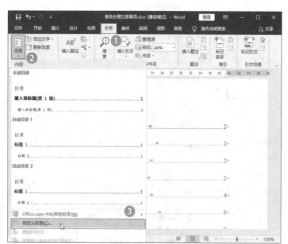

步骤 02　❶弹出【目录】对话框，单击【制表符前导符】下拉列表框，选择需要的前导符样式；❷单击【确

定】按钮，如下图所示。

步骤 03　在弹出的提示对话框中单击【是】按钮替换当前目录样式，如下图所示。

步骤 04　返回文档界面即可看到更改前导符样式后的目录效果，如下图所示。

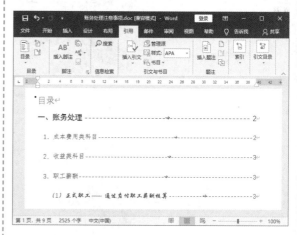

260 根据样式提取目录

扫一扫，看视频

适用版本	使用指数
2010、2013、2016、2019	★★☆☆☆

使用说明

　　一般来说，提取目录通常是根据大纲级别提取的，此外，还可以通过样式提取目录，以及自定义设置提取的目录级别。

解决方法

例如，要只提取【标题2】和【标题3】样式，具体操作方法如下。

步骤 01　❶切换到【引用】选项卡；❷在【目录】组中单击【目录】下拉按钮；❸在弹出的下拉列表中选择【自定义目录】选项，如下图所示。

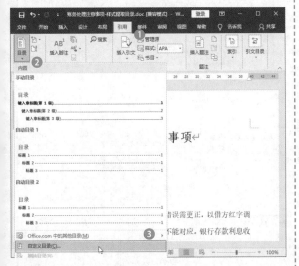

步骤 02　弹出【目录】对话框，单击【选项】按钮，如下图所示。

步骤 03　❶弹出【目录选项】对话框，勾选【样式】复选框；❷在【目录级别】文本框中，将不提取的目录样式后面的文本框中保持空白，在【标题2】和【标题3】后面的文本框中分别输入级别【1】和【2】；❸单击【确定】按钮，如下图所示。

步骤 04　在返回的【目录】对话框中单击【确定】按钮，如下图所示。

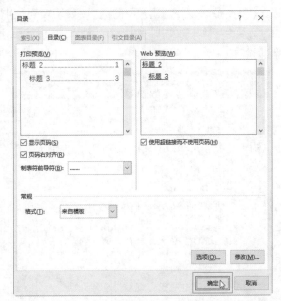

步骤 05　返回文档界面即可看到只提取【标题2】和【标题3】样式的目录效果，如下图所示。

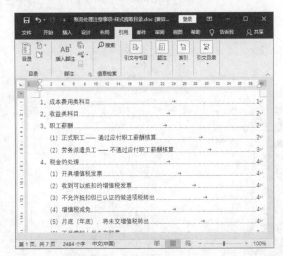

261 手动添加索引项

适用版本	使用指数
2010、2013、2016、2019	★★☆☆☆

扫一扫，看视频

使用说明

对于许多专业性较强的长文档，文档末尾通常会包含一个索引目录，列出文档中重要词条在文档中显要的位置，以便读者快速查找。在提取索引目录之前，首先要创建索引项。

解决方法

要在文档中手动添加索引项，具体操作方法如下。

步骤 01 ❶选中要创建索引的词语；❷切换到【引用】选项卡；❸在【索引】组中单击【插入索引】按钮，如下图所示。

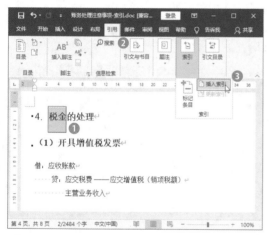

步骤 02 弹出【索引】对话框，单击【标记索引项】按钮，如下图所示。

步骤 03 ❶弹出【标记索引项】对话框，所选的词语将自动出现在【主索引项】文本框中，单击【标记全部】按钮；❷单击【关闭】按钮关闭对话框。

步骤 04 标记索引项后，索引文字后方会插入以【XE】开头的索引标记，并用大括号【{}】将索引标记和文字括起来，如下图所示。

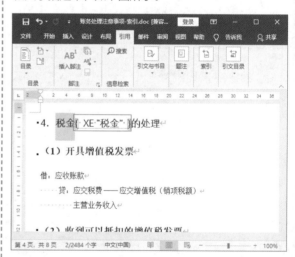

262 创建多级索引

适用版本	使用指数
2010、2013、2016、2019	★★☆☆☆

扫一扫，看视频

使用说明

创建目录时可以提取多级别的目录，索引也可以，如果需要创建多级索引，需要设置主索引项和次索引项。

解决方法

要在文档中创建多级索引，具体操作方法如下。

步骤 01 ❶在文档中选中要设置的低级别索引词语；❷切换到【引用】选项卡；❸在【索引】组中单击【标记条目】按钮，如下图所示。

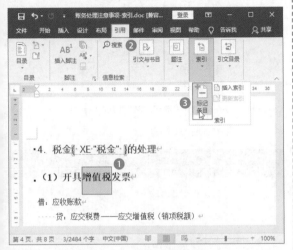

步骤 02 ❶弹出【标记索引项】对话框，在【主索引项】文本框中输入主索引项词语；❷在【次索引项】文本框中输入刚才选中的词语；❸单击【标记全部】按钮，如下图所示。

步骤 03 返回文档界面即可看到次索引项文字后方插入索引标记后，将同时显示主索引项和次索引项词语，且词语之间用英文半角冒号隔开，如下图所示。

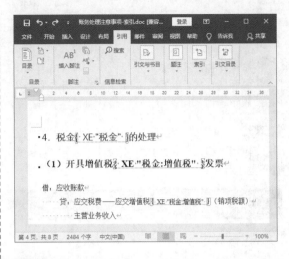

263 插入自动索引

适用版本	使用指数
2010、2013、2016、2019	★★☆☆☆

扫一扫，看视频

使用说明

当文档篇幅较长时，如果要标记的索引词条很多，逐个地手动标记十分麻烦，若是要创建多级索引，那花费的时间就更多了。

此时，可以创建一个自动标记索引文档，在文档中创建一个表格，将多级索引中涉及的词条依次录入表格，然后让文档自动标记索引。

解决方法

要在文档中插入自动索引项，具体操作方法如下。

步骤 01 新建一个名为【自动索引】的文档，在文档中创建一个表格，将多级索引中要涉及的各个词条依次录入表格，如下图所示。

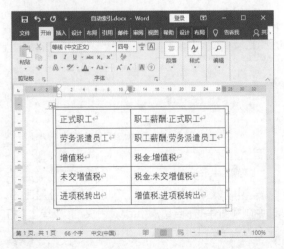

知识拓展

在【自动索引】文档中创建的表格分两列，其中表格左列为要出现在索引中的词条，表格右列放置多级索引中的词条，且主索引项和次索引项之间用英文半角冒号隔开。

步骤 02 ❶在要设置自动索引的文档中切换到【引用】选项卡；❷在【索引】组中单击【插入索引】按钮，如下图所示。

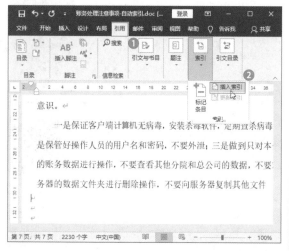

步骤 03 弹出【索引】对话框，单击【自动标记】按钮，如下图所示。

步骤 04 ❶弹出【打开索引自动标记文件】对话框，选中刚才创建的【自动索引.docx】文档；❷单击【打开】按钮，如下图所示。

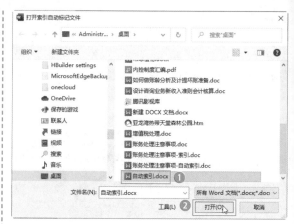

步骤 05 返回文档界面即可看到成功自动索引的效果，如下图所示。

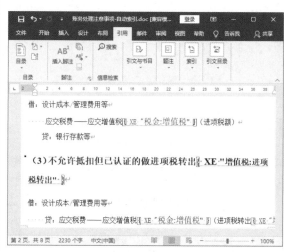

264 插入索引目录

扫一扫，看视频

适用版本	使用指数
2010、2013、2016、2019	★★★☆☆

使用说明

创建索引的任务是为了将文档中要出现在索引中的词语标记出来，然后Word才能识别哪些是索引内容并生成索引目录。

解决方法

例如，要在文档末尾插入索引目录，具体操作方法如下。

步骤 01 ❶将光标定位到需要插入索引目录的位置；❷切换到【引用】选项卡；❸在【索引】组中单击【插入索引】按钮，如下图所示。

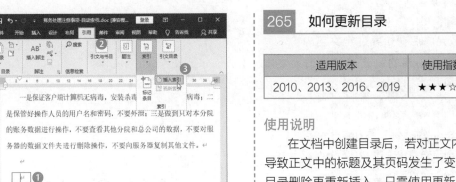

步骤 02　❶弹出【索引】对话框，在对话框右侧设置索引目录的版式和排序依据；❷勾选【页码右对齐】复选框；❸单击【制表符前导符】下拉列表框，选择合适的索引目录前导符样式；❹单击【确定】按钮，如下图所示。

步骤 03　返回文档界面即可看到添加索引目录后的效果，如下图所示。

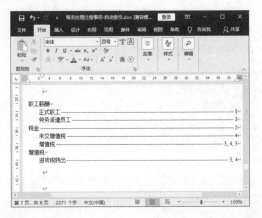

265　如何更新目录

适用版本	使用指数
2010、2013、2016、2019	★★★☆☆

扫一扫，看视频

使用说明

在文档中创建目录后，若对正文内容进行了修改，导致正文中的标题及其页码发生了变动，此时不必将目录删除再重新插入，只需使用更新目录功能即可快速更新目录。

解决方法

要更新文档目录，具体操作方法如下。

步骤 01　❶在要更新目录的文档中，切换到【引用】选项卡；❷在【目录】组中单击【更新目录】按钮，如下图所示。

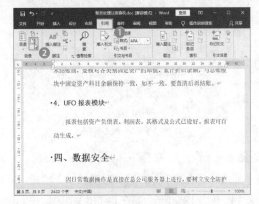

步骤 02　❶弹出【更新目录】对话框，选中【更新整个目录】单选按钮；❷单击【确定】按钮，如下图所示。

> **知识拓展**
>
> 默认情况下，目录是以链接的形式插入文档的，按住【Ctrl】键不放，然后单击某条目录项，即可快速访问目标位置。

266　将目录转换为文本

适用版本	使用指数
2010、2013、2016、2019	★★☆☆☆

扫一扫，看视频

使用说明

当文档编辑完成后，如果确定文档内容不再有所变动，可以将创建的目录转换为普通文本显示。

解决方法

要将目录转换为普通文本，具体操作方法如下。

步骤 01 选中创建的目录，按【Ctrl+Shift+F9】组合键，如下图所示。

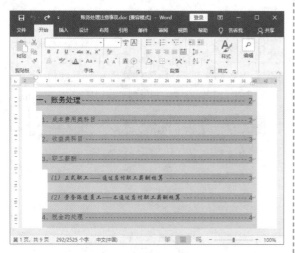

步骤 02 ❶此时，文档中的目录将由超链接转换为带下划线的普通文本，如果不需要显示下划线，可以切换到【开始】选项卡；❷在【字体】组中单击【下划线】下拉按钮；❸在弹出的下拉列表中选择【无】选项，如下图所示。

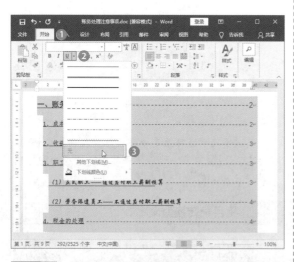

步骤 03 返回文档界面即可看到目录由超链接转换为普通文本的效果，如下图所示。

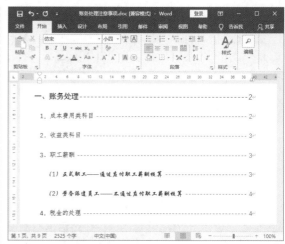

温馨提示

将目录转换为普通文本后，如果对文档的标题及其对应的页码进行了修改，就不能使用更新目录功能自动更新目录了，只能手动修改目录或重新插入目录。

7.2 题注应用技巧

在文档中插入图片或表格后，通常会要求在下方填写编号以及说明性文字，方便读者更容易理解，这些说明性文字称为题注。本节将主要介绍题注、书目的使用技巧。

267 为图片插入题注

扫一扫，看视频

适用版本	使用指数
2010、2013、2016、2019	★★★★☆

使用说明

题注内容有三部分，即题注标签、流水号和说明性文字。在实际工作中，可以只插入标签和流水号，也可以选择输入全部题注内容。

温馨提示

以【图1桃花】为例，其中【图】为题注标签，【1】为流水号，【桃花】为说明性文字。

解决方法

例如，要插入包含标签和流水号的题注，具体操作方法如下。

步骤 01 ❶选中要添加题注的图片；❷切换到【引用】选项卡；❸在【题注】组中单击【插入题注】按钮，如下图所示。

步骤 02 弹出【题注】对话框，单击【新建标签】按钮，如下图所示。

步骤 03 ❶弹出【新建标签】对话框，在【标签】文本框中输入图片的标签内容；❷单击【确定】按钮，如下图所示。

步骤 04 ❶返回【题注】对话框，在【标签】下拉列表中选择刚才设置的标签内容；❷在【位置】下拉列表中选择题注的显示位置；❸单击【确定】按钮，如下图所示。

步骤 05 返回文档界面即可看到为图片添加题注的效果，如下图所示。

268 为表格添加题注

适用版本	使用指数
2010、2013、2016、2019	★★★★☆

扫一扫，看视频

使用说明

在Word中不但可以为图片添加题注，而且可以为表格添加题注，方便用户查找。

解决方法

要为文档中的表格添加题注，具体操作方法如下。

步骤 01 ❶选中要添加题注的表格；❷切换到【引用】选项卡；❸在【题注】组中单击【插入题注】按钮，如下图所示。

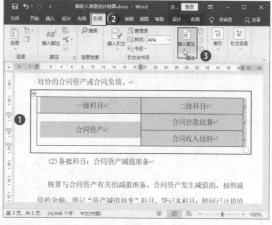

步骤 02 弹出【题注】对话框，单击【新建标签】按钮，如下图所示。

步骤 03 ❶弹出【新建标签】对话框，在【标签】文本框中输入表格的标签内容；❷单击【确定】按钮，如下图所示。

步骤 04 ❶返回【题注】对话框，在【标签】下拉列表中选择刚才设置的标签内容；❷在【位置】下拉列表中选择题注的显示位置；❸单击【确定】按钮，如下图所示。

步骤 05 ❶返回文档，在【开始】选项卡的【字体】组中设置图表题注的字体、字号和字体颜色；❷在【段落】组中设置题注的对齐方式，完成后的图表题注效果如下图所示。

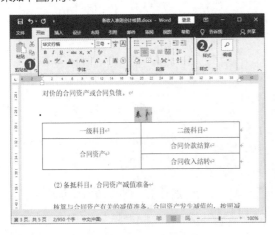

---

269 如何添加包含章节编号的题注

扫一扫，看视频

适用版本	使用指数
2010、2013、2016、2019	★★★☆☆

使用说明

如果文档中有很多章节，而且每章的图片都很多，为了加以区分，可以添加包含章节编号的题注，前提是需要为文档标题设置自动编号样式。

以【图1.2.5】为例，【图】为题注标签，【1】表示章编号，【2】表示小节编号，【5】表示图片或表格在文档中的流水号。

解决方法

要在文档中添加包含章节编号的题注，具体操作方法如下。

步骤 01 ❶为文档标题设置自动编号样式，方法是选中文本或将光标定位到要设置自动编号的段落，在【开始】选项卡【段落】组中单击【编号】下拉按钮；❷在弹出的下拉列表中选择需要的自动编号样式，如下图所示。

步骤 02 ❶选中要添加包含章节编号题注的图片；❷切换到【引用】选项卡；❸在【题注】组中单击【插入题注】按钮，如下图所示。

步骤 03　弹出【题注】对话框，单击【编号】按钮，如下图所示。

步骤 04　❶弹出【题注编号】对话框，单击【格式】下拉列表框，选中需要的编号格式；❷勾选【包含章节号】复选框；❸单击【使用分隔符】下拉列表框，选择分隔符样式外观；❹单击【确定】按钮，如下图所示。

步骤 05　返回【题注】对话框，单击【新建标签】按钮，如下图所示。

步骤 06　❶弹出【新建标签】对话框，在【标签】文本框中输入包含章节编号的标签样式，如【图1.1.】；❷单击【确定】按钮，如下图所示。

步骤 07　❶返回【题注】对话框，选择刚才设置的标签内容；❷设置好标签的显示位置；❸单击【确定】按钮，如下图所示。

步骤 08　返回文档界面，在所选图片下方将会看到添加的包含章节编号的题注效果，如下图所示。

270　修改已有的题注样式

适用版本	使用指数
2010、2013、2016、2019	★★★☆☆

使用说明

　　添加题注后，如果对题注内容的字体和段落格式不满意，可以手动修改。

解决方法

　　要对插入的题注样式进行修改，具体操作方法如下。

步骤 01　❶在文档中切换到【开始】选项卡；❷单击【样式】组右下角的展开按钮 ，如下图所示。

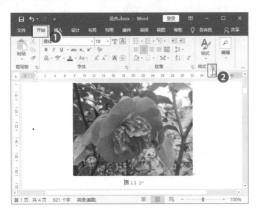

步骤 02　❶程序窗口右侧将显示【样式】任务窗格，右击【题注】样式；❷在弹出的快捷菜单中选择【修改】选项，如下图所示。

步骤 03　❶弹出【修改样式】对话框，根据需要设置题注内容的字体和段落格式；❷设置完成后单击【确定】按钮，如下图所示。

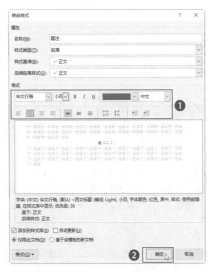

步骤 04　返回文档界面即可看到修改题注样式后的效果，如下图所示。

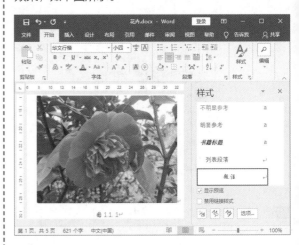

271　自动插入题注

扫一扫，看视频

适用版本	使用指数
2010、2013、2016、2019	★★★☆☆

使用说明

　　使用插入题注功能只能一次性插入一个题注，如果文档中要插入的图片很多，可以使用自动插入题注功能提高工作效率。

解决方法

　　要使用自动插入题注功能，具体操作方法如下。

步骤 01　❶在文档中切换到【引用】选项卡；❷在【题注】组中单击【插入题注】按钮，如下图所示。

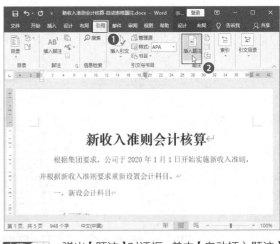

步骤 02　弹出【题注】对话框，单击【自动插入题注】按钮，如下图所示。

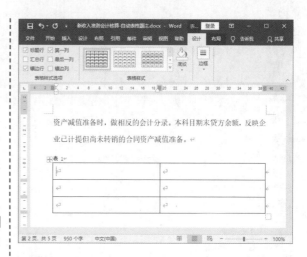

步骤 03 ❶弹出【自动插入题注】对话框，在【插入时添加题注】列表框中勾选【Microsoft Word表格】复选框；❷在【选项】选项组中选择标签内容和题注的显示位置；❸单击【确定】按钮，如下图所示。

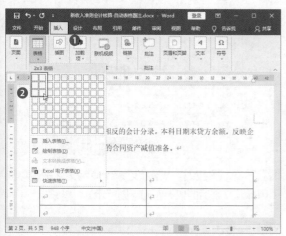

步骤 04 ❶返回文档，将光标定位到要插入表格的位置，切换到【插入】选项卡；❷在【表格】组中根据需要插入表格，如下图所示。

步骤 05 插入的表格上方即可看到自动插入题注的效果，如下图所示。

272 如何提取题注目录

适用版本	使用指数
2010、2013、2016、2019	★★★☆☆

扫一扫，看视频

使用说明

题注目录的功能与索引目录的功能类似，是为了方便用户快速找到需要的图片的位置，插入题注后，就可以提取题注目录了。

解决方法

要在文档中提取题注目录，具体操作方法如下。

步骤 01 ❶将光标定位到要插入题注目录的位置；❷切换到【引用】选项卡；❸在【题注】组中单击【插入表目录】按钮，如下图所示。

步骤 02 ❶弹出【图表目录】对话框，设置题注目录的前导符样式和标签内容；❷单击【确定】按钮，如下图所示。

步骤 03 返回文档界面即可看到插入题注目录后的效果，如下图所示。

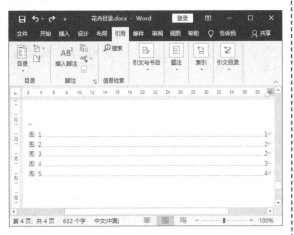

273 设置交叉引用

适用版本	使用指数
2010、2013、2016、2019	★★☆☆☆

扫一扫，看视频

使用说明

　　在编辑文档时，如果需要引用文档中其他位置的内容，会写上【详见……】之类的文字，我们将其称为【引用文字】，而文字指向的文字称为【源文字】，其中省略号处可以用编号描述，也可以直接引用标题文字。

解决方法

　　例如，要使用交叉引用功能并引用标题文字，具体操作方法如下。

步骤 01 ❶在文档中需要添加引用内容的地方，输入除引用内容外的其他固定内容，如【(详见)】，并将光标定位到【见】字后面；❷切换到【插入】选项卡；❸在【链接】组中单击【交叉引用】按钮，如下图所示。

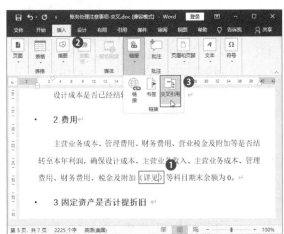

步骤 02 ❶弹出【交叉引用】对话框，在【引用类型】下拉列表中选择【标题】；❷在【引用内容】下拉列表中选择【标题文字】；❸在下方的列表框中选择要引用的标题；❹单击【插入】按钮；❺单击【关闭】按钮关闭该对话框，如下图所示。

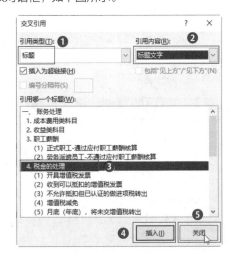

步骤 03 返回文档界面即可看到使用交叉引用功能引用标题文字后的效果，如下图所示。

> **知识拓展**
> 　　如果源文字发生变化，右击引用文字，在弹出的快捷菜单中选择【更新域】选项可以快速更新变化；

选中整篇文档，按【F9】键可以对文档中的所有引用进行更新。

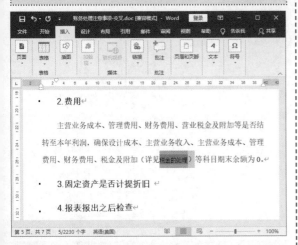

274　添加并插入书目

适用版本	使用指数
2010、2013、2016、2019	★★☆☆☆

扫一扫，看视频

使用说明

如果文档中引用了其他书籍或资料中的内容，为了表示尊重，通常会在文档末尾插入书目标明出处。

解决方法

例如，要添加一条书目，并将其插入文档，具体操作方法如下。

步骤 01　❶切换到【引用】选项卡；❷在【引文与书目】组中单击【插入引文】下拉按钮；❸在弹出的下拉列表中选择【添加新源】选项，如下图所示。

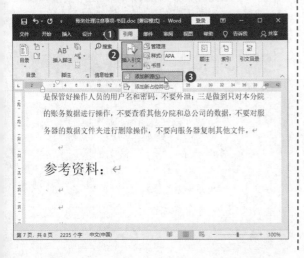

步骤 02　❶弹出【创建源】对话框，根据实际情况输入标题和年份等信息；❷单击【确定】按钮，如下图所示。

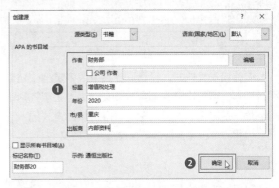

步骤 03　❶返回文档界面即可看到添加书目的简要信息自动填入文档，若对数目样式不满意，可以在【引文与书目】组中单击【书目】下拉按钮；❷在弹出的下拉列表中选择需要的书目样式，如下图所示。

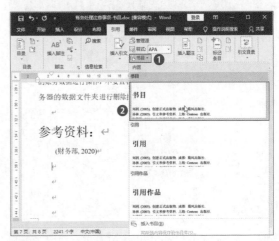

步骤 04　返回文档界面即可看到插入内置书目样式后的效果，如下图所示。

275　使用超链接功能

适用版本	使用指数
2010、2013、2016、2019	★★★☆☆

扫一扫，看视频

使用说明

　　在编辑长文档时，经常需要参考很多其他文档或图片资料，若每次查阅都要打开文件夹再去查找则十分麻烦，此时可以将常用的资料以链接的方式插入文档，使用时单击该链接即可快速打开资料文件。

解决方法

　　例如，要使用超链接功能打开资料文件，具体操作方法如下。

步骤 01　❶选中要设为超链接的文本；❷切换到【插入】选项卡；❸在【链接】组中单击【链接】按钮，如下图所示。

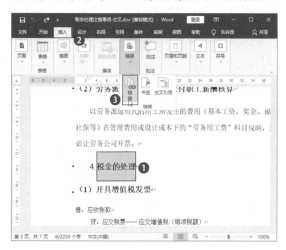

步骤 02　❶弹出【插入超链接】对话框，在【查找范围】下拉列表中选择要设为超链接的文档所在的位置；❷选中要设为超链接的文档；❸单击【确定】按钮，如下图所示。

步骤 03　返回文档界面即可看到链接文字变为带下

划线的蓝色字体，如下图所示，此时按【Ctrl】键后单击链接文字，即可快速打开链接的文档。

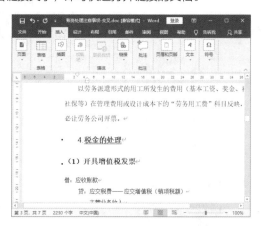

7.3　脚注及尾注应用技巧

　　在一些专业性较强的文档中，可以为重要词语添加脚注或尾注进行注释，从而让读者更容易理解。

276　在文档中插入脚注

适用版本	使用指数
2010、2013、2016、2019	★★★☆☆

扫一扫，看视频

使用说明

　　脚注通常显示在Word文档的底端，在哪一页插入脚注，其脚注内容就显示在哪一页的页面底端。

解决方法

　　要为文档中的词语添加脚注，具体操作方法如下。

步骤 01　❶将光标定位到Word文档中要插入脚注的位置；❷切换到【引用】选项卡；❸在【脚注】组中单击【插入脚注】按钮，如下图所示。

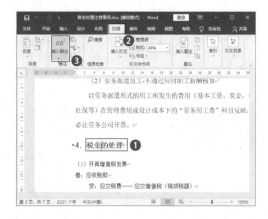

步骤 02 页面底端将会显示一条黑色的横线，在横线下方的序号后面输入需要的脚注内容，如下图所示。

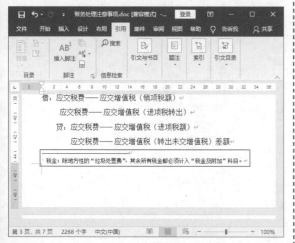

步骤 03 光标处将与页面底端出现相同的序号，如下图所示。

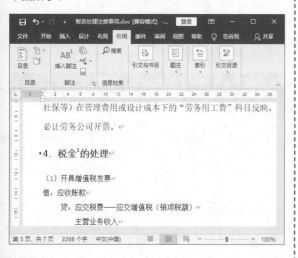

277　在文档中插入尾注

适用版本	使用指数
2010、2013、2016、2019	★★★☆☆

扫一扫，看视频

使用说明

尾注就是将注解放置在文档或章节最末端的标注，其优点是汇集了整篇文档的注释，可以方便用户统一查阅。

解决方法

要在文档中为某个词语添加尾注，具体操作方法如下。

步骤 01 ❶将光标定位到Word文档中要插入尾注的位置；❷切换到【引用】选项卡；❸在【脚注】组中单击【插入尾注】按钮，如下图所示。

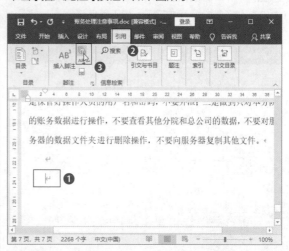

步骤 02 光标定位处将出现一条黑色横线，在编号后面输入需要的尾注内容，如下图所示。

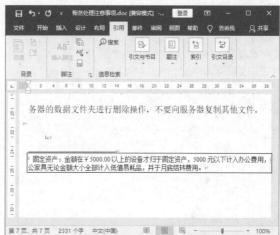

278　脚注和尾注互换

适用版本	使用指数
2010、2013、2016、2019	★★☆☆☆

扫一扫，看视频

使用说明

在文档中插入尾注和脚注后，可以在原尾注不变的情况下将脚注全部转换为尾注，或者在原脚注不变的情况下将尾注全部转换为脚注，甚至可以将二者的位置相互转换。

解决方法

例如，要将脚注和尾注互换，具体操作方法如下。

步骤 01 ❶切换到【引用】选项卡；❷在【脚注】组中单击右下角的展开按钮 🖂，如下图所示。

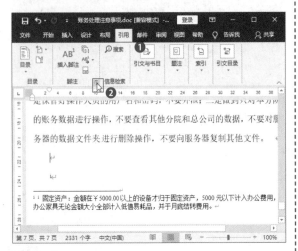

步骤 02 弹出【脚注和尾注】对话框，单击【转换】按钮，如下图所示。

步骤 03 ❶弹出【转换注释】对话框，选中【脚注和尾注相互转换】单选按钮；❷单击【确定】按钮，如下图所示。

步骤 04 返回【脚注和尾注】对话框，单击【关闭】按钮，如下图所示。

步骤 05 返回文档界面即可看到脚注和尾注内容互换的效果，如下图所示。

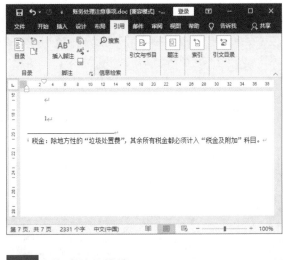

279 修改编号格式

扫一扫，看视频

适用版本	使用指数
2010、2013、2016、2019	★★☆☆☆

使用说明

默认情况下，脚注的编号使用【1,2,3,...】的样式，尾注的编号使用【i,ii,iii,...】的样式，如果对默认编号样式不满意，可以将编号更改为其他样式。

解决方法

例如，要更改尾注的编号样式，具体操作方法如下。

步骤 01 ❶选中尾注编号；❷切换到【引用】选项卡；❸在【脚注】组中单击右下角的展开按钮🖾，如下图所示。

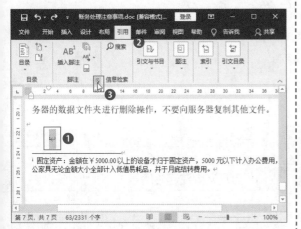

步骤 02 ❶弹出【脚注和尾注】对话框，单击【格式】选项组中的【编号格式】下拉列表框，选择需要的内置编号格式；❷单击【应用】按钮，如下图所示。

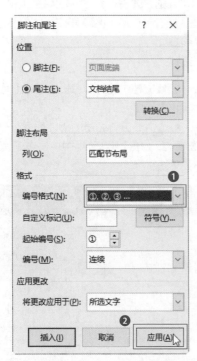

步骤 03 返回文档界面即可看到更改默认尾注编号格式后的效果，如下图所示。

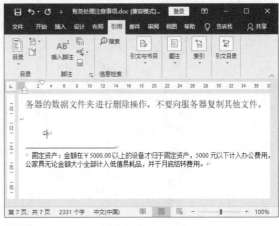

280 自定义编号样式

适用版本	使用指数
2010、2013、2016、2019	★★☆☆☆

扫一扫，看视频

使用说明

如果对脚注或尾注默认和内置的编号样式都不满意，可以自定义编号的符号样式。

解决方法

例如，要自定义脚注的编号符号，具体操作方法如下。

步骤 01 ❶选中要自定义样式的脚注编号；❷切换到【引用】选项卡；❸在【脚注】组中单击右下角的展开按钮🖾，如下图所示。

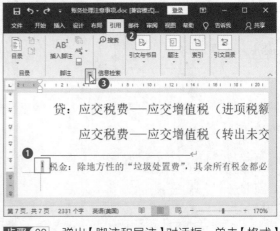

步骤 02 弹出【脚注和尾注】对话框，单击【格式】选项组中的【符号】按钮，如下图所示。

步骤 03　❶弹出【符号】对话框，分别单击【字体】和【子集】下拉列表框，选择需要的符号类型；❷在下方列表框中选择需要的符号样式；❸单击【确定】按钮，如下图所示。

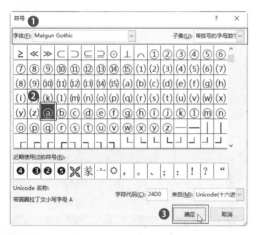

步骤 04　返回【脚注和尾注】对话框，单击【插入】按钮，如下图所示。

步骤 05　返回文档界面即可看到自定义脚注编号样式后的效果，如下图所示。

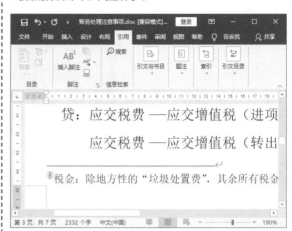

281　自定义脚注起始编号

适用版本	使用指数
2010、2013、2016、2019	★★★☆☆

扫一扫，看视频

使用说明

默认情况下，Word会对整篇文档中插入的脚注或尾注以连续的方式进行编号，如果在中间插入了脚注或尾注，或者希望每页的编号都以【1】开始，可以更改默认设置。

解决方法

例如，要让文档中的脚注每页重新以【1】开始编号，具体操作方法如下。

步骤 01　❶选中要重新编号的脚注编号；❷切换到【引用】选项卡；❸在【脚注】组中单击右下角的展开按钮，如下图所示。

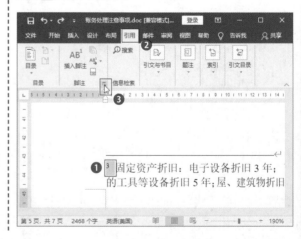

步骤 02　❶弹出【脚注和尾注】对话框，将【起始编号】设置为【1】；❷单击【编号】下拉列表框，选择【每页重新编号】选项；❸单击【应用】按钮，如下图所示。

步骤 03　返回文档界面即可看到重新以【1】开始编号后的效果，如下图所示。

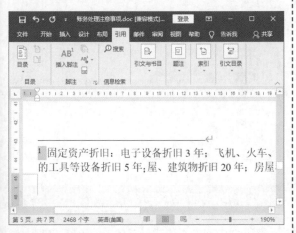

282　自定义脚注分隔符

适用版本	使用指数
2010、2013、2016、2019	★★★☆☆

扫一扫，看视频

使用说明

默认情况下，插入脚注或尾注时，与正文之间会自动添加一条黑色直线进行分隔，如果觉得默认的线条样式不美观，可以将其删除或更改分隔符样式。

解决方法

要为脚注分隔符添加效果样式，具体操作方法如下。

步骤 01　❶在文档界面切换到【视图】选项卡；❷在【视图】组中单击【草稿】按钮，如下图所示。

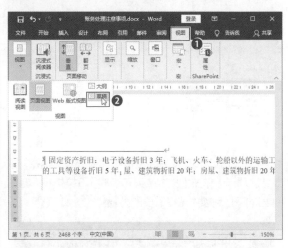

步骤 02　❶在草稿视图中切换到【引用】选项卡；❷在【脚注】组中单击【显示备注】按钮，如下图所示。

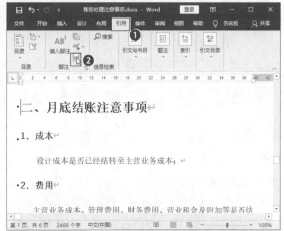

步骤 03　❶因为本篇文档中包含了脚注和尾注，此时将弹出【显示备注】对话框，选中【查看脚注区】单选按钮；❷单击【确定】按钮，如下图所示。

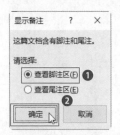

步骤 04　此时，页面下方将显示【脚注】窗格，单击

下拉列表框，选择【脚注分隔符】选项，如下图所示。

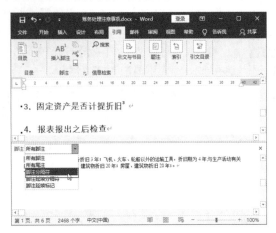

步骤 05 ❶选中【脚注】窗格中的分隔符；❷在【开始】选项卡中单击【文本效果和版式】下拉按钮；❸在弹出的下拉列表中选择需要的内置样式，如下图所示。

步骤 06 ❶若内置样式中没有满意的效果，可以选择下方的效果选项，如选择【发光】选项；❷在弹出的子菜单中选择需要的效果选项，如下图所示。

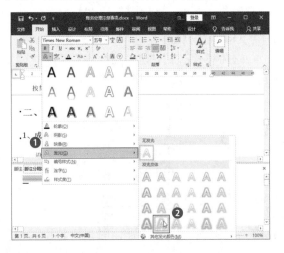

步骤 07 ❶切换到【视图】选项卡；❷在【视图】组中单击【页面视图】按钮，如下图所示。

步骤 08 返回页面视图即可看到更改脚注分隔符样式后的效果，如下图所示。

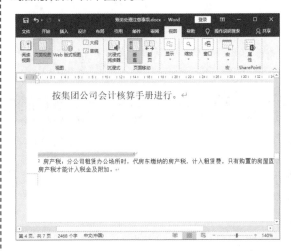

7.4 书签应用技巧

Word中的书签功能与书籍中的书签功能相似，在文档中添加书签后，可以帮助用户快速定位到要查找的位置。

Word默认不会显示书签标记以提示用户哪些地方添加了书签，但是书签其他功能仍然可以正常使用。

283 在文档中插入书签

扫一扫，看视频

适用版本	使用指数
2010、2013、2016、2019	★★★☆☆

使用说明

在编辑文档时，为了方便我们在文档中查看哪些地方设置了书签，可以通过选项设置显示书签。如果不需要，可以直接使用书签功能在文档中插入书签。

解决方法

例如，要显示书签标记并插入一个书签，具体操作方法如下。

步骤 01　❶按照前面所学打开【Word选项】对话框，切换到【高级】选项卡；❷在【显示文档内容】选项组中勾选【显示书签】复选框；❸单击【确定】按钮，如下图所示。

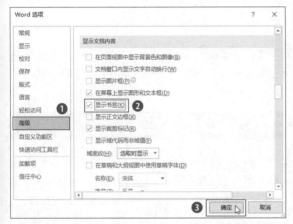

步骤 02　❶将光标定位到需要插入书签的位置；❷切换到【插入】选项卡；❸在【链接】组中单击【书签】按钮，如下图所示。

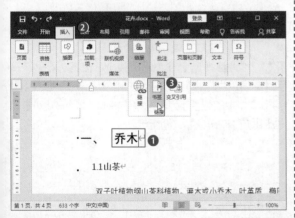

步骤 03　❶弹出【书签】对话框，在【书签名】文本框中输入书签名称；❷单击【添加】按钮，如下图所示。

> **温馨提示**
>
> 设置书签名时，名称开头不能为数字和英文状态的符号，名称中间不能有空格。

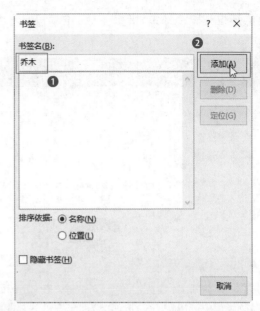

步骤 04　返回文档界面即可看到文本后面显示了一个书签标记，如下图所示。

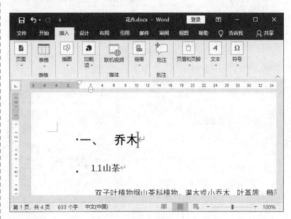

284　通过书签定位目标位置

适用版本	使用指数
2010、2013、2016、2019	★★★☆☆

扫一扫，看视频

使用说明

在文档中添加书签后，就可以使用定位功能快速定位需要查找的目标位置。

解决方法

例如，要定位上一个操作中添加的【乔木】书签，具体操作方法如下。

步骤 01　❶在文档界面切换到【开始】选项卡；❷单击【编辑】组中的【查找】下拉按钮；❸在弹

出的下拉列表中选择【高级查找】选项，如下图所示。

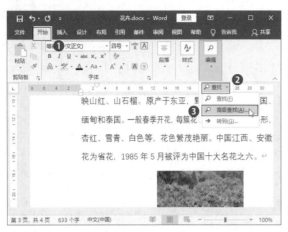

步骤 02 ❶弹出【查找和替换】对话框，在【定位目标】列表框中选择【书签】选项；❷单击右侧的【请输入书签名称】下拉列表框，选择或输入【乔木】；❸单击【定位】按钮；❹单击【关闭】按钮关闭对话框，如下图所示。

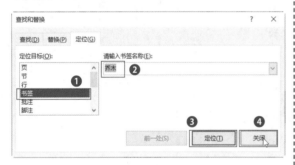

步骤 03 返回文档界面即可看到文档自动定位到选择的书签位置了，如下图所示。

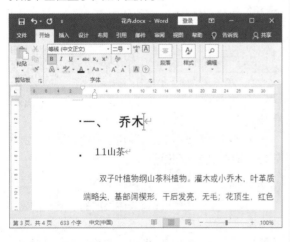

285 插入指向书签的超链接

扫一扫，看视频

适用版本	使用指数
2010、2013、2016、2019	★ ★ ☆ ☆ ☆

使用说明

使用超链接功能不仅可以快速打开其他链接文档，还可以快速定位到文档中的某个标题或标签的位置。

解决方法

例如，要为某个词语设置超链接，且单击该词语可以定位到【乔木】书签，具体操作方法如下。

步骤 01 ❶选中要设置超链接的词语；❷切换到【插入】选项卡；❸在【链接】组中单击【链接】按钮，如下图所示。

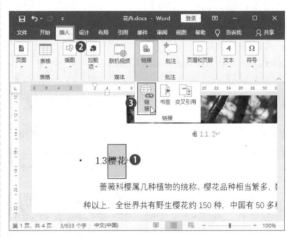

步骤 02 ❶弹出【插入超链接】对话框，在【链接到】选项组中选择【本文档中的位置】选项；❷在【请选择文档中的位置】列表框中选择【乔木】书签；❸单击【确定】按钮，如下图所示。

步骤 03　返回文档界面即可看到刚才选中的词语变为带下划线的蓝色可链接字体，如下图所示。

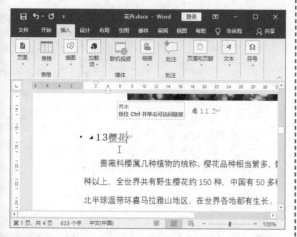

步骤 04　按【Ctrl】键后单击链接文字，即可快速定位到【乔木】书签，如下图所示。

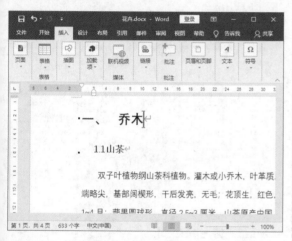

286　删除已添加的书签

适用版本	使用指数
2010、2013、2016、2019	★★★☆☆

扫一扫，看视频

使用说明

　　文档中可以添加多个书签，若不小心添加错了，可以将误添加的书签删除。

解决方法

　　要删除已添加的某个书签，具体操作方法如下。

步骤 01　❶在文档中切换到【插入】选项卡；❷在【链接】组中单击【书签】按钮，如下图所示。

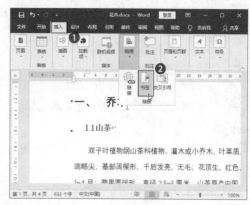

步骤 02　❶弹出【书签】对话框，在【书签名】列表框中选中不需要的书签选项；❷单击【删除】按钮，如下图所示。

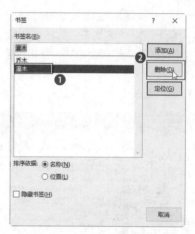

步骤 03　此时，可以看到所选书签已从列表框中删除，单击【关闭】按钮关闭对话框，如下图所示。

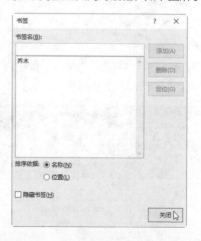

7.5　长文档编排技巧

　　在编辑长文档时，经常会遇到需要多人协作编写的情况，此时使用Word的主控文档和子文档可以解决多文档协作的问题。

287 创建主控文档和子文档

扫一扫，看视频

	适用版本	使用指数
	2010、2013、2016、2019	★★★☆☆

使用说明

如果需要多人协作编辑同一文档，恰好每人负责不同的章节，此时可以创建一个主控文档，然后安排每人分别编辑不同的子文档。

解决方法

要创建主控文档和子文档，具体操作方法如下。

步骤 01 ❶新建一个名为【主文档】的Word文档，在文档中输入各章节的标题内容，并将其全部选中；❷在【开始】选项卡中单击【样式】下拉按钮；❸在弹出的下拉列表中选择【标题1】样式，如下图所示。

步骤 02 ❶切换到【视图】选项卡；❷在【视图】组中单击【大纲】按钮，如下图所示。

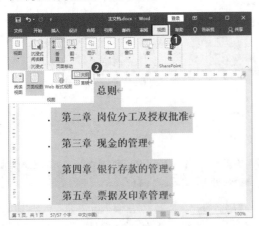

步骤 03 ❶切换到【大纲显示】选项卡；❷在【主控文档】组中单击【显示文档】按钮，如下图所示。

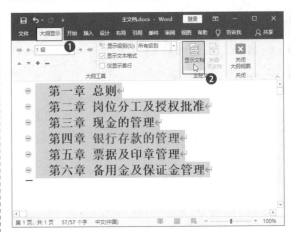

步骤 04 此时，【主控文档】组的功能按钮将全部显示，保持标题内容为选中状态，单击【创建】按钮，如下图所示。

步骤 05 创建主控文档后的效果如下图所示，单击程序界面左上角的【保存】按钮。

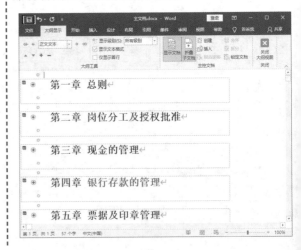

步骤 06 此时，在新建主控文档所在的目录下，将自动生成以各章节标题命名的所有子文档，如下图所示。

288 将子文档内容显示到主控文档

适用版本	使用指数
2010、2013、2016、2019	★★★☆☆

扫一扫，看视频

使用说明

创建主控文档和子文档后，通过设置可以在主控文档中查看子文档中的内容，以便主控文档用户随时把控文档进度。

解决方法

要在主控文档中显示子文档中的内容，具体操作方法如下。

步骤 01 分别在所有子文档中输入需要的文档内容，如下图所示。

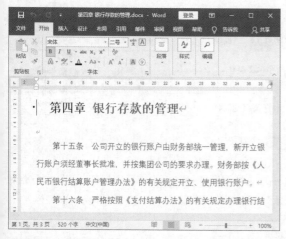

步骤 02 ❶打开主控文档，此时文档中的标题将以超链接的样式显示在文档中，切换到【视图】选项卡；

❷在【视图】组中单击【大纲】按钮，如下图所示。

步骤 03 在【大纲显示】选项卡的【主控文档】组中单击【展开子文档】按钮，如下图所示。

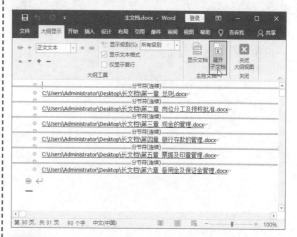

步骤 04 此时，子文档中的内容将全部显示到主控文档中，要隐藏子文档，在【主控文档】组中单击【折叠子文档】按钮，如下图所示。

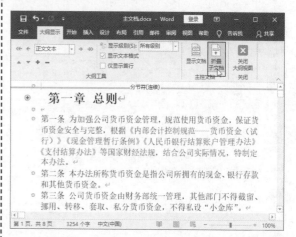

289 切断主控文档与子文档的链接

扫一扫，看视频

适用版本	使用指数
2010、2013、2016、2019	★★★☆☆

使用说明

子文档内容是以链接的形式出现在主控文档中的，如果要取消子文档内容的链接状态，将其全部正常显示在主控文档中，可以切断主控文档和子文档的链接。

解决方法

要断开主控文档和子文档的链接，具体操作方法如下。

步骤 01 ❶打开主控文档，切换到【大纲显示】选项卡；❷在【主控文档】组中单击【展开子文档】按钮，如下图所示。

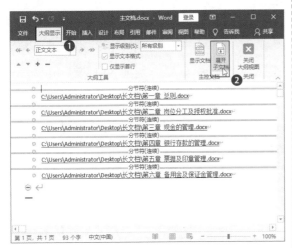

步骤 02 此时，所有子文档中的内容将显示在主控文档中，在【主控文档】组中单击【显示文档】按钮，如下图所示。

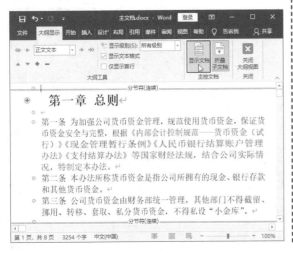

步骤 03 ❶选中某一个子文档标题及其内容；❷在【主控文档】组中单击【取消链接】按钮，如下图所示。

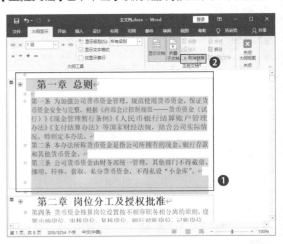

步骤 04 按照第3步操作继续为其他子文档取消链接，然后按【Ctrl+S】组合键保存文档，如下图所示。

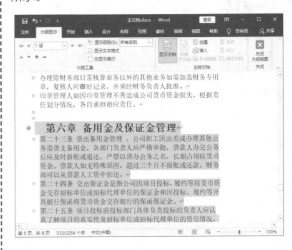

290 根据已有子文档建立主控文档

扫一扫，看视频

适用版本	使用指数
2010、2013、2016、2019	★★★☆☆

使用说明

除了先创建主控文档后自动生成子文档，还可以由多人协同完成长文档中的不同章节，然后根据各章节子文档建立主控文档。

解决方法

要根据已有的子文档创建主控文档，具体操作方法如下。

步骤 01 ❶新建一个名为【主控文档】的空白文档，切换到【视图】选项卡；❷在【视图】组中单击【大纲】按钮，如下图所示。

步骤 02 在【大纲显示】选项卡的【主控文档】组中单击【显示文档】按钮，如下图所示。

步骤 03 此时，将展开完整的【主控文档】组功能按钮，单击【插入】按钮，如下图所示。

步骤 04 ❶弹出【插入子文档】对话框，选中要插入主控文档的第一个子文档文件；❷单击【打开】按钮，如下图所示。

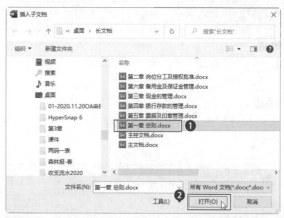

步骤 05 如果子文档中存在与主控文档重名的标题样式，将弹出提示对话框提示用户，根据需要选择是否重命名子文档样式，本例单击【全是】按钮，如下图所示。

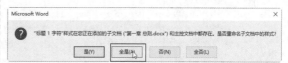

步骤 06 按照上面的操作将其他子文档按顺序依次插入主控文档，效果如下图所示。

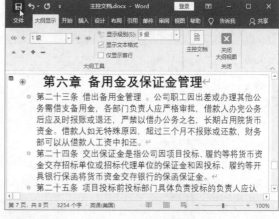

291 **将现有文档拆分为多个子文档**

适用版本	使用指数
2010、2013、2016、2019	★★★☆☆

扫一扫，看视频

使用说明

　　如果用户在一个文档中编辑了多个章节，为了方便不同的人审阅或修改不同的章节，可以将现有的文档拆分为多个子文档。

解决方法

　　如果要将现有的长文档拆分为多个子文档，具体操作方法如下。

步骤 01　　根据需要为长文档设置标题样式，例如，为要拆分的章节标题设置【标题2】样式，如下图所示。

步骤 02　　❶切换到【视图】选项卡；❷在【视图】组中单击【大纲】按钮，如下图所示。

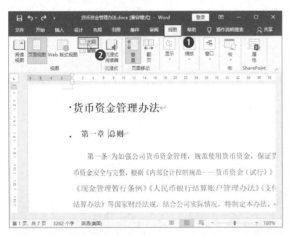

步骤 03　　❶切换到【大纲显示】选项卡；❷在【大纲工具】组中单击【显示级别】下拉列表框，选择要提取的标题级别，如本例选择【2级】，如下图所示。

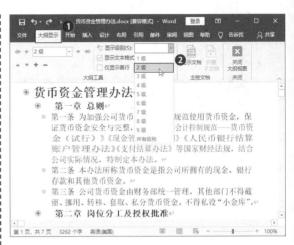

步骤 04　　在【主控文档】组中单击【显示文档】按钮，展开完成的主控文档组功能按钮，如下图所示。

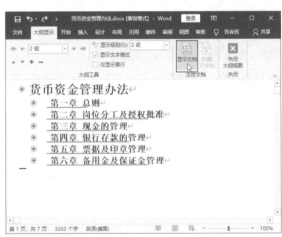

步骤 05　　❶双击段落前的【加号】按钮 ➕，选中要拆分为第一个子文档的所有内容；❷在【主控文档】组中单击【创建】按钮，如下图所示。

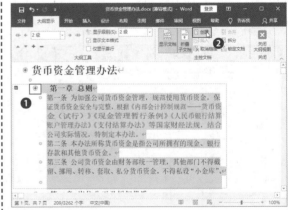

步骤 06　　按照第5步操作继续为其他段落创建子文档，创建完成后，在主控文档所在的目录中，将自动

生成以各段落标题命名的子文档文件，如下图所示。

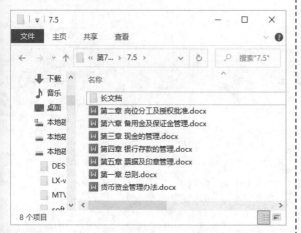

292 将多个文档合并到一个文档中

适用版本	使用指数
2010、2013、2016、2019	★★★☆☆

扫一扫，看视频

使用说明

如果要将多个文档中的文字合并到一个文档中，虽然使用复制和粘贴功能也可以实现，但若是文件太多，难免会发生错漏的情况。下面介绍快速合并多个文档的小技巧。

解决方法

在Word 2019中，将多个文档合并为一个文档的具体操作方法如下。

步骤 01 ❶新建一个空白文档，切换到【插入】选项卡；❷在【文本】组中单击【对象】按钮右侧的下拉按钮；❸在弹出的下拉列表中选择【文件中的文字】选项，如下图所示。

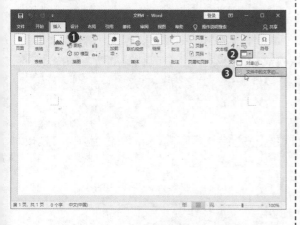

步骤 02 ❶弹出【插入文件】对话框，选中需要合并文本的多个文档；❷单击【插入】按钮，如下图所示。

步骤 03 ❶合并文档后，切换到【文件】选项卡，在左侧界面选择【另存为】选项；❷在右侧界面选择文档的保存位置，如下图所示

步骤 04 ❶弹出【另存为】对话框，设置好合并文档的保存名称；❷单击【保存】按钮，如下图所示。

第8章
邮件合并、文档校对与修订应用技巧

实际工作中，经常会遇到需要批量制作信封、请柬等情况，重复编辑十分浪费时间，此时可以使用Word的邮件合并功能快速制作此类相关文档。当文档编辑完成后，可以使用自动校对拼写和语法功能，快速帮助用户审查拼写和语法错误，此外，如果将完成后的文档发给他人修改，还可以启用修订模式，以便记录修改内容及建议，方便沟通。本章主要介绍邮件合并、文档校对和修订的相关操作及技巧，通过本章的学习可以帮助用于提高工作效率，达到事半功倍的效果。本章主要介绍目录、脚注、题注和引用的制作方法，帮助读者更快地编撰长文档。

下面来看看以下一些日常办公中常见的问题，你是否会处理或已掌握处理方法。

√ 工作中经常需要向客户发送请柬，在请柬前添加一个信封封面会更加正式，如何在 Word 中创建正规的中文信封样式呢？

√ 公司想邀请所有客户来参加公司举办的新品发布会，邀请函除了姓名不同，其他内容完全一致，逐个制作邀请函十分麻烦，有没有简单的方法批量制作邀请函呢？

√ 将文档传阅给其他人进行批改，如何知道对方对文档中的哪些位置进行了修改呢？

√ 如果有多人对文档同时进行了修改，如何区分哪些内容是由谁修改的呢？

√ 当收到他人修订的文档后，若同意对方的修改，该如何操作呢？不同意对方的修改意见，又该如何操作呢？

√ 审阅文档时，如果对文档的某些内容有疑问，或者觉得写得不妥，在不修改文档内容的前提下，如何将自己的意见批注在文档中呢？

……

希望通过本章内容的学习，能帮助你解决以上问题，并学会更多有关Word邮件合并、文档校对与修订的操作技巧。

8.1　邮件创建及使用技巧

在如今这个信息化时代，实际工作中经常会遇到需要批量向客户发送信件、录取通知书等电子档文件，逐个编辑设置非常麻烦，此时可以使用Word的邮件合并功能快速制作此类文件，提高工作效率。

293　利用向导创建中文信封

适用版本	使用指数
2010、2013、2016、2019	★★★★☆

扫一扫，看视频

使用说明

发送邮件时，在邮件前添加一个信封样式可以让文件看起来更加正式，使用Word的信封制作向导功能可以快速制作信封。

解决方法

例如，要使用向导创建中文格式的信封，具体操作方法如下。

步骤 01 ❶在Word程序界面切换到【邮件】选项卡；❷在【创建】组中单击【中文信封】按钮，如下图所示。

步骤 02 弹出【信封制作向导】对话框，单击【下一步】按钮，如下图所示。

步骤 03 ❶在【选择信封样式】选项组中单击【信封样式】下拉列表框，选择一种中文信封样式；❷勾选下方的复选框，选择要显示在信封上的内容；❸单击【下一步】按钮，如下图所示。

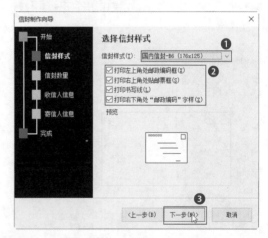

步骤 04 ❶选择生成信封的方式和数量，本例选中【键入收信人信息，生成单个信封】单选按钮；❷单击【下一步】按钮，如下图所示。

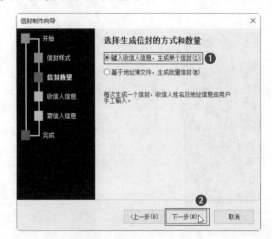

步骤 05 ❶在【信封制作向导】对话框中输入收信人的姓名、称谓、单位、地址和邮编;❷单击【下一步】按钮,如下图所示。

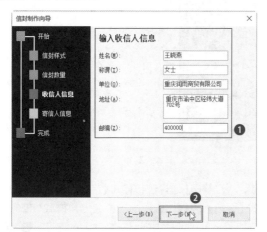

步骤 06 ❶在【信封制作向导】对话框中输入寄信人的姓名、单位、地址和邮编;❷单击【下一步】按钮,如下图所示。

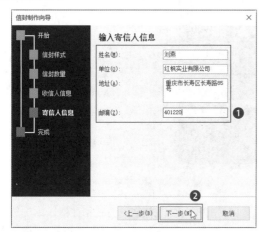

步骤 07 信封信息设置完成,单击【完成】按钮关闭对话框,如下图所示。

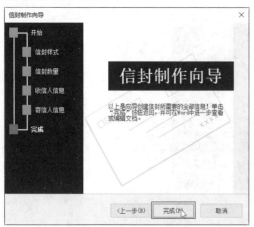

步骤 08 此时,将自动在弹出的新文档中显示刚才设置和填写的中文信封内容,单击左上角的【保存】按钮,如下图所示。

步骤 09 在【文件】选项卡的【另存为】界面选择文档的保存位置,如下图所示。

步骤 10 ❶弹出【另存为】对话框,在【文件名】文本框中输入信封名称;❷单击【保存】按钮,如下图所示。

294 制作国际信封

适用版本	使用指数
2010、2013、2016、2019	★★★☆☆

扫一扫，看视频

使用说明

使用向导功能不仅可以制作中文信封，还可以制作英文国际样式的信封。

解决方法

例如，要制作一份国际信封，具体操作方法如下。

步骤 01 ❶在Word程序界面切换到【邮件】选项卡；❷在【创建】组中单击【中文信封】按钮，如下图所示。

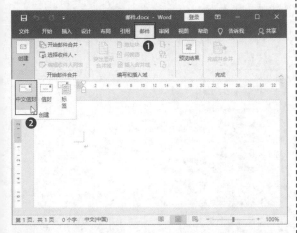

步骤 02 弹出【信封制作向导】对话框，单击【下一步】按钮，如下图所示。

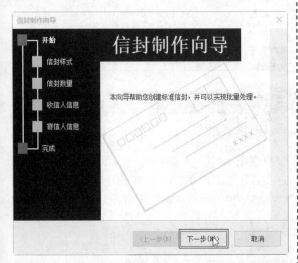

步骤 03 ❶单击【信封样式】下拉列表框，选择需要的国际信封样式；❷勾选下方的复选框，选择要显示在信封上的内容；❸单击【下一步】按钮，如下图所示。

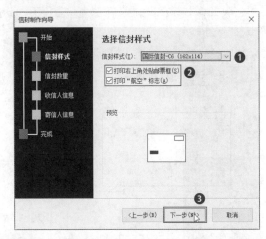

步骤 04 ❶选择生成信封的方式和数量，本例选中【键入收信人信息，生成单个信封】单选按钮；❷单击【下一步】按钮，如下图所示。

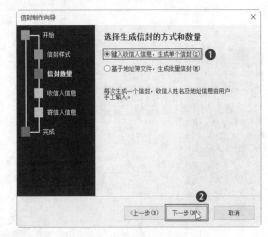

步骤 05 ❶在【信封制作向导】对话框中输入收信人的姓名、称谓、单位、地址和邮编等信息；❷单击【下一步】按钮，如下图所示。

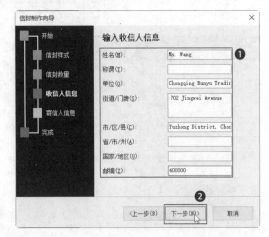

步骤 06 ❶在【信封制作向导】对话框中输入寄信人的姓名、邮编、单位和地址等信息；❷单击【下一步】按钮，如下图所示。

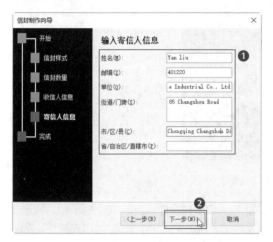

步骤 07 信封信息设置完成，单击【完成】按钮关闭对话框，如下图所示。

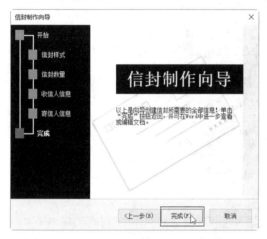

步骤 08 此时，将自动在弹出的新文档中显示刚才设置和填写的英文信封内容，单击左上角的【保存】按钮，如下图所示。

步骤 09 在【文件】选项卡的【另存为】界面选择文档的保存位置，如下图所示。

步骤 10 ❶弹出【另存为】对话框，在【文件名】文本框中输入信封名称；❷单击【保存】按钮，如下图所示。

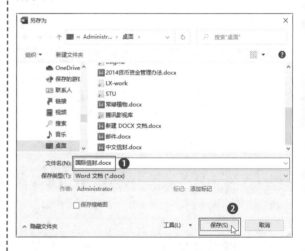

295 如何创建标签

扫一扫，看视频

适用版本	使用指数
2010、2013、2016、2019	★★★☆☆

使用说明

在日常工作中，标签是一种常用的元素，在Word文档中也可以制作标签内容。

解决方法

要在Word文档中制作标签，具体操作方法如下。

步骤 01 ❶在Word程序界面切换到【邮件】选项卡；❷在【创建】组中单击【标签】按钮，如下图所示。

步骤 02 弹出【信封和标签】对话框，并默认切换到【标签】选项卡，单击下方的【选项】按钮，如下图所示。

步骤 03 ❶弹出【标签选项】对话框，在【产品编号】列表框中选择一种合适的标签纸张；❷单击【确定】按钮，如下图所示。

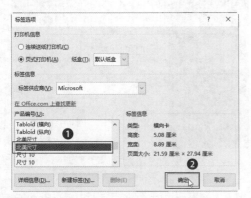

步骤 04 返回【信封和标签】对话框，单击【新建文档】按钮，如下图所示。

步骤 05 ❶在打开的新文档中可以看到新建的标签效果，如果觉得字体太小不美观，可以更改字体格式，方法是选中所有标签内容；❷在【开始】选项卡的【字体】组中单击下方的展开按钮，如下图所示。

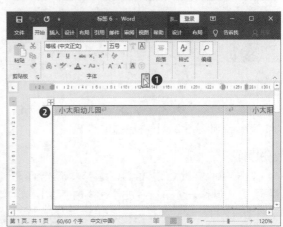

步骤 06 ❶弹出【字体】对话框，根据需要设置字体、字号和字体颜色；❷设置完成后单击【确定】按钮，如下图所示。

步骤 07 返回文档界面即可看到设置的标签效果，如下图所示。

296 使用 Excel 地址簿批量制作信封

扫一扫，看视频

适用版本	使用指数
2010、2013、2016、2019	★★★☆☆

使用说明

如果要向多人发送邮件，逐个制作信封十分麻烦，此时可以使用Excel地址簿批量制作信封。

解决方法

要在Word中批量制作信封，具体操作方法如下。

步骤 01 制作一个Excel版的【客户信息表】，表中包含信封封面用到的所有关键信息，如姓名、性别、职位、单位名称以及联系电话等，如下图所示。

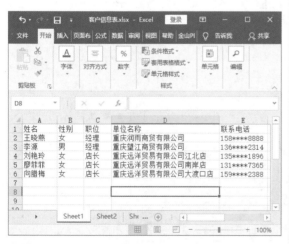

步骤 02 ❶在Word程序界面切换到【邮件】选项卡；❷在【创建】组中单击【中文信封】按钮，如下图所示。

步骤 03 弹出【信封制作向导】对话框，单击【下一步】按钮，如下图所示。

步骤 04 ❶单击【信封样式】下拉列表框，选择一种中文信封样式；❷勾选下方的复选框，选择要显示在信封上的内容；❸单击【下一步】按钮，如下图所示。

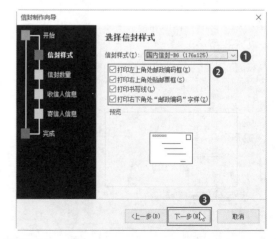

步骤 05 ❶在【信封制作向导】对话框中选择生成信封的方式和数量，本例选中【基于地址簿文件，生成批量信封】单选按钮；❷单击【下一步】按钮，如下图所示。

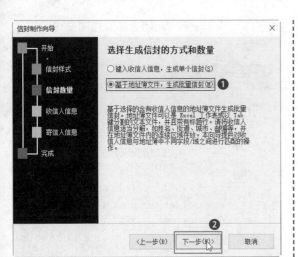

步骤 06 在【信封制作向导】对话框中单击【选择地址簿】按钮，如下图所示。

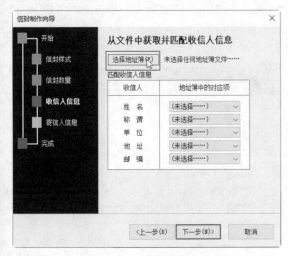

步骤 07 ❶弹出【打开】对话框，单击【打开】按钮上方的下拉按钮，选择【Excel】选项；❷选中刚才设置的【客户信息表.xlsx】文件；❸单击【打开】按钮，如下图所示。

步骤 08 ❶返回【信封制作向导】的【收信人信息】界面，在【匹配收件人信息】列表中选择地址簿中的对应选项；❷单击【下一步】按钮，如下图所示。

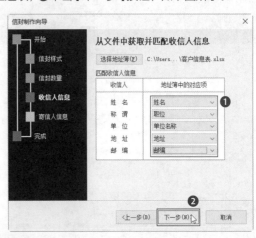

步骤 09 ❶在对话框界面汇总输入寄信人信息；❷单击【下一步】按钮，如下图所示。

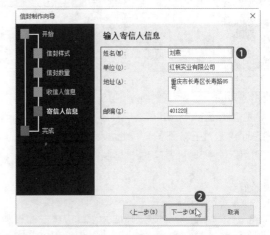

步骤 10 单击【完成】按钮完成信封向导制作，如下图所示。

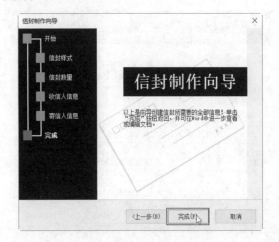

步骤 11 返回Word文档界面即可看到批量制作信封的效果，按照前面所学内容保存信封，如下图所示。

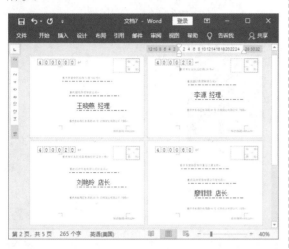

297 批量制作录取通知书

扫一扫，看视频

适用版本	使用指数
2010、2013、2016、2019	★★★☆☆

使用说明

在实际工作中，如果要制作多份录取通知书，其中除了个人姓名处不同，其他固定内容全是相同的，此时可以使用邮件合并功能批量制作。

解决方法

要批量制作录取通知书，具体操作方法如下。

步骤 01 制作一个Excel数据源文件，里面包含姓名、性别、部门、岗位以及报到日期等相关信息，如下图所示。

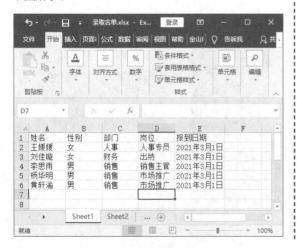

步骤 02 制作一个Word的录取通知书母版文件，如下图所示。

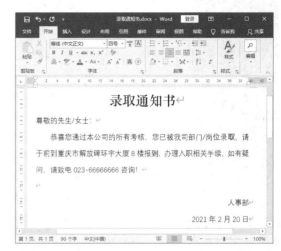

步骤 03 ❶切换到【邮件】选项卡；❷在【开始邮件合并】组中单击【选择收件人】下拉按钮；❸在弹出的下拉列表中选择【使用现有列表】选项，如下图所示。

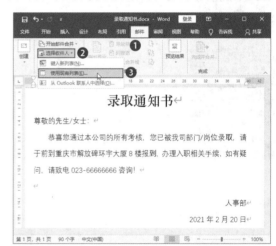

步骤 04 ❶弹出【选取数据源】对话框，选中刚才设置的Excel数据源文件；❷单击【打开】按钮，如下图所示。

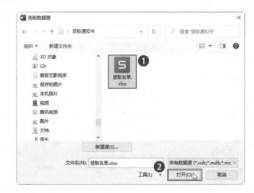

步骤 05 ❶弹出【选择表格】对话框,选择工作簿中数据所在的工作表;❷单击【确定】按钮,如下图所示。

步骤 06 ❶返回Word文档界面,将光标定位到需要插入域的位置;❷在【邮件】选项卡的【编写和插入域】组中单击【插入合并域】按钮,如下图所示。

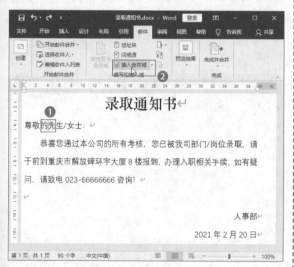

步骤 07 ❶弹出【插入合并域】对话框,在【域】列表框中选择要插入的域名称;❷单击【插入】按钮;❸单击【关闭】按钮,如下图所示。

步骤 08 按照上面的操作继续插入其他合并域,插入后的效果如下图所示。

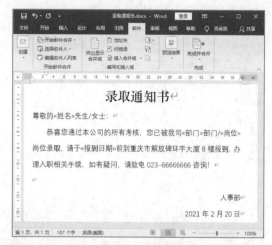

步骤 09 在【邮件】选项卡中单击【预览结果】按钮,如下图所示。

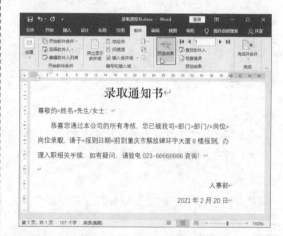

步骤 10 返回文档界面即可查看第一条通知书的具体内容,若要查看下一条记录,可在【邮件】选项卡的【预览结果】栏中单击【下一记录】按钮,如下图所示。

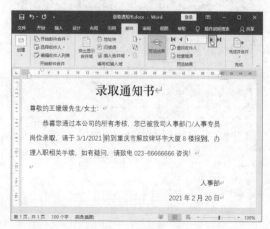

步骤 11 ❶预览结束后，在【邮件】选项卡的【完成】组中单击【完成并合并】下拉按钮；❷在弹出的下拉列表中选择【打印文档】选项直接打印，如下图所示。

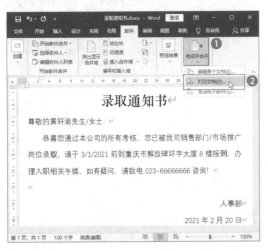

298 使用邮件合并制作奖状

扫一扫，看视频

适用版本	使用指数
2010、2013、2016、2019	★★★☆☆

使用说明

在实际工作中，如果需要制作多人的奖状，也可以使用邮件合并功能在文档中进行制作。

解决方法

要使用邮件合并功能制作奖状，具体操作方法如下。

步骤 01 制作一个Excel数据源文件，里面包含姓名、学年以及奖项等关键信息，如下图所示。

步骤 02 制作一个Word的奖状母版文件，如下图所示。

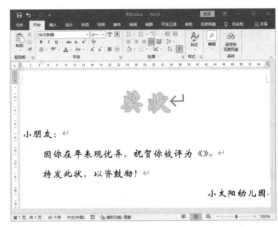

步骤 03 ❶切换到【邮件】选项卡；❷在【开始邮件合并】组中单击【选择收件人】下拉按钮；❸在弹出的下拉列表中选择【使用现有列表】选项，如下图所示。

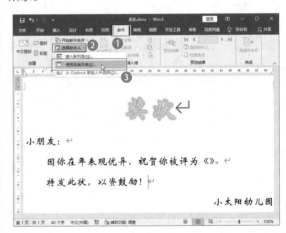

步骤 04 ❶弹出【选取数据源】对话框，选中刚才设置的Excel数据源文件；❷单击【打开】按钮，如下图所示。

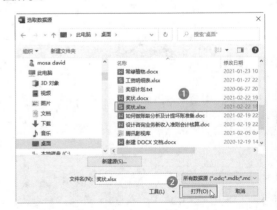

步骤 05 ❶弹出【选择表格】对话框，选择工作簿中数据所在的工作表；❷单击【确定】按钮，如下图所示。

步骤 06 ❶返回Word文档界面，将光标定位到需要插入域的位置；❷在【邮件】选项卡的【编写和插入域】组中单击【插入合并域】按钮右侧的下拉按钮；❸在弹出的下拉列表中选择合并域的名称，如【姓名】选项，如下图所示。

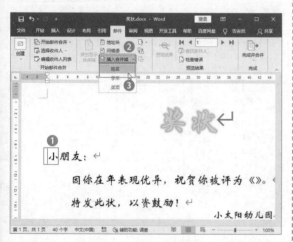

步骤 07 此时，文档中可以看到插入的合并域名称，如下图所示。

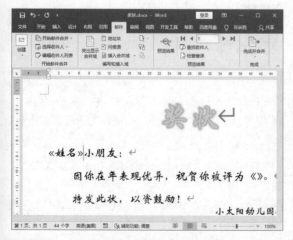

步骤 08 按照上面的操作插入其他合并域，在【邮件】选项卡的【预览结果】选项组中单击【预览结果】

按钮，如下图所示。

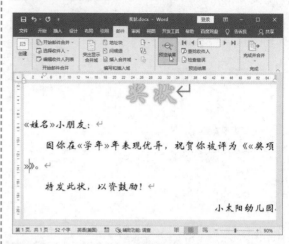

步骤 09 返回文档即可看到自动添加数据后的效果，如下图所示。

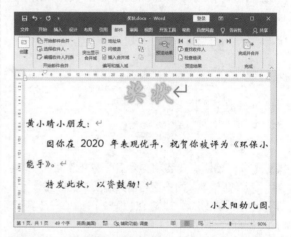

步骤 10 在【预览结果】选项组中单击【上一记录】或【下一记录】按钮可以查看其他数据，如下图所示。

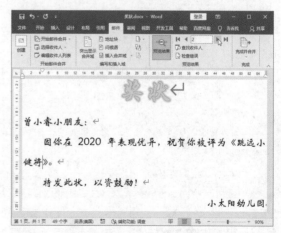

步骤 11 ❶预览完成后，在【完成】组中单击【完成合并】下拉按钮；❷在弹出的下拉列表中选择【编辑单

个文档】选项，如下图所示。

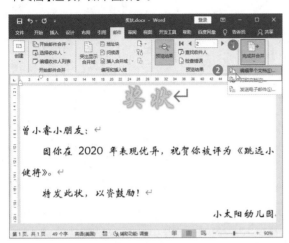

步骤 12 ❶弹出【合并到新文档】对话框，选中【全部】单选按钮；❷单击【确定】按钮，如下图所示。

步骤 13 ❶所有内容将显示在新建的【信函】文档中，若要在一个页面中查看合并后的文档内容，可以切换到【视图】选项卡；❷在【缩放】组中单击【多页】按钮，如下图所示。

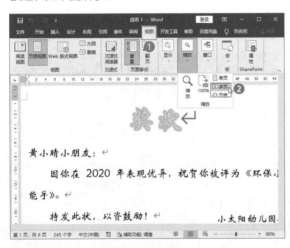

步骤 14 在Word程序界面右下方可以调整页面的显示比例，可以查看文档效果，查阅完成后单击页面左上角的【保存】按钮，如下图所示。

步骤 15 ❶弹出【另存为】对话框，设置好文档的保存位置和名称；❷单击【保存】按钮，如下图所示。

299 创建收件人列表

扫一扫，看视频

适用版本	使用指数
2010、2013、2016、2019	★★★☆☆

使用说明

在收件人列表中输入常用的收件人信息，可以方便用户在创建邮件时快速提取信息，提高工作效率。

解决方法

要在Word文档中创建收件人列表，具体操作方法如下。

步骤 01 ❶在Word程序界面切换到【邮件】选项卡；❷在【开始邮件合并】组中单击【选择收件人】下拉按钮；❸在弹出的下拉列表中选择【键入新列表】选项，如下图所示。

步骤 04 弹出提示对话框,单击【是】按钮确认删除此条目,如下图所示。

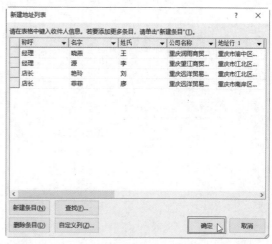

步骤 05 联系人信息输入完成后,单击【确定】按钮,如下图所示。

步骤 06 ❶弹出【保存通讯录】对话框,设置好文件的保存路径;❷在【文件名】文本框中输入文件保存名称,【保存类型】默认为【Microsoft Office通讯录(*.mdb)】类型;❸单击【保存】按钮,如下图所示。

300 编辑收件人列表

适用版本	使用指数
2010、2013、2016、2019	★★★☆☆

扫一扫,看视频

步骤 02 ❶弹出【新建地址列表】对话框,在列表框中输入一条联系人信息;❷单击【新建条目】按钮,如下图所示。

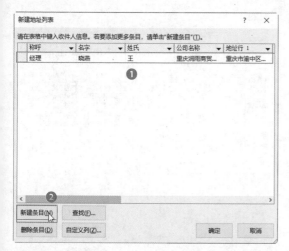

步骤 03 ❶按照第2步操作继续输入其他联系人信息,如果输入有误,可以选中输入的某条信息;❷单击下方的【删除条目】按钮,如下图所示。

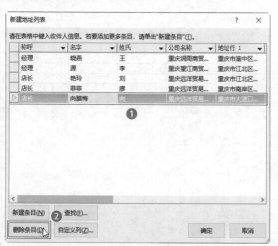

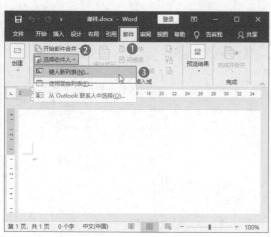

使用说明

创建好收件人列表后，如果需要添加或删除联系人，可以对收件人列表进行编辑。

解决方法

例如，要在收件人列表中新增一条联系人信息，具体操作方法如下。

步骤 01 ❶在Word程序界面切换到【邮件】选项卡；❷在【开始邮件合并】组中单击【选择收件人】下拉按钮；❸在弹出的下拉列表中选择【使用现有列表】选项，如下图所示。

步骤 02 ❶弹出【选取数据源】对话框，选择数据源；❷单击【打开】按钮，如下图所示。

步骤 03 返回Word程序窗口，在【开始邮件合并】组中单击【编辑收件人列表】按钮，如下图所示。

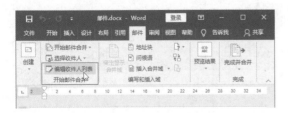

步骤 04 ❶弹出【邮件合并收件人】对话框，在【数据源】列表框中选中要修改的数据源文件；❷单击【编辑】按钮，如下图所示。

步骤 05 弹出【编辑数据源】对话框，单击【新建条目】按钮，如下图所示。

步骤 06 ❶在新增的空白条目中输入联系人信息；❷单击【确定】按钮，如下图所示。

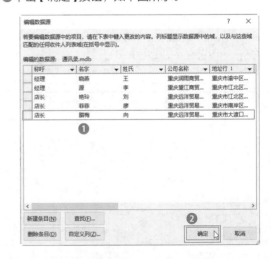

步骤 `07` 在弹出的提示对话框中单击【是】按钮，确认更新收件人列表，如下图所示。

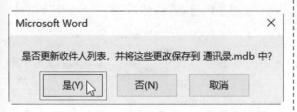

步骤 `08` 在返回的【邮件合并收件人】对话框中，可以看到新增的联系人信息，单击【确定】按钮，如下图所示。

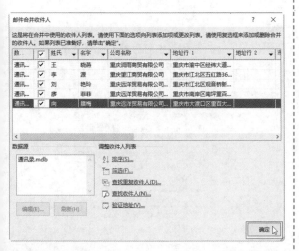

301 查找收件人

适用版本	使用指数
2010、2013、2016、2019	★★★☆☆

扫一扫，看视频

使用说明

如果常用的收件人有很多，逐个查找十分麻烦，要是忘记了收件人的全称，还可以使用查找收件人相关信息的方法查找相关收件人。

解决方法

例如，要查找单位名称包含【远洋】的所有收件人信息，具体操作方法如下。

步骤 `01` ❶在Word程序窗口切换到【邮件】选项卡；❷在【开始邮件合并】组中单击【编辑收件人列表】按钮，如下图所示。

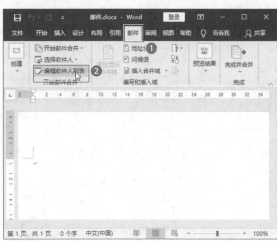

步骤 `02` 弹出【邮件合并收件人】对话框，单击【查找收件人】超链接，如下图所示。

步骤 `03` ❶弹出【查找条目】对话框，在【查找】文本框中输入要查找的内容，如果不确定信息的完整内容，可以只输入部分内容；❷单击【查找下一个】按钮，如下图所示。

步骤 `04` 在【邮件合并收件人】对话框中可以看到第一条符合条件的信息被选中，若不是要查找的内容，可以单击【查找下一个】按钮继续查找，如下图所示。

中选择要筛选的内容，如下图所示。

302 筛选收件人

扫一扫，看视频

适用版本	使用指数
2010、2013、2016、2019	★ ★ ★ ☆ ☆

使用说明

　　要查找符合条件的收件人信息，可以使用筛选功能，除了单条件筛选，还可以设置多个筛选条件自定义筛选数据。

解决方法

　　要在收件人列表中按条件筛选收件人信息，具体操作方法如下。

步骤 01 ❶在Word程序窗口切换到【邮件】选项卡；❷在【开始邮件合并】组中单击【编辑收件人列表】按钮，如下图所示。

步骤 02 ❶弹出【邮件合并收件人】对话框，单击要筛选的类别右侧的下拉按钮；❷在弹出的下拉列表

步骤 03 此时，列表中可以看到筛选后的效果，如下图所示。

步骤 04 ❶筛选信息后，若要恢复显示全部信息，可以单击筛选类别右侧的下拉按钮；❷在弹出的下拉列表中选择【（全部）】选项，如下图所示。

步骤 05　若要多条件筛选信息，可以单击【调整收件人列表】选项组中的【筛选】超链接，如下图所示。

步骤 06　❶弹出【筛选和排序】对话框，设置要筛选的域名称、比较关系和比较对象；❷设置完成后单击【确定】按钮，如下图所示。

步骤 07　返回【邮件合并收件人】对话框即可看到筛选出的内容，单击【确定】按钮关闭对话框，如下图所示。

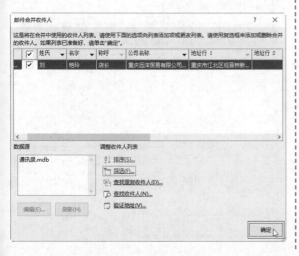

303　为收件人排序

适用版本	使用指数
2010、2013、2016、2019	★★★☆☆

扫一扫，看视频

使用说明

若收件人列表中的联系人很多，且排列没有规律，查找起来非常不便，此时，可以按照某个规律对收件人进行排序，以便查找。

解决方法

例如，要将收件人列表按【姓氏】拼音进行【升序】排列，具体操作方法如下。

步骤 01　❶在 Word 程序窗口切换到【邮件】选项卡；❷在【开始邮件合并】组中单击【编辑收件人列表】按钮，如下图所示。

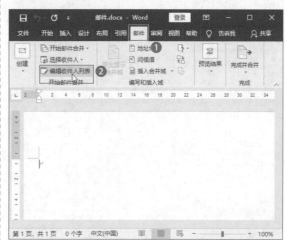

步骤 02　弹出【邮件合并收件人】对话框，在【调整收件人列表】选项组中单击【排序】超链接，如下图所示。

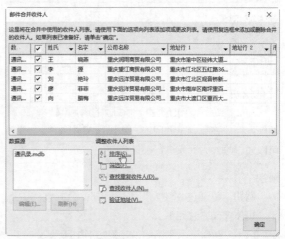

步骤 03 ❶弹出【筛选和排序】对话框，在【排序记录】选项卡中单击【排序依据】下拉列表框，选择要排序的内容，本例选择【姓氏】；❷在右侧选中【升序】单选按钮；❸单击【确定】按钮，如下图所示。

步骤 04 返回【邮件合并收件人】对话框，即可在列表中看到收件人信息按姓氏的拼音顺序进行升序排列的效果，如下图所示。

304 使用邮件合并制作邀请函

适用版本	使用指数
2010、2013、2016、2019	★★★☆☆

扫一扫，看视频

使用说明

前面介绍了通过创建 Excel 版的母版文件，将重要信息存放在其中再调用的方法进行邮件合并，此外，可以通过收件人列表进行邮件合并。

解决方法

例如，要通过收件人列表进行邮件合并制作邀请函，具体操作方法如下。

步骤 01 制作一个邀请函，效果如下图所示。

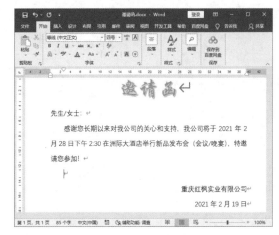

步骤 02 ❶切换到【邮件】选项卡；❷在【开始邮件合并】组中单击【开始邮件合并】下拉按钮；❸在弹出的下拉列表中选择【邮件合并分步向导】选项，如下图所示。

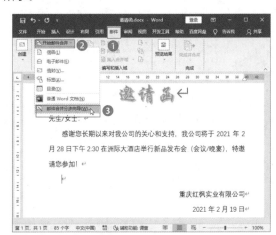

步骤 03 ❶窗口右侧将显示【邮件合并】任务窗格，选中【信函】单选按钮；❷单击下方的【下一步：开始文档】超链接，如下图所示。

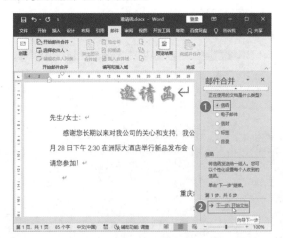

步骤 04 ❶在【选择开始文档】选项组中选中【使用当前文档】单选按钮；❷单击【下一步：选择收件人】超链接，如下图所示。

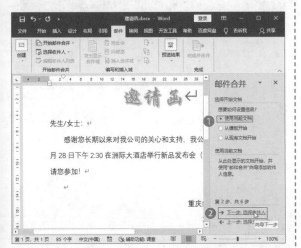

步骤 05 ❶在【选择收件人】选项组中选中【使用现有列表】单选按钮；❷单击【浏览】超链接，如下图所示。

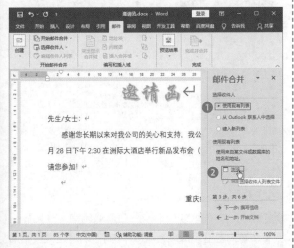

步骤 06 ❶弹出【选择数据源】对话框，选择需要的数据源文件；❷单击【打开】按钮，如下图所示。

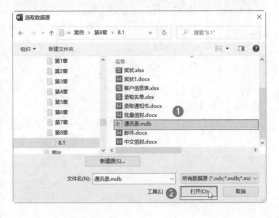

步骤 07 ❶弹出【邮件合并收件人】对话框，在列表中勾选要添加的收件人；❷单击【确定】按钮，如下图所示。

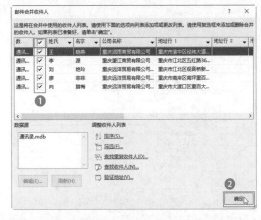

步骤 08 在返回的【邮件合并】任务窗格中单击【下一步：撰写信函】超链接，如下图所示。

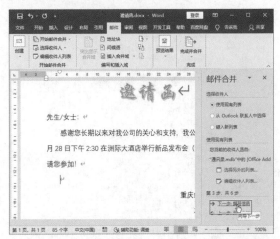

步骤 09 ❶将光标定位到要插入收件人姓名的位置；❷在【撰写信函】选项组中单击【其他项目】超链接，如下图所示。

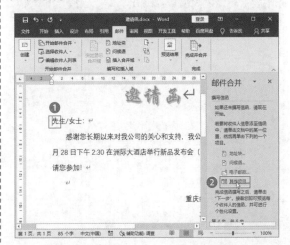

步骤 10 ❶弹出【插入合并域】对话框，在【域】列表中选择【姓氏】域；❷单击【插入】按钮，如下图所示。

步骤 11 ❶在列表中选择【名字】域；❷单击【插入】按钮；❸单击【关闭】按钮关闭对话框，如下图所示。

步骤 12 返回Word程序窗口即可看到同时添加【姓氏】和【名字】域的效果，单击【下一步：预览信函】超链接，如下图所示。

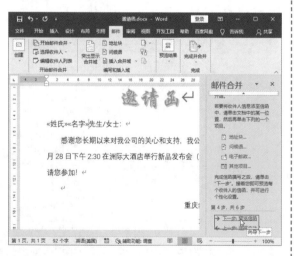

步骤 13 在【预览信函】选项组中单击 << 或 >> 按钮可以查看各个联系人的邀请函内容，如下图所示。

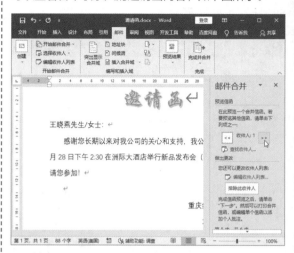

步骤 14 单击下方的【下一步：完成合并】超链接，如下图所示。

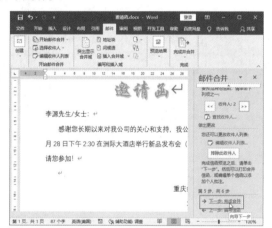

步骤 15 文档默认只显示一条邀请函信息，如果想要将所有内容显示出来，可以单击【打印】超链接，如下图所示。

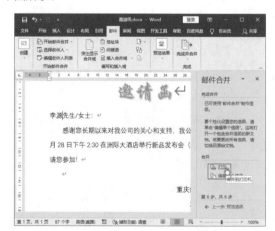

步骤 16 ❶弹出【合并到打印机】对话框，选中【全部】单选按钮；❷单击【确定】按钮，如下图所示。

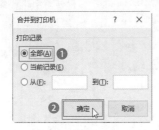

步骤 17 ❶弹出【打印】对话框，设置好打印参数；❷单击【确定】按钮，如下图所示。

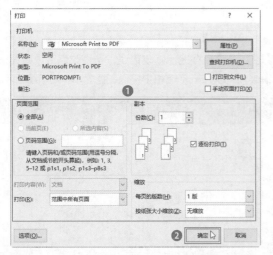

步骤 18 ❶弹出【将打印输出另存为】对话框，输出内容默认以PDF文档格式显示，设置好文件的保存位置和名称；❷单击【保存】按钮，如下图所示。

8.2 文档校对使用技巧

编辑完成长文档后，经常需要对文档进行校对，如检查语法错误、统计文档字数等，以及还需要其他审阅者对文档进行批改。

---

305 自动检查语法错误

适用版本	使用指数
2010、2013、2016、2019	★★★★★

扫一扫，看视频

使用说明

当文档中发生语法错误时，Word会自动检测，并用蓝色或红色的波浪线标示。若Word没有自动检查语法错误，或不小心关闭了自动检查语法错误功能，可以手动设置。

解决方法

要使用自动检查语法错误功能，具体操作方法如下。

步骤 01 在Word文档界面切换到【文件】选项卡，如下图所示。

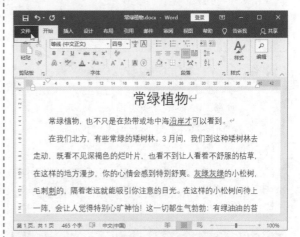

步骤 02 在程序界面左侧单击【选项】选项，如下图所示。

步骤 03 ❶弹出【Word选项】对话框，在左侧列表中切换到【校对】选项卡；❷在【在Word中更正拼写和语法时】选项组中，勾选【键入时标记语法错误】复选框；❸单击【确定】按钮，如下图所示。

温馨提示

若不希望文档中提示语法错误，可以在【校对】选项卡中取消勾选【键入时标记语法错误】复选框，然后单击【确定】按钮。

步骤 04 返回Word文档界面，切换到【审阅】选项卡，在【校对】组中单击【拼写和语法】按钮，如下图所示。

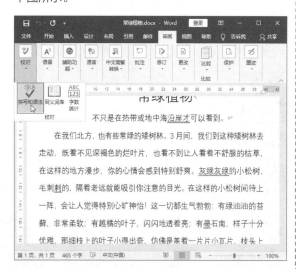

步骤 05 程序窗口右侧将显示【校对】任务窗格，并从光标处开始自动显示第一处错误及其错误原因，如下图所示。

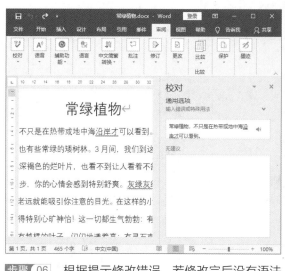

步骤 06 根据提示修改错误，若修改完后没有语法错误，【校对】任务窗格中将以灰色显示，如下图所示。

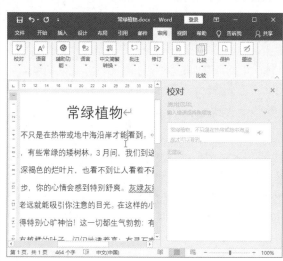

306 隐藏拼写和语法错误标记

扫一扫，看视频

适用版本	使用指数
2010、2013、2016、2019	★★★★★

使用说明

如果不需要提示拼写和语法错误，可以关闭整个Word的自动检查拼写和语法错误功能，也可以只隐藏当前文档的拼写和语法错误标记。

解决方法

例如，要隐藏当前文档的拼写和语法错误标记，具体操作方法如下。

步骤 01 ❶打开【Word选项】对话框，切换到【校对】选项卡；❷在【例外项】下拉列表框中选择要隐藏语法和拼写错误标记的文档；❸勾选【只隐藏此文档中的拼写错误】和【只隐藏此文档中的语法错误】复选框；❹单击【确定】按钮，如下图所示。

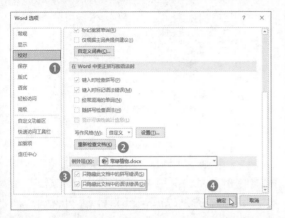

步骤 02 返回文档界面即可看到当前文档中的所有拼写和语法错误标记都被隐藏了，如下图所示。

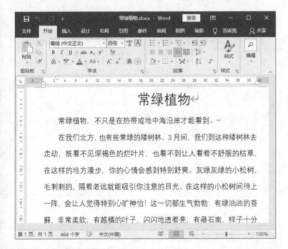

307　快速统计文档字数

适用版本	使用指数
2010、2013、2016、2019	★★★☆☆

扫一扫，看视频

使用说明

如果需要统计文档字数，可以使用Word的字数统计功能简单统计当前文档的页码、字数和段落数等信息。

解决方法

要统计文档字数，具体操作方法如下。

步骤 01 Word文档下方的状态栏中默认显示了文档的当前页数、总页数和字数等信息，要查看详细情况，可以单击字数统计栏，如下图所示。

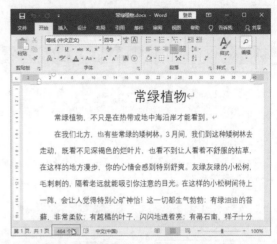

步骤 02 弹出【字数统计】对话框，其中将显示详细的统计信息，如页数、字数、字符数、段落数以及行数等，查看完成后单击【关闭】按钮关闭对话框，如下图所示。

308　中英文互译

适用版本	使用指数
2010、2013、2016、2019	★★★☆☆

扫一扫，看视频

使用说明

要将文档中的中文翻译为英文，或者将英文翻译为中文，除了通过网上的中英文互译程序或专门的翻译软件，还可以使用Word的翻译功能快速实现。

解决方法

例如，要将文档中的某个中文段落翻译为英文，具体操作方法如下。

步骤 01 ❶选中要翻译为英文的中文段落；❷切换到【审阅】选项卡；❸在【语言】组中单击【翻译】下拉按钮；❹在弹出的下拉列表中选择【翻译所选内容】选项，如下图所示。

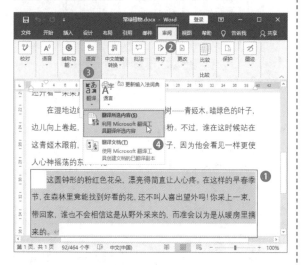

温馨提示

若要对整篇文档进行中英文互译，可以在【语言】组中单击【翻译】下拉按钮，在弹出的下拉列表中选择【翻译文档】选项。

步骤 02 ❶程序窗口右侧将显示【翻译工具】任务窗格，因为选择的是段落，此时默认切换到【选择】选项卡，单击【目标语言】选项组右侧的语言；❷在弹出的下拉列表中选择要翻译为的目标语言，本例选择【英语】，如下图所示。

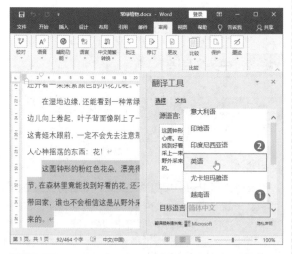

步骤 03 ❶单击【目标语言】选项组下方的文本框，可看到里面的内容由原本的中文变为了英文；❷单击【插入】按钮，如下图所示。

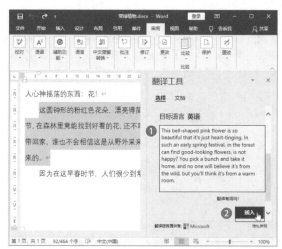

步骤 04 关闭【翻译工具】任务窗格，在文档中可以看到所选段落被翻译为英文的效果，如下图所示。

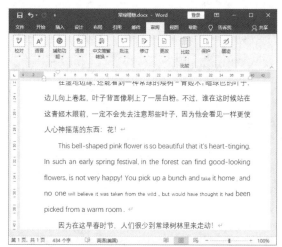

309 手动设置校对语言

扫一扫，看视频

适用版本	使用指数
2010、2013、2016、2019	★★★☆☆

使用说明

使用英文的国家有很多，各个地方有不同的习俗和语法习惯，如果有特殊需求，可以手动设置校对语言。

解决方法

要手动设置校对语言，具体操作方法如下。

步骤 01 ❶切换到【审阅】选项卡；❷在【语言】组中单击【语言】下拉按钮；❸在弹出的下拉列表中选择【设置校对语言】选项，如下图所示。

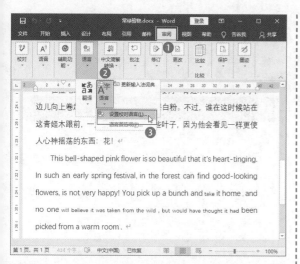

步骤 02 ❶弹出【语言】对话框，在列表框中选择要校对的语言选项；❷单击【确定】按钮，如下图所示。

310 新建和删除批注

适用版本	使用指数
2010、2013、2016、2019	★★★☆☆

扫一扫，看视频

使用说明

审阅者审阅文档时，如果对文档某处有疑问或建议，可以将自己的见解添加到批注中供创建者查看。若不再需要批注，可以将其删除。

解决方法

例如，要在文档中新建一条批注，并将其删除，具体操作方法如下。

步骤 01 ❶选中要添加批注的文本内容，或者将光标定位到要添加批注的位置；❷切换到【审阅】选项卡；❸在【批注】组中单击【新建批注】按钮，如下图所示。

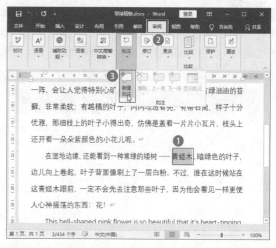

步骤 02 此时，页面右侧将显示批注框，并用一条与批注框同颜色的线条将要批注的文字和批注框连接，如下图所示。

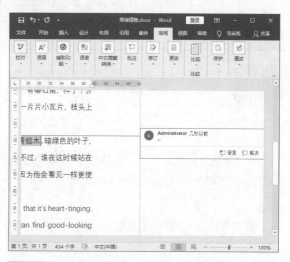

步骤 03 在批注框中输入内容，如下图所示。

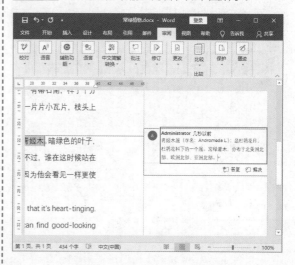

步骤 04 ❶要删除添加的批注，可以将批注框或者批注的文字选中；❷在【审阅】选项卡【批注】组中单击【删除】下拉按钮；❸在弹出的下拉列表中选择【删除】选项，如下图所示。

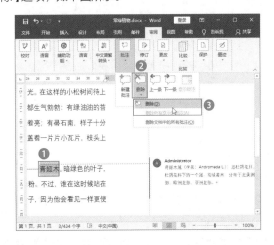

311 显示和隐藏批注

扫一扫，看视频

适用版本	使用指数
2010、2013、2016、2019	★★★☆☆

使用说明

默认情况下，Word 2019将在文档中显示批注的全部内容，用户可以根据需要将添加的批注隐藏。

解决方法

要在Word文档中显示和隐藏批注，具体操作方法如下。

步骤 01 ❶在文档中切换到【审阅】选项卡；❷在【修订】组中单击【显示标记】下拉按钮；❸在弹出的下拉列表中可以看到【批注】项被勾选，表示当前为显示状态，若要隐藏批注，可以选择该选项，如下图所示。

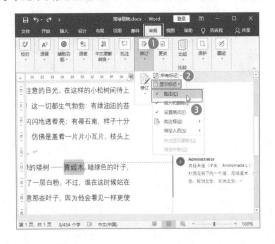

步骤 02 ❶隐藏批注后，若要重新显示，可以再次单击【显示标记】下拉按钮；❷在弹出的下拉列表中可以看到【批注】项未被勾选，选择【批注】选项，如下图所示。

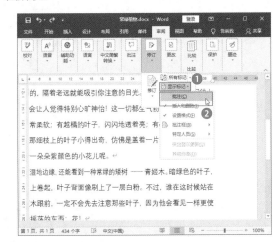

步骤 03 返回Word文档界面，即可看到批注已重新显示，如下图所示。

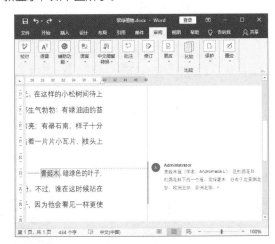

312 显示和删除特定审阅者的批注

扫一扫，看视频

适用版本	使用指数
2010、2013、2016、2019	★★★☆☆

使用说明

若文档中包含多个审阅者的批注，用户可以根据需要显示和删除特定审阅者的批注内容。

解决方法

例如，要显示审阅者【liu liu】的批注，并将其全部删除，具体操作方法如下。

步骤 01 如果文档中有多人批注，文档中将显示所有审阅者的批注内容，如下图所示。

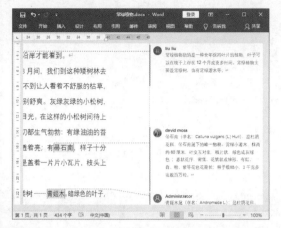

步骤 02 ❶切换到【审阅】选项卡；❷在【修订】组中单击【显示标记】下拉按钮；❸在弹出的下拉列表中选择【特定人员】选项；❹在弹出的子菜单中选择不需要显示的审阅者名称，如下图所示。

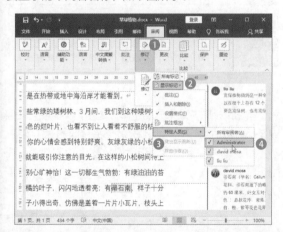

步骤 03 按照第2步操作继续设置其他不需要显示的审阅者，只保留【liu liu】审阅者的勾选，如下图所示。

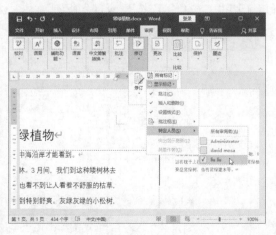

步骤 04 ❶此时，文档中将只保留【liu liu】审阅者的批注内容，切换到【审阅】选项卡，单击【批注】组中的【删除】下拉按钮；❷在弹出的下拉列表中选择【删除所有显示的批注】选项，如下图所示。

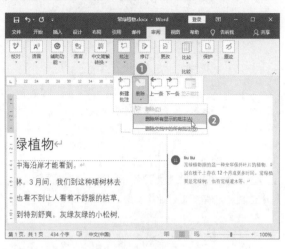

313 更改批注框线颜色

适用版本	使用指数
2010、2013、2016、2019	★★★☆☆

扫一扫，看视频

使用说明

如果文档被多个审阅者进行了批注，默认情况下，不同审阅者的批注框将以不同的颜色区分。为了让整个文档保持统一，可以将批注框线设置为同样的颜色。

解决方法

要更改批注框线颜色，具体操作方法如下。

步骤 01 ❶在文档中切换到【审阅】选项卡；❷单击【修订】组右下角的展开按钮，如下图所示。

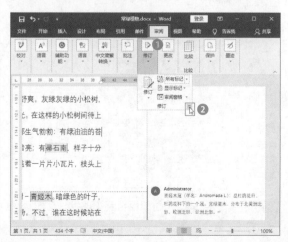

步骤 02 弹出【修订选项】对话框，单击【高级选项】按钮，如下图所示。

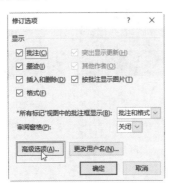

步骤 03 ❶弹出【高级修订选项】对话框，单击【标记】选项组中的【批注】下拉列表框，选择需要的批注边框颜色；❷单击【确定】按钮，如下图所示。

步骤 04 返回【修订选项】对话框，单击【确定】按钮，如下图所示。

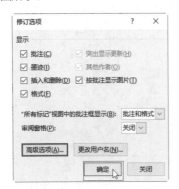

步骤 05 返回文档界面即可看到更改批注边框颜色后的效果，如下图所示。

8.3 文档修订应用技巧

审阅者如果觉得文档有不妥之处，还可以对文档进行修订，以便让作者清楚地看到修改了哪些内容。

314 启用和取消修订模式

扫一扫，看视频

适用版本	使用指数
2010、2013、2016、2019	★★★★★

使用说明

审阅文档时，如果开启了修订功能，文档中有任何操作都会有相应的提示，以便他人看到修改的具体内容。

如果不再需要修订，还可以将修订功能取消，返回正常编辑模式。

解决方法

要在Word中启用和取消修订模式，具体操作方法如下。

步骤 01 ❶在文档中切换到【审阅】选项卡；❷在【修订】组中单击【修订】按钮，如下图所示。

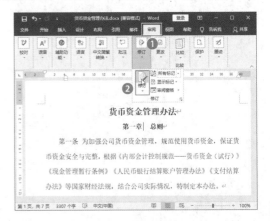

步骤 02　若要取消修订状态，可以再次进入【修订】组，此时可以看到【修订】按钮呈选中状态，表示文档正处于修订模式，再次单击【修订】按钮，可以将修订功能取消，如下图所示。

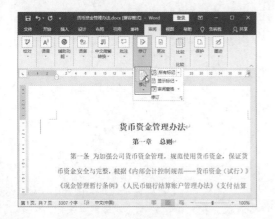

315　锁定和取消锁定修订功能

适用版本	使用指数
2010、2013、2016、2019	★★★☆☆

扫一扫，看视频

使用说明

为了避免他人误操作导致文档的修订内容被接受或拒绝，以至于作者不知道何处进行了修改，我们可以锁定修订功能，在锁定修订状态下，审阅者对文档做出的每一个修改都会在文档中标记出来。

解决方法

要锁定并取消锁定文档的修订功能，具体操作方法如下。

步骤 01　❶在文档中切换到【审阅】选项卡；❷在【修订】组中单击【修订】下拉按钮；❸在弹出的下拉列表中选择【锁定修订】选项，如下图所示。

步骤 02　❶弹出【锁定修订】对话框，在【输入密码（可选）】文本框中输入锁定修订的密码；❷在【重新输入以确认】文本框中确认输入的密码；❸单击【确定】按钮，如下图所示。

步骤 03　❶要取消锁定修订功能，可以再次单击【修订】下拉按钮；❷在弹出的下拉列表中选择【锁定修订】选项，如下图所示。

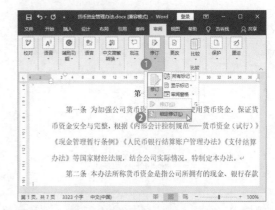

步骤 04　❶弹出【解除锁定跟踪】对话框，在【密码】文本框中输入刚才设置的锁定修订密码；❷单击【确定】按钮，如下图所示。

316　更改标记显示方式

适用版本	使用指数
2010、2013、2016、2019	★★★☆☆

扫一扫，看视频

使用说明

默认情况下，对文档进行修订时，不同的修改方式会以不同的形式标记出来，以示区分，用户需要更改标记的显示方式。

解决方法

例如，要修改插入内容和删除内容的标记颜色，具体操作方法如下。

步骤 01　❶在文档中切换到【审阅】选项卡；❷在【修订】组中单击右下角的展开按钮 ▫，如下图所示。

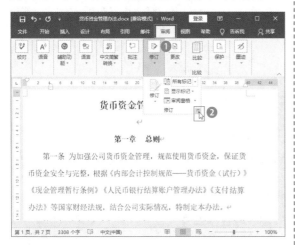

步骤 02　弹出【修订选项】对话框，单击【高级选项】按钮，如下图所示。

步骤 03　❶弹出【高级修订选项】对话框，在【标记】选项组中分别单击【插入内容】和【删除内容】选项右侧的【颜色】下拉按钮，对插入内容和删除内容的字体颜色进行修改；❷单击【确定】按钮，如下图所示。

步骤 04　返回Word文档界面，再次对文档进行修订，即可看到插入内容和删除内容的字体颜色发生了变化，如下图所示。

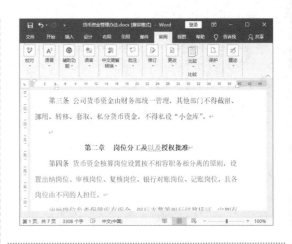

317　更改文档修订者的姓名

扫一扫，看视频

适用版本	使用指数
2010、2013、2016、2019	★★★☆☆

使用说明

　　如果多个审阅者使用同一台计算机对文档进行修订，默认情况下会显示同一个审阅者的姓名，为了区别不同的审阅者，用户可以更改文档中审阅者的姓名。

解决方法

　　例如，要将审阅者更改为【liu liu】，具体操作方法如下。

步骤 01　❶在文档中切换到【审阅】选项卡；❷在【修订】组中单击右下角的展开按钮 ▫，如下图所示。

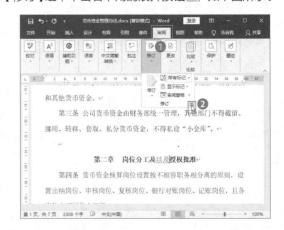

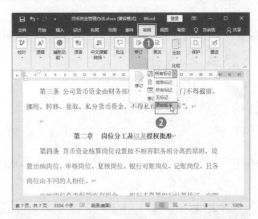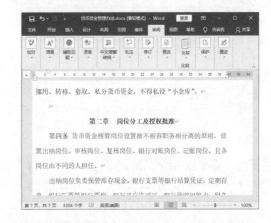

步骤 02 弹出【修订选项】对话框，单击【更改用户名】按钮，如下图所示。

步骤 03 ❶弹出【Word选项】对话框，切换到【常规】选项卡；❷在右侧【对Microsoft Office进行个性化设置】选项组中输入需要的用户名和缩写；❸单击【确定】按钮，如下图所示。

步骤 04 返回【修订选项】对话框，单击【确定】按钮，如下图所示。

318 显示被修订文档的原始状态

适用版本	使用指数
2010、2013、2016、2019	★★★☆☆

扫一扫，看视频

使用说明

对文档进行修订后，如果需要显示被修订文档的原始状态，可以通过设置实现。

解决方法

要显示被修订文档的原始状态，具体操作方法如下。

步骤 01 ❶在文档中切换到【审阅】选项卡；❷在【修订】组中单击【显示以供审阅】下拉列表框，在弹出的下拉列表中选择【原始版本】选项，如下图所示。

步骤 02 在文档界面即可看到文档恢复为原始状态的效果，如下图所示。

319 接受或拒绝修订

适用版本	使用指数
2010、2013、2016、2019	★★★★☆

扫一扫，看视频

使用说明

审阅者修订文档后，如果用户对修订内容满意，可以接受修订；如果不满意，也可以拒绝采用修订内容。在Word中可以逐条接受或拒绝修订，也可以一次性接受或拒绝修订所有内容。

解决方法

要对文档中的修订内容接受或拒绝修订，具体操作方法如下。

步骤 01 ❶将光标定位到某修订位置；❷在【审阅】选项卡【更改】组中单击【接受】按钮，如下图所示。

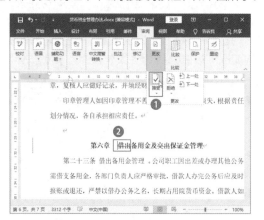

步骤 02 文档将自动接受光标处之后的第一处修订内容，并自动跳转到下一条修订，如下图所示。

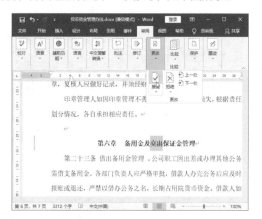

步骤 03 ❶若要拒绝修订，可以选中修订内容，或者将光标定位到要拒绝修订内容之前；❷在【更改】组中单击【拒绝】按钮，如下图所示。

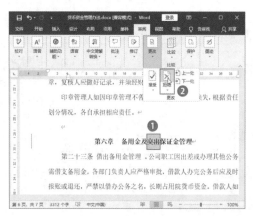

步骤 04 此时，文档将拒绝光标处之后的第一处修订，并自动跳转到下一条修订，如下图所示。

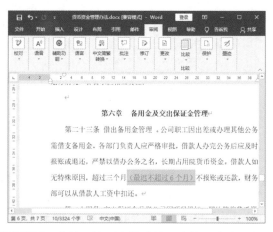

步骤 05 ❶若要接受文档中的所有修订内容，可以在【更改】组中单击【接受】下拉按钮；❷在弹出的下拉列表中选择【接受所有修订】选项，如下图所示。

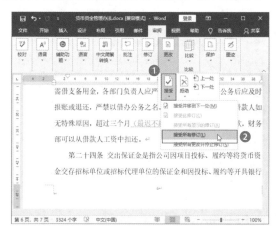

步骤 06 ❶若要拒绝文档中的所有修订内容，可以在【更改】组中单击【拒绝】下拉按钮；❷在弹出的下拉列表中选择【拒绝所有修订】选项，如下图所示。

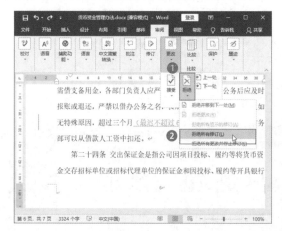

温馨提示

如果【接受】和【拒绝】修订按钮无法操作，有可能是修订功能被锁定，按照前面介绍的方法取消【锁定修订】功能即可。

320　在打印时隐藏修订和批注

适用版本	使用指数
2010、2013、2016、2019	★★★☆☆

扫一扫，看视频

使用说明

在文档中添加批注和进行修订后，默认情况下能随同正文内容一起打印出来，如果希望打印时只打印正文，可以将修订和批注隐藏。

解决方法

如果希望在打印时隐藏修订和批注，具体操作方法如下。

步骤 01　在文档中添加修订和批注后，在打印预览中可以看到能打印的所有内容，如下图所示。

步骤 02　❶在文档中切换到【审阅】选项卡；❷在【修订】组中单击【显示以供审阅】下拉列表框，在弹出的下拉列表中选择【无标记】选项，如下图所示。

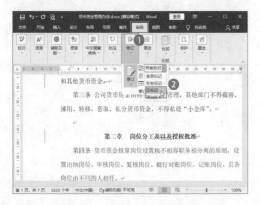

步骤 03　若要在文档中重新显示修订和批注内容，可以再次单击【显示以供审阅】下拉列表框，在弹出的下拉列表中选择【所有标记】选项，如下图所示。

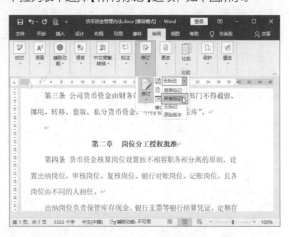

321　将对文档的所有更改自动变成修订

适用版本	使用指数
2010、2013、2016、2019	★★★☆☆

扫一扫，看视频

使用说明

为了避免他人误编辑，可以使用Word的文档保护功能，让所有对文档的更改自动变成修订操作。

解决方法

要将对文档的所有更改自动变成修订，具体操作方法如下。

步骤 01　❶在文档中切换到【审阅】选项卡；❷在【保护】组中单击【限制编辑】按钮，如下图所示。

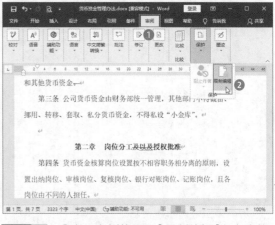

步骤 02　❶窗口右侧将显示【限制编辑】任务窗格，勾选【编辑限制】选项组中的【仅允许在文档中进行此

类型的编辑】复选框；❷单击下方的列表框，选择【修订】选项；❸单击【是，启动强制保护】按钮，如下图所示。

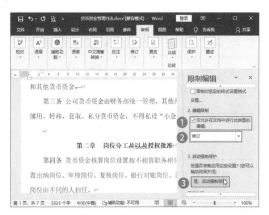

步骤 03　❶弹出【启动强制保护】对话框，在【新密码（可选）】文本框中输入保护密码；❷在【确认新密码】文本框中确认密码；❸单击【确定】按钮，如下图所示。

步骤 04　在文档中进行任意编辑，即可看到以修订方式显示的状态，如下图所示。

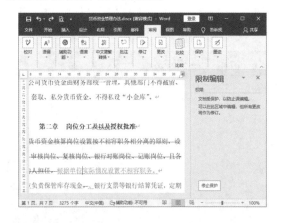

知识拓展

若要停止对文档的保护，可以单击【限制编辑】任务窗格中的【停止保护】按钮，然后在弹出的【取消保护】对话框中输入密码并确认。

322　检查文档是否有修订和批注

扫一扫，看视频

适用版本	使用指数
2010、2013、2016、2019	★★☆☆☆

使用说明

如果文档较长，难免会出现漏看修订和批注的情况，此时可以使用文档检查器查看文档中是否还存在修订和批注内容。

解决方法

要检查文档是否有修订和批注，具体操作方法如下。

步骤 01　❶打开【Word选项】对话框，切换到【信任中心】选项卡；❷单击【信任中心设置】按钮，如下图所示。

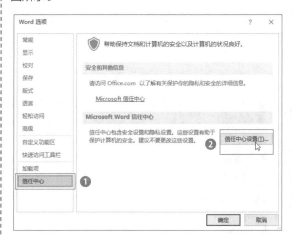

步骤 02　❶弹出【信任中心】对话框，切换到【隐私选项】选项卡；❷在【文档特定设置】选项组中单击【文档检查器】按钮，如下图所示。

步骤 03　❶弹出【文档检查器】对话框，只保留勾选【批注、修订和版本】复选框；❷单击【检查】按钮，如下图所示。

步骤 04　稍等片刻，即可看到审阅检查的结果，根据需要单击【全部删除】按钮或关闭对话框修改文件，如下图所示。

第 9 章
Word 高级办公应用技巧

在编辑Word文档过程中，使用Word控件功能可以限制用户在文档中能够编辑的文档范围，例如，用户只能进行选择或填空，无法编辑文档其他内容。而域是引导Word在文档中自动插入文字、图形、页码或其他信息的一组代码，如使用域代码插入日期或时间等。此外，在Word中还可以引用Excel和PowerPoint中的数据，实现多软件的交互办公。本章主要介绍控件、域与交互办公的使用方法及相关技巧。

下面来看看以下一些日常办公中常见的问题，你是否会处理或已掌握处理方法。

√ 将制作好的合同发送给对方填写相关信息，除了需要对方填写的地方可以操作，其他部分不允许对方修改，应该如何设置？

√ 发送一份问卷调查给员工回答，如果希望员工在备选答案中选择一个，其他内容不允许编辑，该如何设置呢？

√ 如果需要客户在调查报告的指定区域填写自己的想法和建议，又不能对其他区域进行编辑，该如何实现呢？

√ 编辑文档时，一页只能显示一个页码，如何让双栏排版的左右两栏各自拥有独立的页码呢？

√ 可以将制作的 PPT 文件应用到 Word 文档中吗？

……

希望通过本章内容的学习，能帮助你解决以上问题，并学会更多有关Word的高级办公应用技巧。

9.1　控件的使用技巧

使用控件可以制作填空、单选项和多选项等特殊格式的窗口。本节将为读者介绍控件的使用技巧。

323　制作填空格式合同

适用版本	使用指数
2010、2013、2016、2019	★ ★ ☆ ☆ ☆

扫一扫，看视频

使用说明

如果只需他人填写文档中的指定区域，不允许编辑其他部分，可以使用控件功能制作一个填空格式的文档。

解决方法

例如，要在【房屋租赁合同】中只允许填写出租方和承租方的姓名，具体操作方法如下。

步骤 01　❶打开【Word选项】对话框，切换到【自定义功能区】选项卡；❷单击右侧【自定义功能区】下拉列表框，选择【主选项卡】选项；❸在下方的列表框中勾选【开发工具】复选框；❹单击【确定】按钮，如下图所示。

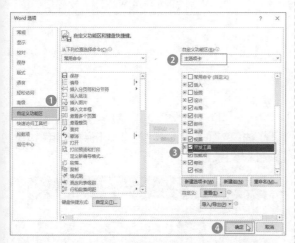

🦉 **温馨提示**

　Word默认没有开启【开发工具】选项卡，需要在【Word选项】对话框中将其添加到功能区中。

步骤 02　在Word文档中输入【房屋租赁合同】中不允许他人随意改动的文本内容，如下图所示。

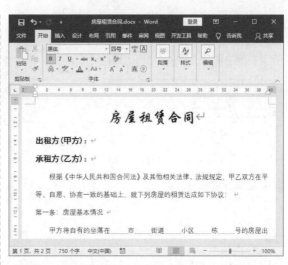

步骤 03　❶将光标定位到要插入文本框的位置；❷切换到【开发工具】选项卡；❸在【控件】组中单击【旧式工具】下拉按钮🛠；❹在弹出的下拉列表中选择【文本框】按钮abl，如下图所示。

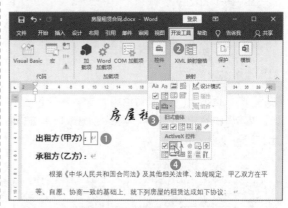

步骤 04　右击添加的文本框，在弹出的快捷菜单中选择【属性】选项，如下图所示。

步骤 05 弹出【属性】对话框,【Font】选项右侧内容为填入文本框的字体,若需要更改,可以单击字体类型右侧的展开按钮 ... ,如下图所示。

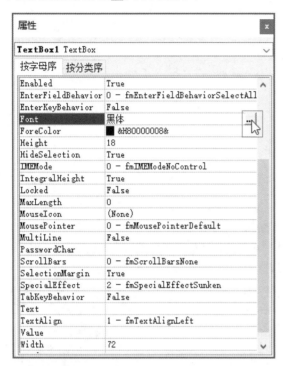

步骤 06 ❶弹出【字体】对话框,根据需要设置添加到文本框中的文本的字体、字形和大小;❷单击【确定】按钮,如下图所示。

步骤 07 ❶根据需要设置文本框的高度和宽度,其中高度为【Height】,宽度为【Width】,本例只更改了文本框的宽度,将其值更改为【100】;❷设置完成后,单击对话框右上角的【关闭】按钮关闭对话框,如下图所示。

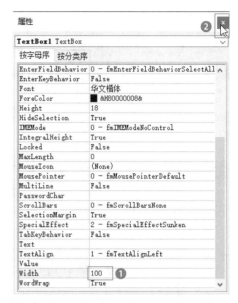

步骤 08 按照上面的操作为【承租方(乙方)】设置文本框,并设置与【出租方(甲方)】同样的文本框属性,完成后的效果如下图所示。

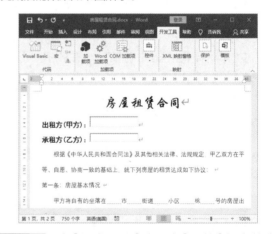

步骤 09 在【开发工具】选项卡【保护】组中单击【限制编辑】按钮,如下图所示。

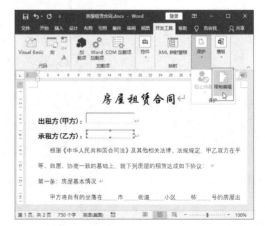

步骤 10 ❶程序窗口右侧将显示【限制编辑】任务窗格，在【编辑限制】选项组中勾选【仅允许在文档中进行此类型的编辑】复选框；❷在下方的下拉列表中选择【填写窗体】选项；❸单击【是，启动强制保护】按钮，如下图所示。

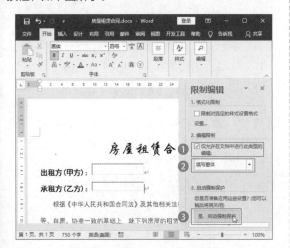

步骤 11 ❶弹出【启动强制保护】对话框，在【新密码（可选）】和【确认新密码】文本框中输入相同的密码；❷单击【确定】按钮，如下图所示。

步骤 12 返回Word文档界面，在文本框中输入内容，即可发现除了文本框可以编辑，文档其他位置都无法进行设置，如下图所示。

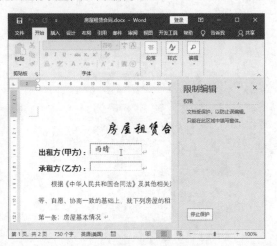

324 制作下拉列表选择式判断题

适用版本	使用指数
2010、2013、2016、2019	★★★☆☆

扫一扫，看视频

使用说明

　　在Word文档中制作试卷或调查问卷等文档时，有可能会遇到需要读者对该题做出判断的情况，这时可以通过制作下拉列表选择式判断题。

解决方法

　　例如，要在文档的判断题右侧添加选择式判断题控件，具体操作方法如下。

步骤 01 在文档中输入判断题内容，并在每题后面添加一个括号，用于填写判断符号，如下图所示。

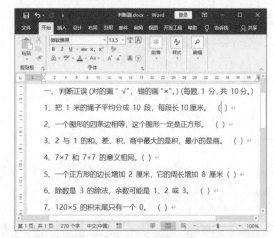

步骤 02 ❶将光标定位到其中一个括号中；❷在【开发工具】选项卡中单击【控件】组中的【旧式工具】下拉按钮；❸在弹出的下拉列表中单击【组合框（窗体控件）】按钮，如下图所示。

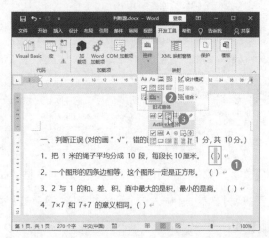

判断题通常需要设置三个选项,【空白】【√】【×】,其中默认显示【空白】选项,表示未做出判断,【√】表示正确,【×】表示错误。

步骤 03 此时,圆括号中将出现一个组合框,如下图所示。

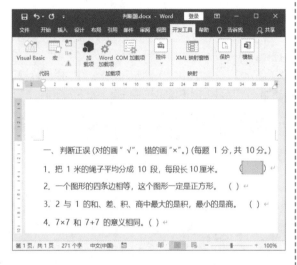

步骤 04 右击组合框,在弹出的快捷菜单中选择【属性】选项,如下图所示。

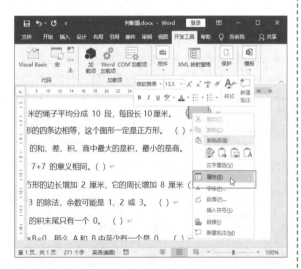

步骤 05 ❶弹出【下拉型窗体域选项】对话框,在【下拉项】文本框中输入一个全角的空格;❷单击【添加】按钮,如下图所示。

步骤 06 ❶弹出【下拉型窗体域选项】对话框,在【下拉项】文本框中输入【√】;❷单击【添加】按钮,如下图所示。

添加判断选项后,单击列表框右侧的【向上】或【向下】移动按钮,可以设置下拉项的排列位置。

步骤 07 ❶弹出【下拉型窗体域选项】对话框,在【下拉项】文本框中输入【×】;❷单击【添加】按钮,如下图所示。

步骤 08 此时,【下拉列表中的项目】列表框中可以看到添加的几个选项,设置完成后单击【确定】按钮,如下图所示。

步骤 09 按照上面的操作为其他判断题设置下拉型窗体域选项,效果如下图所示。

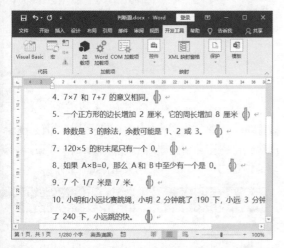

步骤 10 在【开发工具】选项卡【保护】组中单击【限制编辑】按钮,如下图所示。

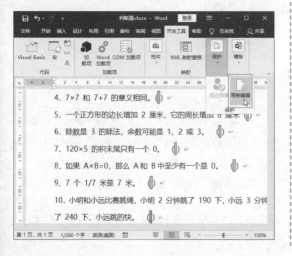

步骤 11 ❶程序窗口右侧将显示【限制编辑】任务窗格,在【编辑限制】选项组中勾选【仅允许在文档中进行此类型的编辑】复选框;❷在下方的下拉列表中选择【填写窗体】选项;❸单击【是,启动强制保护】按钮,如下图所示。

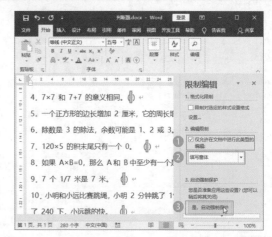

步骤 12 ❶弹出【启动强制保护】对话框,在【新密码(可选)】和【确认新密码】文本框中输入相同的密码;❷单击【确定】按钮,如下图所示。

步骤 13 返回 Word 文档界面,在括号中可以看到添加的下拉型选择判断按钮,单击该按钮,可以选择判断内容,如下图所示。

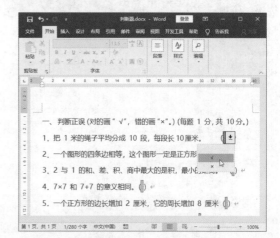

步骤 14 按照上面的方法为其他判断题添加下拉型选择判断按钮，并根据题目做出判断，完成后的效果如下图所示。

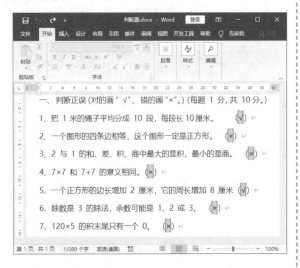

325 使用选择按钮控件制作单项选择题

扫一扫，看视频

	适用版本	使用指数
	2010、2013、2016、2019	★★★☆☆

使用说明

在制作调查问卷或试卷时，有可能会遇到需要做单项选择的情况，即在多个备选答案中选择一个正确答案，此时可以使用选择按钮控件制作单项选择题。

解决方法

要使用控件制作单项选择题，具体操作方法如下。

步骤 01 在文档中输入单项选择题内容，如下图所示。

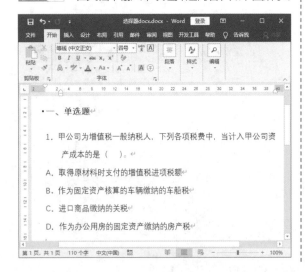

温馨提示

设置单选项和多选项时，需要在【属性】对话框中编辑各个选项的备选答案内容，因此文档中可以先输入备选答案，方便后面制作时复制粘贴，也可以不输入内容。

步骤 02 ❶将光标定位到要插入单选符号的位置；❷在【开发工具】选项卡中单击【控件】组中的【旧式工具】下拉按钮；❸在弹出的下拉列表中单击【选项按钮】按钮，如下图所示。

步骤 03 ❶此时，文档中将创建一个名为【Option Button1】的选项按钮，选中该按钮；❷在【开发工具】选项卡【控件】组中单击【属性】按钮，如下图所示。

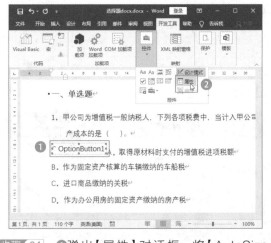

步骤 04 ❶弹出【属性】对话框，将【AutoSize】的值更改为【True】；❷将文档中输入的第一个备选答案内容剪切并粘贴在【Caption】选项右侧文本框中；❸将【GroupName】的值更改为【第1题】；❹设置完成后单击右上角的【关闭】按钮关闭对话框，如下图所示。

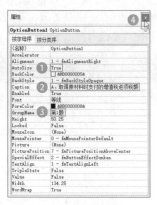

步骤 05 在返回的文档中调整单选项的高度和宽度，如下图所示。

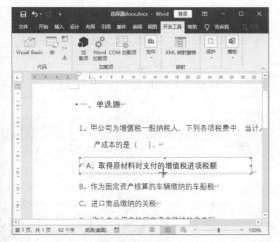

步骤 06 按照前面的方法添加第二个单选项，并设置相关属性，如下图所示。

温馨提示

　　编辑单选项和多选项属性时，【Caption】为备选按钮内容，一个题目中各个选项的值均不同；【GroupName】可以是任意数值，但要保证每一个题目的所有选项的 GroupName 值相同。

步骤 07 按照前面的方法添加第三个单选项，并设置相关属性，如下图所示。

步骤 08 按照前面的方法添加最后一个单选项，并设置相关属性，如下图所示。

步骤 09 ❶在返回的文档中调整好各个单选项的长度和宽度；❷在【控件】组中单击【设计模式】按钮退出控件设计状态，如下图所示。

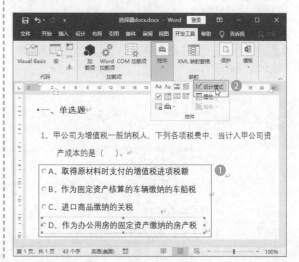

步骤 10 在【开发工具】选项卡【保护】组中单击【限制编辑】按钮，如下图所示。

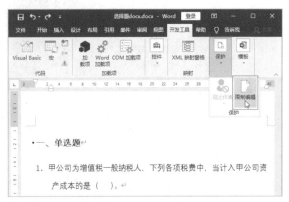

步骤 11 ❶程序窗口右侧将显示【限制编辑】任务窗格，在【编辑限制】选项组中勾选【仅允许在文档中进行此类型的编辑】复选框；❷在下方的下拉列表中选择【填写窗体】选项；❸单击【是，启动强制保护】按钮，如下图所示。

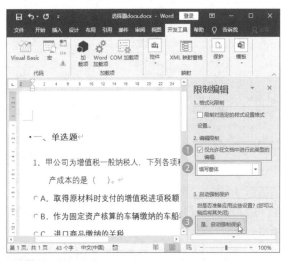

步骤 12 ❶弹出【启动强制保护】对话框，在【新密码（可选）】和【确认新密码】文本框中输入相同的密码；❷单击【确定】按钮，如下图所示。

步骤 13 返回Word文档界面即可看到除了单选项可以选择，其他文本位置将无法编辑，如下图所示。

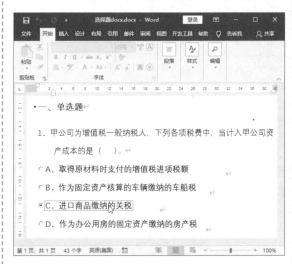

326 使用复选框控件制作多项选择题

适用版本	使用指数
2010、2013、2016、2019	★★★☆☆

扫一扫，看视频

使用说明

编辑调查问卷或试卷等文档时，如果一个问题有多个答案，就需要制作一些多项选择的题目，可以使用复选框控件制作多项选择题。

解决方法

要使用复选框控件制作多项选择题，具体操作方法如下。

步骤 01 在文档中输入多项选择题的相关内容，如下图所示。

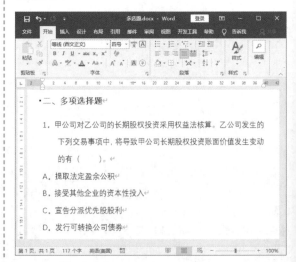

步骤〔02〕 ❶将光标定位到要插入多选框符号的位置；❷在【开发工具】选项卡中单击【控件】组中的【旧式工具】下拉按钮🛠；❸在弹出的下拉列表中单击【复选框】按钮☑，如下图所示。

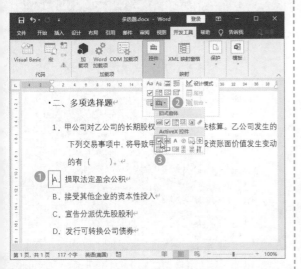

步骤〔03〕 ❶此时文档中将创建一个名为【CheckBox1】的复选框按钮，选中该按钮；❷在【开发工具】选项卡【控件】组中单击【属性】按钮，如下图所示。

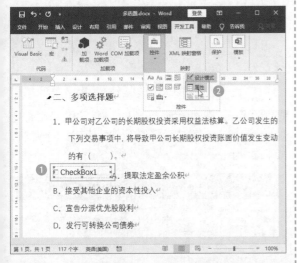

步骤〔04〕 ❶打开【属性】对话框，设置【AutoSize】的值为【True】；❷将文档中的第一个备选答案内容剪切到【Caption】项右侧的文本框中；❸设置【GroupName】为【第1题】；❹设置完成后关闭对话框，如下图所示。

💡 知识拓展

　　添加多个复选框后，单击【属性】对话框上方右侧的下拉按钮，在弹出的下拉列表中可以选择要设置属性的复选框名称。

步骤〔05〕 按照第4步操作添加第二个复选框，并设置其相关属性，如下图所示。

步骤〔06〕 按照第4步操作添加第三个复选框，并设置其相关属性，如下图所示。

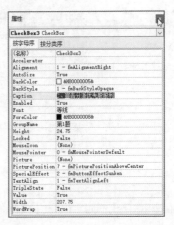

步骤 07 按照第4步操作添加最后一个复选框,并设置其相关属性,如下图所示。

步骤 08 ❶在返回的文档中调整好多选项的大小和宽度;❷在【控件】组中单击【设计模式】按钮退出设计状态,如下图所示。

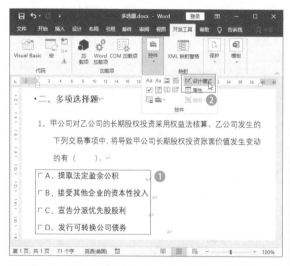

步骤 09 在【开发工具】选项卡【保护】组中单击【限制编辑】按钮,如下图所示。

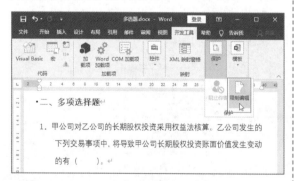

步骤 10 ❶程序窗口右侧将显示【限制编辑】任务窗格,在【编辑限制】选项组中勾选【仅允许在文档中进行此类型的编辑】复选框;❷在下方的下拉列表中选择【填写窗体】选项;❸单击【是,启动强制保护】按钮,如下图所示。

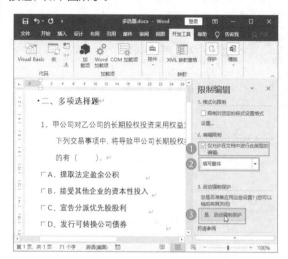

步骤 11 ❶弹出【启动强制保护】对话框,在【新密码(可选)】和【确认新密码】文本框中输入相同的密码;❷单击【确定】按钮,如下图所示。

步骤 12 返回Word文档界面,可以对复选框进行操作,且发现除复选框外,其他文本都无法进行编辑,如下图所示。

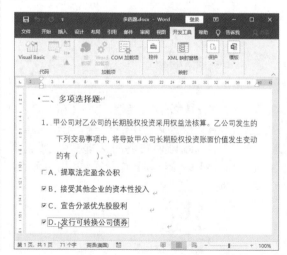

327　使用文本内容控件制作提示文字

适用版本	使用指数
2010、2013、2016、2019	★★★☆☆

扫一扫，看视频

使用说明

　　在实际工作中，如果需要让填表人填写一些具有特殊要求的表格，如果填表人不清楚要求或格式，有可能需要重新填写，这样非常耽搁时间，此时，使用控件提示填写要求可以避免这种情况。

解决方法

　　要在文档中使用文本内容控件制作提示文字，具体操作方法如下。

步骤 01　在Word文档中输入固定内容的文本，并设置好相关格式，如下图所示。

步骤 02　❶将光标定位到要插入文本内容控件的位置；❷在【开发工具】选项卡的【控件】组中单击需要的控件按钮，本例单击【格式文本内容控件】按钮Aa，如下图所示。

步骤 03　此时，在光标位置可以看到默认插入的【单击或点击此处输入文字】提示文本，并呈选中状态，

单击【开发工具】选择卡【控件】组中的【属性】按钮。

步骤 04　❶弹出【内容控件属性】对话框，根据需要设置控件标题、标记及边界框颜色；❷若要对显示在内容控件中的文本格式进行设置，可以勾选【使用样式设置键入空控件中的文本格式】复选框；❸单击【新建样式】按钮，如下图所示。

步骤 05　❶弹出【根据格式化创建新样式】对话框，根据需要设置内容控件中的字体、字号、字体颜色等格式；❷设置完成后单击【确定】按钮，如下图所示。

步骤 06 ❶返回【内容控件属性】对话框，勾选【内容被编辑后删除内容控件】复选框；❷单击【确定】按钮，如下图所示。

步骤 07 在文档中可以看到插入的文本内容控件上方显示了提示文字，如下图所示。

步骤 08 在文本内容控件中输入需要的文字，即可看到输入内容后文本内容控件框自动消失了，如下图所示。

步骤 09 按照上面的方法继续设置其他文本内容控件，并输入文本内容，完成后的效果如下图所示。

9.2 域的使用技巧

域是一组代码，用来引导Word在文档中自动插入文字、图形、页码或其他信息，与Excel中的函数功能相似。本节将介绍Word中域的使用方法及相关技巧。

328 通过域对话框插入日期

扫一扫，看视频

	适用版本	使用指数
	2010、2013、2016、2019	★ ★ ★ ☆ ☆

使用说明

前面介绍了在文档中插入日期和时间格式的方法，如果需要插入可以自动更新的日期或时间，可以通过域实现。

解决方法

例如，要通过域对话框插入当前日期，具体操作方法如下。

步骤 01 ❶将光标定位到需要插入日期的位置；❷切换到【插入】选项卡；❸在【文本】组中单击【文档部件】下拉按钮；❹在弹出的下拉列表中选择【域】选项，如下图所示。

步骤 02　❶弹出【域】对话框,在【类别】下拉列表框中选择【日期和时间】选项;❷在【域名】列表中选择需要插入的时间和日期的类别;❸在【日期格式】列表框中选择日期和时间的格式;❹勾选【更新时保留原格式】复选框;❺单击【确定】按钮,如下图所示。

步骤 03　返回文档界面,即可看到插入当前日期的效果,如下图所示。

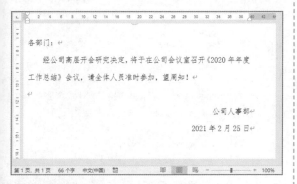

329　使用域代码插入日期和时间

适用版本	使用指数
2010、2013、2016、2019	★★★☆☆

扫一扫,看视频

使用说明

如果用户对域代码十分熟悉,还可以通过直接输入代码的方式插入日期和时间。

解决方法

要使用域代码插入当前日期和时间,具体操作方法如下。

步骤 01　将光标定位到需要插入当前日期和时间的位置,按【Ctrl+F9】组合键,输入一对域括号,如下图所示。

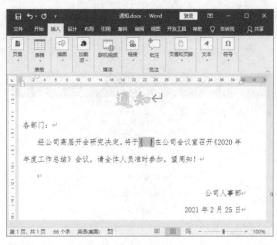

步骤 02　❶在域括号中输入域代码,本例输入【Date \@ "EEEE年O月A日AMPMh时m分"】;❷域代码输入完成后单击域上方的【更新】按钮,如下图所示。

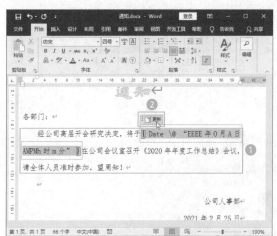

步骤 03　此时,可以看到域代码转换为域的结果,显示当前日期和时间的效果如下图所示。

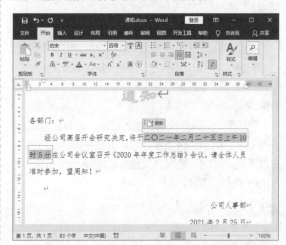

步骤 04 ❶如果需要更改时间和日期格式，可以右击域；❷在弹出的快捷菜单中选择【切换域代码】选项，如下图所示。

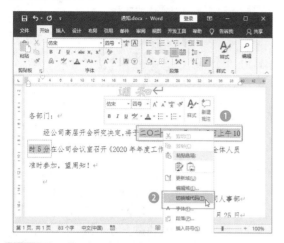

步骤 05 进入域代码编辑模式，根据需要重新编辑要显示的时间和日期的格式，如下图所示。

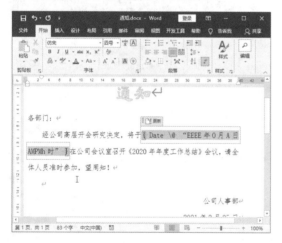

330 在文档中显示域

适用版本	使用指数
2010、2013、2016、2019	★ ★ ★ ☆ ☆

扫一扫，看视频

使用说明

默认情况下，在文档中插入域后，只有选取域后，域内容才会显示灰色底纹，否则无法判断文档中何处插入了域。此时，可以在文档中设置始终显示域，以便用户清楚地知道域的位置。

解决方法

要始终显示文档中的域，具体操作方法如下。

步骤 01 ❶打开【Word选项】对话框，切换到【高级】选项卡；❷在【显示文档内容】选项组中单击【域底纹】下拉列表，选择【始终显示】选项；❸单击【确定】按钮，如下图所示。

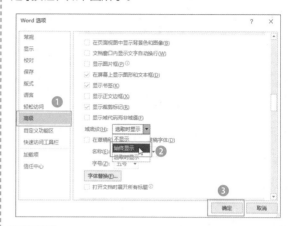

步骤 02 返回文档界面即可看到域内容显示灰色底纹的效果，如下图所示。

331 使用域设置双栏页码

适用版本	使用指数
2010、2013、2016、2019	★ ★ ★ ☆ ☆

扫一扫，看视频

使用说明

Word默认没有显示页码，如果在双栏排版的文档中需要让左右两栏各自拥有独立的页码，可以通过Page域实现。

解决方法

要在双栏文档中设置双页码，具体操作方法如下。

步骤 01 双击页脚位置，进入页眉页脚编辑状态，如下图所示。

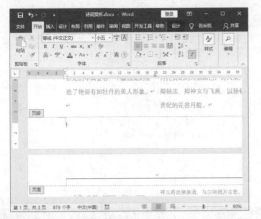

步骤 02 在页脚中输入【第页】，将光标插入两个字中间，按两次【Ctrl+F9】组合键，插入两对大括号，如下图所示。

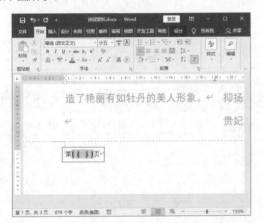

步骤 03 在两层括号中分别输入域代码，输入后的内容显示为【{ = { page } *2-1 }】，如下图所示。

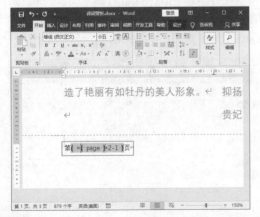

步骤 04 按【F9】键，更新域即可得到左栏页码，如下图所示。

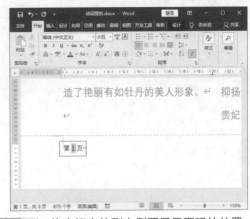

步骤 05 将光标定位到右侧要显示页码的位置，输入【第页】后按【Ctrl+F9】组合键插入大括号，在其中输入【= { page } *2】，如下图所示。

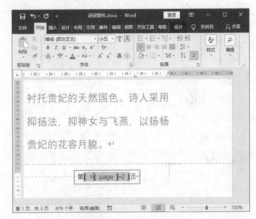

温馨提示

输入域代码时需注意，域括号和内容之间需要用空格隔开，否则程序无法自动识别域内容。

步骤 06 按【F9】键，更新域即可得到右栏页码，在【页眉和页脚工具/设计】选项卡中单击【关闭页眉和页脚】按钮，如下图所示。

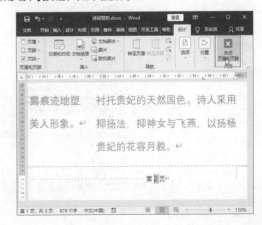

步骤 07 退出页眉/页脚编辑状态，可以看到设置双页码的效果，如下图所示。

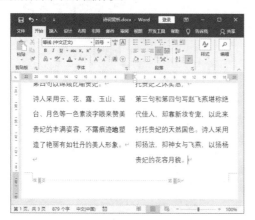

332 使用 EQ 域代码输入公式

扫一扫，看视频

适用版本	使用指数
2010、2013、2016、2019	★★☆☆☆

使用说明

EQ是Equation（公式）的缩写，EQ域是Word域中的一种，允许同时套用多种开关创建复杂的公式。EQ域代码的基本格式为【{ EQ \域开关\选项(文本) }】。

解决方法

要在Word中使用EQ域代码输入公式，具体操作方法如下。

步骤 01 将光标定位到要插入公式的位置，按【F9】键输入域括号，在域括号中输入域代码【EQ \b\lc\{(\a(2x+y=7,5x-2y=4))】，如下图所示。

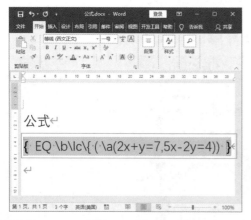

步骤 02 按【F9】键，将域代码转换为结果，如下图所示。

9.3 交互办公应用技巧

在Word中编辑文档时，可以在其中引用Excel工作簿和PPT幻灯片中的数据，方便用户实现多软件的交互办公。

333 在 Word 中创建 Excel 工作表

扫一扫，看视频

适用版本	使用指数
2010、2013、2016、2019	★★★☆☆

使用说明

Excel具有比Word更强大的数据处理能力，如果用户需要在Word中使用Excel中的功能，可以在Word中插入Excel工作表。

解决方法

要在Word中创建Excel工作表，具体操作方法如下。

步骤 01 ❶切换到【插入】选项卡；❷在【文本】组中单击【对象】按钮，如下图所示。

步骤 **02** ❶弹出【对象】对话框，在【新建】选项卡的【对象类型】列表框中选择【Microsoft Excel工作表】选项；❷单击【确定】按钮，如下图所示。

步骤 **03** 文档会进入Excel工作表的编辑状态，当前窗口上方显示的也是Excel软件的功能区，在工作表中输入数据后处理方法与Excel中完全相同，如下图所示。

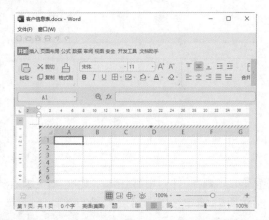

步骤 **04** ❶数据处理完成后，单击标题栏下方的【文件】选项；❷在弹出的下拉列表中选择【保存】选项，可以保存文件，如下图所示。

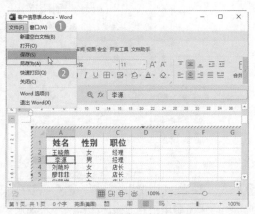

334　将 Excel 工作表插入 Word 文档

适用版本	使用指数
2010、2013、2016、2019	★★★☆☆

扫一扫，看视频

使用说明

在Word中不仅可以插入空白工作表进行编辑，还可以直接在文档中插入设置好的Excel工作表。

解决方法

要将Excel工作表插入Word文档，具体操作方法如下。

步骤 **01** ❶将光标定位到要插入Excel工作表的位置，切换到【插入】选项卡；❷在【文本】组中单击【对象】按钮，如下图所示。

步骤 **02** ❶弹出【对象】对话框，切换到【由文件创建】选项卡；❷单击【浏览】按钮，如下图所示。

步骤 **03** ❶弹出【浏览】对话框，选中需要插入文档的Excel工作表；❷单击【插入】按钮，如下图所示。

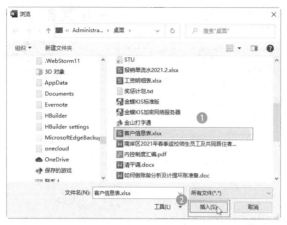

步骤 04 返回【对象】对话框，可以看到【文件名】文本框中已经插入相关工作表，单击【确定】按钮，如下图所示。

步骤 05 返回Word文档界面即可看到插入已有工作表的效果，如下图所示。

335	在 Word 中使用幻灯片

扫一扫，看视频

适用版本	使用指数
2010、2013、2016、2019	★★★☆☆

使用说明

Office的功能十分强大，各软件之间也能互动办公，在Word中不仅可以插入Excel工作表，还可以插入PPT演示文稿，并进行放映。

解决方法

要在Word中插入幻灯片，具体操作方法如下。

步骤 01 ❶将光标定位到要插入幻灯片的位置，切换到【插入】选项卡；❷在【文本】组中单击【对象】按钮，如下图所示。

步骤 02 ❶弹出【对象】对话框，切换到【由文件创建】选项卡；❷单击【浏览】按钮，如下图所示。

步骤 03 ❶弹出【浏览】对话框，选中需要插入文档的演示文稿；❷单击【插入】按钮，如下图所示。

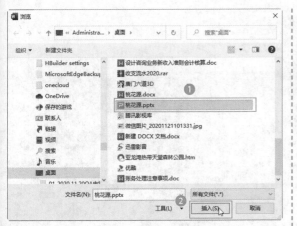

步骤 04　返回【对象】对话框，可以看到【文件名】文本框中已经插入相关PPT文件，单击【确定】按钮，如下图所示。

步骤 05　返回Word文档界面即可看到插入已有演示文稿的效果，如下图所示。

步骤 06　双击某张幻灯片，即可进入演示文稿放映状态，如下图所示。

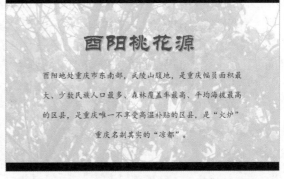

知识拓展

在Word中放映幻灯片时，单击可以查看下一张幻灯片，按【Esc】键可以退出放映状态。

第 10 章
页面布局与打印设置技巧

编辑好Word文档后，如果需要将其打印出来使用或保存，打印之前通常要对页面格式进行相应的设置，如页边距、纸张大小和页面方向等。为了便于查阅，要为文档添加页眉、页脚和页码等内容，而为了页面更加美观，可能还需要对页面颜色和边框进行设置。本章主要介绍页面布局和打印设置的使用方法与操作技巧。

下面来看看以下一些日常办公中常见的问题，你是否会处理或已掌握处理方法。

√ Word 默认为 A4 纸大小，如果要制作试卷，应该使用什么纸张类型呢？如何更改？

√ 为了让文档页面看起来更加美观，如何将图片设置为文档背景呢？打印该文档时能将背景图片打印出来吗？

√ 如果想把文档名称或章节标题显示在页眉或页脚中，应该如何进行设置呢？

√ Word 默认以单栏进行排版，可以将文档的部分内容分为相同宽度或不同宽度的多栏进行排版吗？

√ 插入页码时，默认以第一页开始，可以让页码按指定的页数开始编排吗？

√ 一篇文档有多页，如果只需打印其中的几页，应该如何进行打印设置呢？

……

希望通过本章内容的学习，能帮助你解决以上问题，并学会更多有关Word的页面布局和打印设置技巧。

10.1　Word页面布局技巧

为了让打印出来的Word页面更加美观，编辑好文档后通常需要对页面的布局进行相关设置，如页面大小、页面方向、页面栏数以及页面背景颜色等。

336　设置文档的页面大小

适用版本	使用指数
2010、2013、2016、2019	★★★★★

扫一扫，看视频

使用说明

Word默认的页面大小为A4纸张大小，但默认大小并不一定适合所有文档。Word中内置了多种页面大小供用户选择，如果用户对内置的页面大小不满意，可以通过设置自定义页面大小。

解决方法

要在Word 2019中设置文档的页面大小，具体操作方法如下。

步骤 01　❶切换到【布局】选项卡；❷在【页面设置】组中单击【纸张大小】下拉按钮；❸在弹出的下拉列表中选择需要的纸张大小，如下图所示。

步骤 02　❶如果列表中的纸张大小都不合适，可以单击【纸张大小】下拉按钮；❷在弹出的下拉列表中选择【其他纸张大小】选项，如下图所示。

步骤 03　❶弹出【页面设置】对话框，默认切换到【纸张】选项卡，单击【纸张大小】下拉列表框，选择【自定义大小】选项；❷根据需要自定义设置页面的宽度和高度；❸设置完成后单击【确定】按钮，如下图所示。

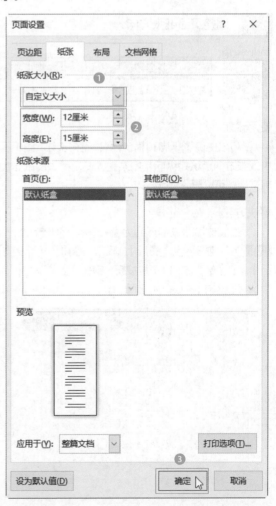

步骤 04 返回Word文档界面即可看到自定义页面高度和宽度后的效果，如下图所示。

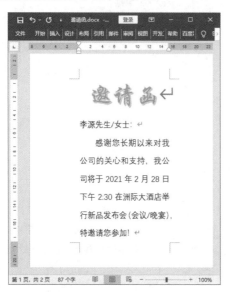

337 调整页面纸张方向

扫一扫，看视频

适用版本	使用指数
2010、2013、2016、2019	★★★★★

使用说明

Word提供了纵向和横向两种纸张方向，编辑区中纸张方向默认是纵向，如果需要使用横线的纸张编辑文档，可以更改纸张方向。

解决方法

例如，要将纸张方向设置为横向，具体操作方法如下。

步骤 01 ❶切换到【布局】选项卡；❷在【页面设置】组中单击【纸张方向】下拉按钮；❸在弹出的下拉列表中选择【横向】选项，如下图所示。

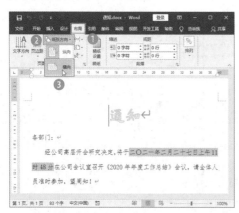

步骤 02 将页面由纵向改为横向后，文档中的内容将自动进行调整，如下图所示。

338 为文档设置页边距

扫一扫，看视频

适用版本	使用指数
2010、2013、2016、2019	★★★★☆

使用说明

页边距是指正文和页面边缘之间的距离，包括上、下、左、右四个方向的边距。Word内置了几种常用的页边距样式，如果内置页边距样式不适合，还可以自定义设置。

解决方法

例如，要将页边距四个方向的边距都设置为【1厘米】，具体操作方法如下。

步骤 01 ❶切换到【布局】选项卡；❷在【页面设置】组中单击【页边距】下拉按钮；❸在弹出的下拉列表中可以选择内置的页边距样式，本例为自定义页边距，选择【自定义页边距】选项，如下图所示。

步骤 02 ❶弹出【页面设置】对话框，默认切换到

【页边距】选项卡，在【页边距】选项组将【上】【下】【左】【右】都设置为【1厘米】；❷单击【确定】按钮，如下图所示。

步骤 03　返回Word文档界面即可看到更改页边距后的效果，如下图所示。

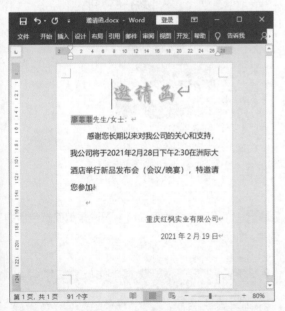

339　为文档预留装订线区域

适用版本	使用指数
2010、2013、2016、2019	★★★☆☆

扫一扫，看视频

使用说明

如果打印文档后需要装订，为了避免装订后邻近装订线位置的内容被覆盖，可以为文档预留装订线区域。

解决方法

如果要在文档中预留装订线区域，具体操作方法如下。

步骤 01　❶切换到【布局】选项卡；❷在【页面设置】组中单击右下角的展开按钮，如下图所示。

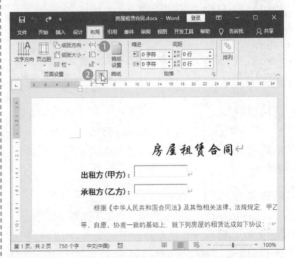

步骤 02　❶弹出【页面设置】对话框，默认切换到【页边距】选项卡，单击【装订线】右侧的微调框，设置装订线的宽度；❷单击【装订线位置】右侧的下拉按钮，选择需要的装订线位置，如下图所示，设置完成后单击【确定】按钮。

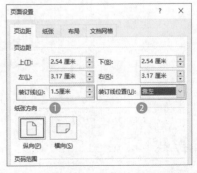

步骤 03　返回文档界面即可看到左侧预留装订线区域的效果，如下图所示。

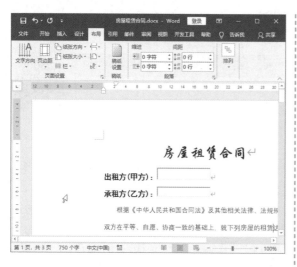

340　为文档添加背景色

扫一扫，看视频

适用版本	使用指数
2010、2013、2016、2019	★★★★★

使用说明

　　默认情况下，Word页面没有添加背景色，其背景色为白色，为了让页面更加美观，可以添加背景色。

解决方法

　　要在Word中添加背景色，具体操作方法如下。

步骤 01　❶打开要设置背景色的文档，切换到【设计】选项卡；❷在【页面背景】组中单击【页面颜色】下拉按钮；❸在弹出的下拉颜色面板中选择需要的颜色，如下图所示。

步骤 02　如果下拉颜色面板中没有合适的颜色，可以选择【其他颜色】选项，如下图所示。

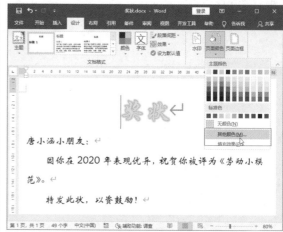

步骤 03　❶弹出【颜色】对话框，在其中的调色板中可以选择需要的颜色；❷单击【确定】按钮，如下图所示。

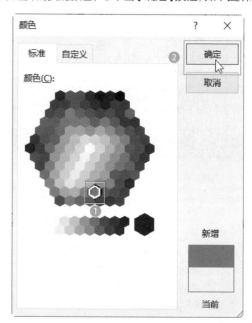

步骤 04　返回文档界面即可看到设置页面颜色后的效果，如下图所示。

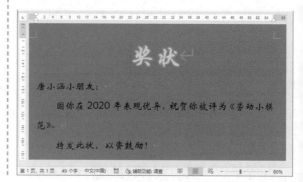

341 为页面设置渐变背景色

适用版本	使用指数
2010、2013、2016、2019	★★★☆☆

扫一扫，看视频

使用说明

如果觉得纯色的页面背景色不够特别，还可以为页面设置渐变背景色。

解决方法

要为页面设置渐变背景色，具体操作方法如下。

步骤 01 ❶打开要设置背景色的文档，切换到【设计】选项卡；❷在【页面背景】组中单击【页面颜色】下拉按钮；❸在弹出的下拉列表中选择【填充效果】选项，如下图所示。

步骤 02 ❶弹出【填充效果】对话框，切换到【渐变】选项卡；❷在【颜色】选项组中选中【双色】单选按钮，并根据需要设置渐变颜色；❸在【底纹样式】选项组中选择渐变样式；❹单击【确定】按钮，如下图所示。

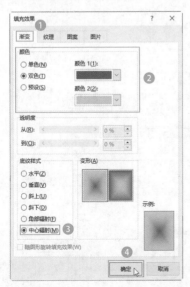

步骤 03 返回文档界面即可看到设置渐变背景色后的效果，如下图所示。

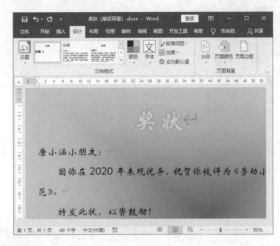

342 为文档添加纹理背景

适用版本	使用指数
2010、2013、2016、2019	★★★☆☆

扫一扫，看视频

使用说明

Word中预置了多种纹理背景，如草纸、画布、水滴、羊皮纸等纹理，如果有需要，还可以为文档设置纹理背景。

解决方法

例如，要为页面设置【水滴】纹理背景，具体操作方法如下。

步骤 01 ❶打开要设置背景色的文档，切换到【设计】选项卡；❷在【页面背景】组中单击【页面颜色】下拉按钮；❸在弹出的下拉列表中选择【填充效果】选项，如下图所示。

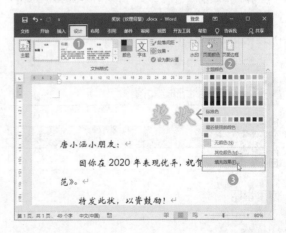

步骤 02 ❶弹出【填充效果】对话框,切换到【纹理】选项卡;❷在列表框中选择【水滴】纹理选项;❸单击【确定】按钮,如下图所示。

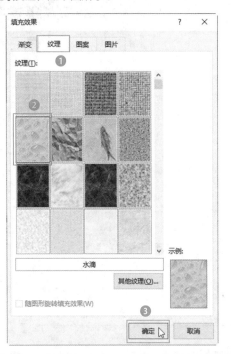

步骤 03 返回文档界面即可看到设置【水滴】纹理的文档效果,如下图所示。

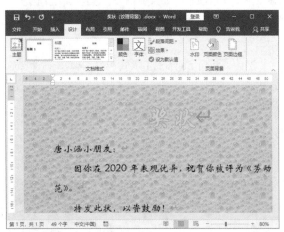

343 为文档添加图案背景

扫一扫,看视频

适用版本	使用指数
2010、2013、2016、2019	★★★☆☆

使用说明

Word中还预置了很多图案背景,如点线、横线、

竖条、波浪线等,用户可以根据需要为文档设置图案背景,并自定义图案的颜色。

解决方法

要为文档添加图案背景,具体操作方法如下。

步骤 01 ❶打开要设置背景色的文档,切换到【设计】选项卡;❷在【页面背景】组中单击【页面颜色】下拉按钮;❸在弹出的下拉列表中选择【填充效果】选项,如下图所示。

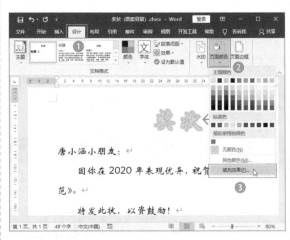

步骤 02 ❶弹出【填充效果】对话框,切换到【图案】选项卡,在【图案】选项组中选择图案样式;❷分别单击【前景】和【背景】下拉列表框,设置图案的前景色和背景色;❸单击【确定】按钮,如下图所示。

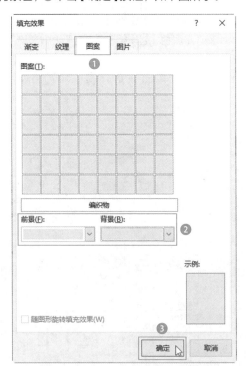

步骤 03 返回文档界面即可看到设置图案背景后的效果，如下图所示。

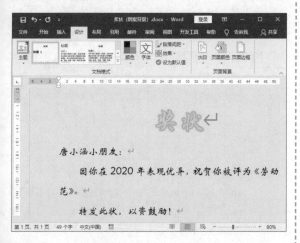

344 如何用图片作为页面背景

适用版本	使用指数
2010、2013、2016、2019	★★★★★

扫一扫，看视频

使用说明

如果对Word内置的背景样式和颜色不满意，还可以将计算机中保存的漂亮图片作为页面背景。

解决方法

要将计算机中的图片设置为页面背景，具体操作方法如下。

步骤 01 ❶打开要设置背景色的文档，切换到【设计】选项卡；❷在【页面背景】组中单击【页面颜色】下拉按钮；❸在弹出的下拉列表中选择【填充效果】选项，如下图所示。

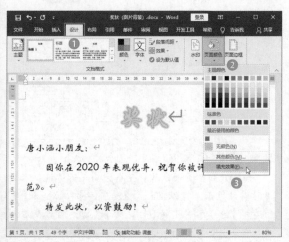

步骤 02 ❶弹出【填充效果】对话框，切换到【图片】选项卡；❷单击【选择图片】按钮，如下图所示。

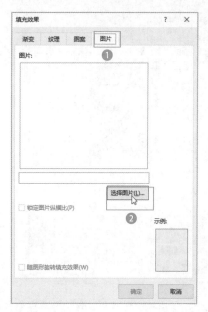

步骤 03 弹出【插入图片】对话框，选择【从文件】选项，如下图所示。

步骤 04 ❶在【选择图片】对话框中选中要设为背景的图片文件；❷单击【插入】按钮，如下图所示。

步骤 05 返回【填充效果】对话框，可以看到要添加的图片文件，单击【确定】按钮，如下图所示。

步骤 06 返回文档界面即可看到插入背景图片后的页面效果，如下图所示。

345 如何添加页面边框

扫一扫，看视频

适用版本	使用指数
2010、2013、2016、2019	★★★★☆

使用说明

编辑完文档后，为了增加页面的视觉效果，还可以为文档添加页面边框。

解决方法

例如，要为文档设置有颜色的页面边框，具体操作方法如下。

步骤 01 ❶在文档中切换到【设计】选项卡；❷在【页面背景】组中单击【页面边框】按钮，如下图所示。

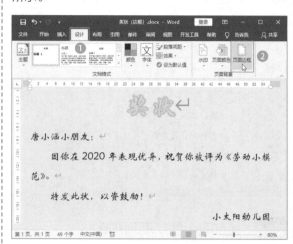

步骤 02 ❶弹出【边框和底纹】对话框，默认切换到【页面边框】选项卡，在【设置】选项组中选择需要的页面边框效果；❷在【样式】列表框中选择边框样式；❸单击【颜色】下拉按钮，选择边框颜色；❹单击【宽度】下拉按钮，选择边框宽度；❺单击【确定】按钮，如下图所示。

知识拓展

如果只需在页面的其中几个方向显示边框，不需要四周都显示，可以在【边框和底纹】对话框的【页面边框】选项卡中选择【自定义】选项，然后在右侧的【预览】选项组中单击要显示的边框按钮。

步骤 03　返回文档界面即可看到添加页面边框后的效果，如下图所示。

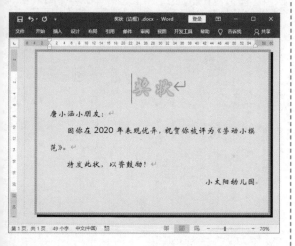

346　添加艺术页面边框

适用版本	使用指数
2010、2013、2016、2019	★★☆☆☆

扫一扫，看视频

使用说明

如果觉得线条型的页面边框不够美观和醒目，还可以使用Word内置的艺术型页面边框样式。

解决方法

要为文档页面添加艺术型页面边框，具体操作方法如下。

步骤 01　❶在文档中切换到【设计】选项卡；❷在【页面背景】组中单击【页面边框】按钮，如下图所示。

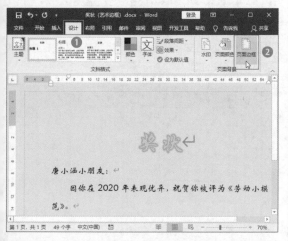

步骤 02　❶弹出【边框和底纹】对话框，默认切换到【页面边框】选项卡，单击【艺术型】下拉按钮，选

择需要的艺术边框样式；❷单击【宽度】微调框设置边框宽度；❸单击【确定】按钮，如下图所示。

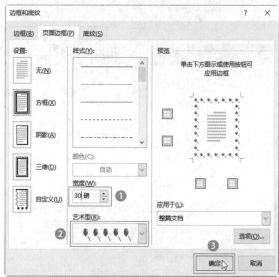

步骤 03　返回文档界面即可看到添加艺术型页面边框后的效果，如下图所示。

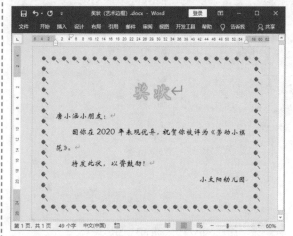

347　快速添加水印效果

适用版本	使用指数
2010、2013、2016、2019	★★★★☆

扫一扫，看视频

使用说明

在Word中编辑文档时，有时需要为文档添加公司名称、机密等级等提醒字样，可以使用水印效果。

解决方法

例如，要为文档添加内置的水印效果，具体操作方法如下。

步骤 01 ❶在文档中切换到【设计】选项卡;❷在【页面背景】组中单击【水印】下拉按钮;❸在弹出的下拉列表中选择需要的水印效果样式,如下图所示。

步骤 02 在文档中可看到添加内置水印样式后的效果,如下图所示。

348 自定义文档的水印文字

适用版本	使用指数
2010、2013、2016、2019	★★★☆☆

扫一扫,看视频

使用说明

如果要使用公司名称做水印,或者对内置的水印样式不满意,可以自定义设置水印文字,并设置水印的文字效果。

解决方法

要在文档中自定义水印文字并设置字体样式,具体操作方法如下。

步骤 01 ❶在文档中切换到【设计】选项卡;❷在【页面背景】组中单击【水印】下拉按钮;❸在弹出的下拉列表中选择【自定义水印】选项,如下图所示。

步骤 02 ❶弹出【水印】对话框,选中【文字水印】单选按钮;❷在下方设置水印的文字内容、字体、字号、颜色及水印版式;❸设置完成后单击【确定】按钮,如下图所示。

步骤 03 返回文档界面即可看到自定义文档水印内容及字体格式的效果,如下图所示。

349 为文档添加图片水印

适用版本	使用指数
2010、2013、2016、2019	★★★☆☆

扫一扫，看视频

使用说明

　　除了使用文字作为水印内容，还可以为文档添加图片水印效果。

解决方法

　　要为文档添加图片水印，具体操作方法如下。

步骤 01　❶在文档中切换到【设计】选项卡；❷在【页面背景】组中单击【水印】下拉按钮；❸在弹出的下拉列表中选择【自定义水印】选项，如下图所示。

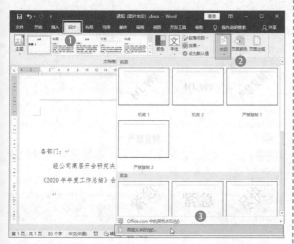

步骤 02　❶弹出【水印】对话框，选中【图片水印】单选按钮；❷单击【选择图片】按钮，如下图所示。

步骤 03　弹出【插入图片】对话框，选择【从文件】选项，如下图所示。

步骤 04　❶在【插入图片】对话框中选中要设为背景的图片文件；❷单击【插入】按钮，如下图所示。

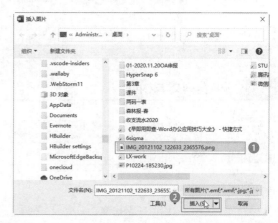

步骤 05　❶返回【水印】对话框，根据需要设置图片的缩放比例；❷勾选【冲蚀】复选框；❸单击【确定】按钮，如下图所示。

 温馨提示

　　一般来说，图片的颜色都非常鲜艳，如果在【水印】对话框中没有勾选【冲蚀】复选框，图片会以原图方式作为水印添加到页面，从而影响用户查看文档内容。

步骤 06 返回文档界面即可看到添加图片水印后的效果，如下图所示。

350 分栏排列文本内容

扫一扫，看视频

适用版本	使用指数
2010、2013、2016、2019	★★★★☆

使用说明

分栏就是将部分内容或整篇文档分成具有相同栏宽或不同栏宽的多个栏。Word默认按一栏对文档进行排版，如果有需要，可以对文档进行分栏排版。

解决方法

要将整篇文档分两栏排版，具体操作方法如下。

步骤 01 ❶打开要分栏排版的文档，切换到【布局】选项卡；❷在【页面设置】组中单击【栏】下拉按钮；❸在弹出的下拉列表中选择【两栏】选项，可以直接将文档按默认宽度进行两栏排列，如下图所示。

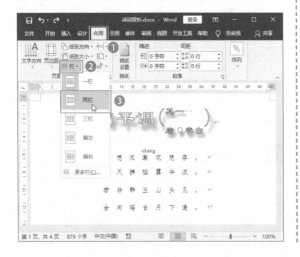

步骤 02 ❶若要调整两栏的间隔宽度，可以在【栏】下拉列表中选择【更多栏】选项，在弹出的【栏】对话框的【宽度和间距】选项组中自定义两栏间的宽度和字符间距；❷单击【确定】按钮，如下图所示。

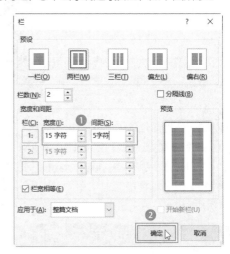

🦉 **温馨提示**

为了方便读者阅读，分栏排版时，可以在【栏】对话框中勾选【分隔线】复选框，在各分栏之间添加一条分隔线。

步骤 03 返回文档界面即可看到设置两栏排版的效果，如下图所示。

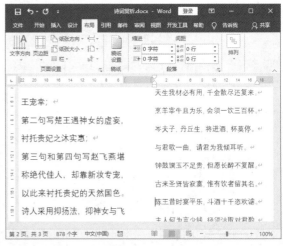

351 设置不等宽的分栏

扫一扫，看视频

适用版本	使用指数
2010、2013、2016、2019	★★☆☆☆

使用说明

如果用户对系统默认的分栏格式不满意，可以自定义设置不等宽的分栏效果。

解决方法

要为整篇文档设置不等宽的分栏效果，具体操作方法如下。

步骤 01 ❶打开文档，切换到【布局】选项卡；❷在【页面设置】组中单击【栏】下拉按钮；❸在弹出的下拉列表中选择【更多栏】选项，如下图所示。

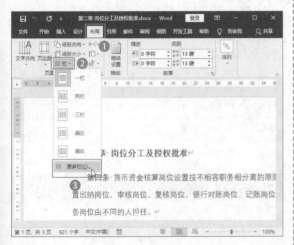

步骤 02 ❶弹出【栏】对话框，在【栏数】微调框中设置分栏数；❷在【宽度和间距】选项组分别为不同的栏设置不同的宽度；❸单击【应用于】下拉列表框，选择【整篇文档】选项；❹单击【确定】按钮，如下图所示。

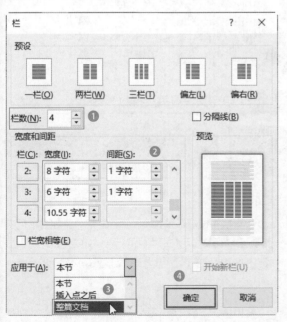

步骤 03 返回文档界面即可看到设置不等宽的分栏效果，如下图所示。

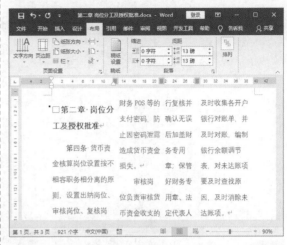

352 在文档中插入分页符

适用版本	使用指数
2010、2013、2016、2019	★★★☆☆

扫一扫，看视频

使用说明

在文档编辑过程中，如果需要将下一个段落在下一页中显示，除了在段落后添加空白行将下一段移至下一页，还可以直接在文档中插入分页符。

解决方法

要在文档中插入分页符，具体操作方法如下。

步骤 01 ❶将光标定位到要插入分页符的位置；❷切换到【布局】选项卡；❸在【页面设置】组中单击【分隔符】下拉按钮；❹在弹出的下拉列表中选择【分页符】选项，如下图所示。

步骤 02 返回文档界面即可看到光标后的文档内容自动移至下一页，如下图所示。

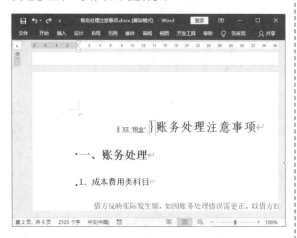

353 为文档设置跨栏标题

适用版本	使用指数
2010、2013、2016、2019	★★☆☆☆

使用说明

对文档进行排版时，如果需要让文档标题按正常的一栏显示，其余内容分栏显示，可以在文档中插入分节符实现。

解决方法

例如，要为文档设置跨栏标题，具体操作方法如下。

步骤 01 ❶将光标定位到标题行末尾；❷切换到【布局】选项卡；❸在【页面设置】组中单击【分页符】下拉按钮；❹在弹出的下拉列表的【分节符】选项组中选择【连续】选项，如下图所示。

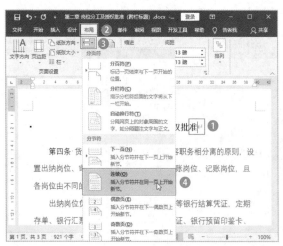

步骤 02 ❶选中除标题外的其他文档内容；❷在【页面设置】组中单击【栏】下拉按钮；❸在弹出的下拉列表中选择需要的栏数选项，如下图所示。

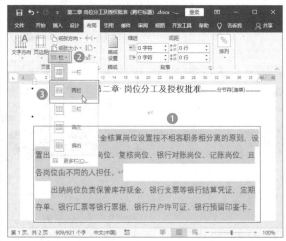

步骤 03 返回文档界面即可看到设置跨栏标题后的效果，如下图所示。

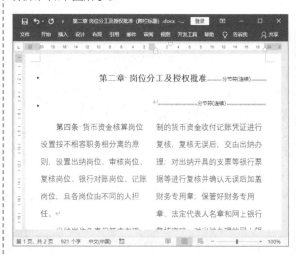

354 自定义设置每页行数

适用版本	使用指数
2010、2013、2016、2019	★★☆☆☆

使用说明

在文档中设置纸张大小和页边距后，文档会根据实际情况自动调整显示在每页中的行数。如果用户对每页显示的内容有特殊要求，可以自定义设置每页显示的行数。

解决方法

要指定每页显示的行数，具体操作方法如下。

步骤 01　❶打开文档，切换到【布局】选项卡；❷在【页面设置】组中单击右下角的展开按钮，如下图所示。

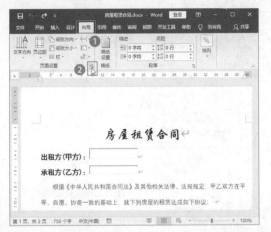

步骤 02　❶弹出【页面设置】对话框，切换到【文档网格】选项卡；❷在【行】选项组中设置每页显示的行数；❸单击【确定】按钮，如下图所示。

355　如何限制每行字符数

适用版本	使用指数
2010、2013、2016、2019	★★☆☆☆

扫一扫，看视频

使用说明

在Word中不仅可以限制每页显示的行数，还可以对每行显示的字符数进行限制。

解决方法

要指定每行显示的字符数，具体操作方法如下。

步骤 01　❶打开文档，切换到【布局】选项卡；❷在【页面设置】组中单击右下角的展开按钮，如下图所示。

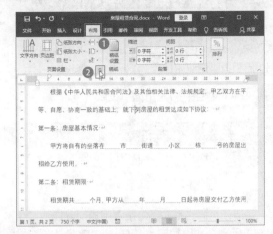

步骤 02　❶弹出【页面设置】对话框，切换到【文档网格】选项卡；❷在【网格】选项组中选中【指定行和字符网格】单选按钮；❸在【字符数】选项组中设置每行显示的字符数；❹单击【确定】按钮，如下图所示。

步骤 03　指定每行显示的字符数后，文档会自动对页面内容进行调整，如下图所示。

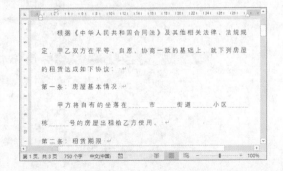

10.2 页眉/页脚应用技巧

页眉和页脚的用途是给文档添加注释与说明，通常用来插入公司名称、日期和页码等信息。本节将介绍页眉和页脚的应用技巧。

356 在文档中插入页眉 / 页脚

扫一扫，看视频

适用版本	使用指数
2010、2013、2016、2019	★★★★★

使用说明

页眉和页脚也是文档的重要组成部分之一，通常用来显示文档的附加信息，Word中内置了多种页眉页脚样式，方便用户快速插入页眉页脚。

解决方法

要插入内置的页眉/页脚，具体操作方法如下。

步骤 01 ❶在文档中切换到【插入】选项卡；❷在【页眉和页脚】组中单击【页眉】下拉按钮；❸在弹出的下拉列表中选择需要的页眉样式，如下图所示。

步骤 02 进入页眉编辑状态，根据需要设置好相关内容，如下图所示。

步骤 03 ❶在【页眉和页脚】组中单击【页脚】下拉按钮；❷在弹出的下拉列表中可以选择需要的内置页脚样式，如下图所示。

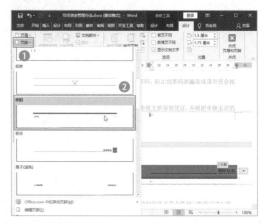

步骤 04 根据需要设置好页脚内容，单击【关闭】组中的【关闭页眉和页脚】按钮退出页眉页脚编辑状态，如下图所示。

 知识拓展

双击页眉或页脚区域，可以进入页眉页脚编辑状态,双击正文编辑区域，也可以退出页眉或页脚编辑状态。

357 自定义设置页眉 / 页脚

扫一扫，看视频

适用版本	使用指数
2010、2013、2016、2019	★★★★☆

使用说明

如果对内置的页眉/页脚样式不满意，可以根据实际需要自定义设置页眉/页脚内容。

解决方法

要自定义设置页眉/页脚，具体操作方法如下。

步骤 01 双击页眉区域，进入页眉编辑状态，如下图所示。

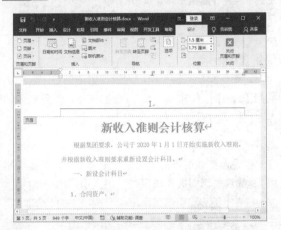

步骤 02 ❶在页眉中输入内容并将其选中；❷在【开始】选项卡的【字体】和【段落】组中设置页眉的字体与段落格式，如下图所示。

步骤 03 ❶按上面的操作继续设置页脚；❷设置完成后，在【页眉和页脚工具/设计】选项卡中单击【关闭页眉和页脚】按钮，退出页眉页脚编辑状态。

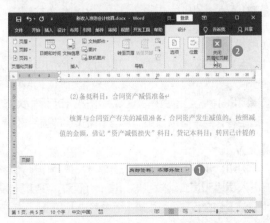

358 在页眉或页脚中插入图片

适用版本	使用指数
2010、2013、2016、2019	★★★☆☆

扫一扫，看视频

使用说明

在文档编辑过程中，为了让页面更加美观，还可以将公司名称LOGO或标志图片插入页眉或页脚。

解决方法

例如，要在页眉中插入图片，具体操作方法如下。

步骤 01 ❶双击页眉区域，进入页眉/页脚编辑状态；❷在【页眉和页脚工具/设计】选项卡的【插入】组中单击【图片】按钮，如下图所示。

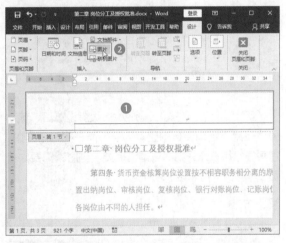

步骤 02 ❶弹出【插入图片】对话框，选中要插入页眉的图片；❷单击【插入】按钮，如下图所示。

步骤 03 返回Word文档，根据需要设置好图片大

小、位置及效果，如下图所示。

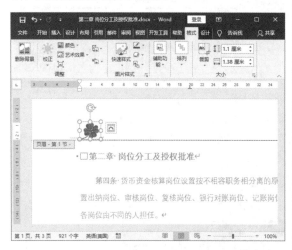

359　设置首页不同的页眉 / 页脚样式

适用版本	使用指数
2010、2013、2016、2019	★ ★ ★ ☆ ☆

扫一扫，看视频

使用说明

　　默认情况下，对文档进行页眉/页脚设置后，其效果将应用于当前文档的整篇内容，而在实际工作中，首页通常用来作为封面或前情提要，这时就需要为首页设置不同的页眉/页脚样式。

解决方法

　　要设置首页不同的页眉/页脚样式，具体操作步骤为：❶在设置了页眉页脚样式的文档中，双击页眉或页脚区域，进入页眉/页脚编辑状态；❷在【页眉和页脚工具/设计】选项卡的【选项】组中勾选【首页不同】复选框，如下图所示。

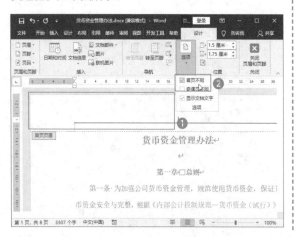

360　设置奇偶页不同的页眉 / 页脚样式

适用版本	使用指数
2010、2013、2016、2019	★ ★ ★ ☆ ☆

扫一扫，看视频

使用说明

　　对于长文档来说，可以为其设置奇偶页不同的页眉/页脚，不但能丰富页眉/页脚的样式，而且能帮助读者快速区分奇偶页。

解决方法

　　要设置奇偶页不同的页眉页脚样式，具体操作步骤为：❶双击页眉或页脚区域，进入页眉/页脚编辑状态；❷在【页眉和页脚工具/设计】选项卡的【选项】组中勾选【奇偶页不同】复选框，如下图所示，然后按照前面所学分别为页眉和页脚设置不同的样式。

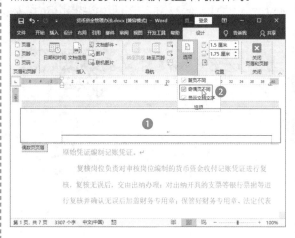

361　如何在页脚中插入页码

适用版本	使用指数
2010、2013、2016、2019	★ ★ ☆ ☆ ☆

扫一扫，看视频

使用说明

　　当文档的页数较多时，可以为文档添加页码，以便于阅读和管理。Word内置了多种页码样式供用户选择，页面中能显示页码的区域有很多，如页眉、页脚、页边距等，用户可以根据需求自定义页码的显示区域。

解决方法

　　例如，要在页面底端插入页码，具体操作步骤为：❶进入页眉和页脚编辑状态，在【页眉和页脚工具/设计】选项卡的【页眉和页脚】组中单击【页码】下拉按钮；❷在弹出的下拉列表中选择【页面底端】选项；❸在弹出的子菜单中选择需要的页码样式，如下图所示。

362　为文档设置起始页码

适用版本	使用指数
2010、2013、2016、2019	★★★☆☆

扫一扫，看视频

使用说明

多人协作编辑了多个文档后，为了使合并文档更加连贯，或者让每个文档之间的页码相连，可以根据需要设置文档起始页码。

解决方法

例如，要将文档的起始页码设置为【8】页，具体操作方法如下。

步骤 01　❶进入页眉/页脚编辑状态，在【页眉和页脚工具/设计】选项卡的【页眉和页脚】组中，单击【页码】下拉按钮；❷在弹出的下拉列表中选择【设置页码格式】选项，如下图所示。

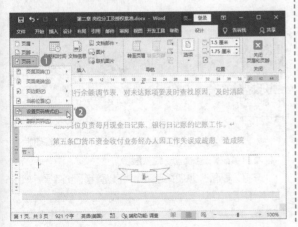

步骤 02　❶弹出【页码格式】对话框，选中【起始页码】单选按钮；❷在右侧的微调框中输入【8】；❸单击【确定】按钮，如下图所示。

363　删除页码

适用版本	使用指数
2010、2013、2016、2019	★★★☆☆

扫一扫，看视频

使用说明

为文档添加页码后，如果不再需要页码，可以将其删除。

解决方法

要删除文档中的页码，具体操作步骤为：❶进入页眉/页脚编辑状态，在【页眉和页脚工具/设计】选项卡的【页眉和页脚】组中单击【页码】下拉按钮；❷在弹出的下拉列表中选择【删除页码】选项，如下图所示。

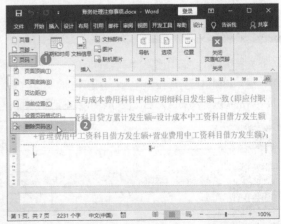

364　更改页眉和页脚距边界的距离

扫一扫，看视频

适用版本	使用指数
2010、2013、2016、2019	★★☆☆☆

使用说明

在文档编辑过程中，如果感觉默认的页眉页脚到边界的距离不合适，可以进行更改。

解决方法

例如，要将页眉和页脚到边界的距离更改为【0.5厘米】，具体操作步骤为：❶进入页眉页脚编辑状态，在【页眉和页脚工具/设计】选项卡的【位置】组中，单击【页眉顶端距离】右侧的微调框，将值设置为【0.5厘米】；❷单击【页脚底端距离】右侧的微调框，将值设置为【0.5厘米】，如下图所示。

> 🦉 **温馨提示**
>
> 在Word 2019中，页面顶端到页眉顶端默认的距离为1.5厘米，页面底端到页脚底端默认的距离为1.75厘米。

10.3　文档打印设置技巧

文档编辑完成后，如果需要将其打印出来浏览或保存，通常需要进行打印设置，否则会出现打印效果与预期不符的情况。本节将介绍文档打印的相关设置技巧。

365　如何选择打印机

适用版本	使用指数
2010、2013、2016、2019	★★★★☆

扫一扫，看视频

使用说明

在实际办公应用中，可能会遇到打印不同的文件需要不同的打印机的情况，此时就需要一台计算机连接多台打印机，因此在打印文件时就需要对打印机进行选择。

解决方法

要在打印文档前选择打印机，具体操作方法如下。

步骤 01　打开文档，切换到【文件】选项卡，如下图所示。

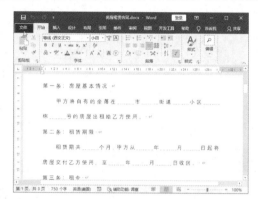

步骤 02　❶在程序窗口左侧切换到【打印】选项卡；❷在【打印】选项组中单击【打印机】下拉按钮；❸在弹出的下拉列表中选择需要的打印机，如下图所示。

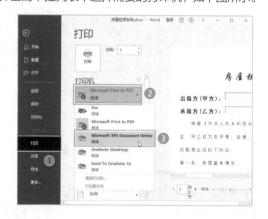

366　设置页面预览显示比例

扫一扫，看视频

适用版本	使用指数
2010、2013、2016、2019	★★★★☆

使用说明

打印文档前，通常需要先预览打印效果，以便发现问题及时修改，避免造成纸张浪费。

在打印界面右侧的预览窗口中可以查看预览效果，如果文档有多页，可以拖动滚动条预览后面的页面效果，为了方便查看，可以调整下方的预览比例，以便一次性查看多页。

解决方法

要调整页面预览的显示比例，具体操作步骤为：按照前面所学进入【打印】界面，在右侧打印预览窗口下方，单击【-】号和【+】号按钮可以缩小和放大预览比例，如下图所示。

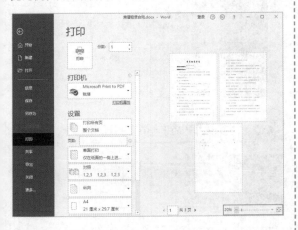

367 设置页码打印范围

适用版本	使用指数
2010、2013、2016、2019	★★★★☆

扫一扫，看视频

使用说明

当文档页数较多时，如果只需打印文档中的部分页码，可以设置页码的打印范围。

解决方法

例如，要打印文档的【1】至【3】页，具体操作步骤为：❶进入【打印】界面，单击【设置】下拉按钮，选择【自定义打印范围】选项；❷在下方的【页数】文本框中输入要打印的页码，如【1-3】；❸单击【打印】按钮，如下图所示。

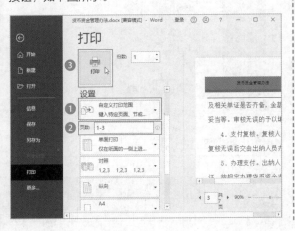

368 只打印文档部分内容

适用版本	使用指数
2010、2013、2016、2019	★★★★☆

扫一扫，看视频

使用说明

在实际工作中，有可能遇到只需打印文档中某部分内容的情况，此时不需要将要打印的内容复制粘贴到新文档中再打印，可以通过设置打印区域实现。

解决方法

例如，只打印文档中选取的内容，具体操作方法如下。

步骤 01 ❶在文档中选中要打印的内容；❷切换到【文件】选项卡，如下图所示。

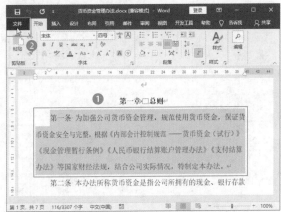

步骤 02 ❶在程序窗口左侧切换到【打印】选项卡；❷单击【设置】下拉按钮，选择【打印选定区域】选项；❸单击【打印】按钮，如下图所示。

369 如何将页面颜色打印出来

扫一扫，看视频

适用版本	使用指数
2010、2013、2016、2019	★★★☆☆

使用说明

在文档中设置页面颜色后，默认情况下是无法将背景色和背景图像打印出来的，需要通过设置才能打印。

解决方法

要将文档中设置的页面颜色打印出来，具体操作步骤为：❶打开【Word选项】对话框，切换到【显示】选项卡；❷在【打印选项】选项组中勾选【打印背景色和图像】复选框；❸单击【确定】按钮，如下图所示，然后再执行打印操作。

370 双面打印文档

扫一扫，看视频

适用版本	使用指数
2010、2013、2016、2019	★★★★☆

使用说明

默认情况下，Word中打印出来的文档都是单面的，在一些非正式场合，为了节约纸张，可以设置双面打印文档。

解决方法

要在文档中进行双面打印，具体操作步骤为：❶进入【文件】选项卡，在【打印】窗口中单击【单面打印】下拉按钮；❷在弹出的下拉列表中选择【手动双面打印】选项；❸单击【打印】按钮，如下图所示。

371 将多页缩小到一页上打印

扫一扫，看视频

适用版本	使用指数
2010、2013、2016、2019	★★★☆☆

使用说明

在实际工作中，有可能遇到需要将文档中的多页内容显示在一张纸上打印出来的情况，此时可以通过设置每版打印页数实现。

解决方法

要将Word文档的多页缩小显示到一页上打印，具体操作步骤为：❶进入打印窗口，在【设置】选项组中选择【每版打印1页】选项；❷在弹出的下拉列表中选择需要每版打印的页数；❸单击【打印】按钮打印文档，如下图所示。

372 如何逆序打印文档

扫一扫，看视频

适用版本	使用指数
2010、2013、2016、2019	★★★☆☆

使用说明

　　所谓逆序打印，就是在打印文档时，从页码的尾部开始向前打印文档。对于页码较多的文档，使用逆序打印更加方便。

解决方法

　　要在打印时按逆序打印页面，具体操作步骤为：
❶打开【Word选项】对话框，切换到【高级】选项卡；
❷在【打印】选项组中勾选【逆序打印页面】复选框；
❸单击【确定】按钮，如下图所示，然后再执行打印操作。

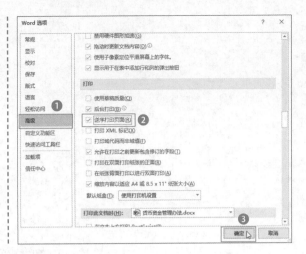